Heinz Ladener

Solare Stromversorgung

für Geräte Fahrzeuge und Häuser

ökobuch
Staufen bei Freiburg

An dieser Stelle möchte ich allen denen danken, die zum Entstehen dieses Buches beigetragen haben, sowohl durch Produktinformationen und Photobeiträge, als auch durch Anregungen und Korrekturen.
Um das Buch weiterhin auf dem neuesten Stand der Technik zu halten, würde ich mich über Kritik, Ergänzungen und Anregungen freuen. Bitte schreiben sie an den Verlag.

Photos auf dem Titel:

1. Ökostation des BUND auf der Landesgartenschau Freiburg
2. Montage von Solarpanelen auf einem Segelboot
   Quelle: Fa. AEG, Wedel
3. Solarzellen-Kraftwerk in Hesperia, Kalifornien USA,
   Quelle: Arco Solar durch Fa. Atec, Schondorf

CIP - Kurztitelaufnahme der Deutschen Bibliothek:

Ladener, Heinz:
Solare Stromversorgung: für Geräte Fahrzeuge und Häuser / Heinz Ladener. - 1. Aufl. - Freiburg (Breisgau): ökobuch Verlag, 1986.

ISBN 3 - 922 964 - 28 - 1

1. Auflage 1986
4. unveränderte Auflage 1990

Druck: Graphische Werkstatt GmbH, Kassel

Vertrieb: ökobuch Verlag, Postfach 1126, 7813 Staufen bei Freiburg

Inhaltsverzeichnis

1. Einführung

1.1 Elektrischer Strom

Die Nutzung von elektrischem Strom ist heute eine solche Selbstverständlichkeit, daß sich wohl die meisten von uns ein Leben ohne diese "saubere Energie" aus der Steckdose kaum vorstellen können. Nur bei kurzzeitigen Stromausfällen aufgrund von Unwettern oder technischer Defekte kann man später in der Zeitung lesen, in welchem Maße wir von der gesicherten Versorgung mit dieser Energieform abhängen. Der große Stromausfall in Norddeutschland (ich glaube im Winter 1980/81) hatte für alle Bereiche des täglichen Lebens verheerende Folgen, ohne Strom lief keine Heizung, keine Kühlung, keine Fabrik und auch die Melkmaschine im landwirtschaftlichen Großbetrieb nicht.

Dabei ist die Geschichte der Elektrizitätsanwendung noch gar nicht so alt: die wichtigen Entwicklungen, die den Strom erst nutzbar machten, liegen noch keine 200 Jahre zurück. Zwar konnte man schon sehr lange Elektrizität durch Reibung (z.B. von Bernstein, Glas, usw.) herstellen, doch erst durch die Entwicklung der galvanischen Zelle (Luigi Galvani, Alessandro Volta) gelangte man in den Besitz einer leicht handhabbaren und recht ergiebigen Quelle für elektrischen Strom. Mit Hilfe der Batterie war es nun möglich, die verschiedenen Wirkungen des Stroms durch Versuche näher zu erforschen. So wurden dann in der ersten Hälfte des 19. Jahrhunderts viele entscheidende Entdeckungen in diesem Gebiet der Naturwissenschaften gemacht: Elektrolyse, Magnetismus, Umwandlung von Strom in Wärme und mechanische Energie, usw.. Sie waren die notwendige Voraussetzung für die vielen praktischen Erfindungen, die sich in der 2. Hälfte des 19. Jahrhunderts mit der Nutzung des Strom beschäftigten.

Viele werden sicher einmal die Geschichte des deutschen Uhrmachers Heinrich Goebel gelesen oder gehört haben, der 1854 in New York die ersten elektrischen Glühlampen baute und damit sein Schaufenster beleuchtete. Dieser Erfinder des elektrischen Lichts wurde als Spinner belächelt und hatte mit seiner Erfindung nicht sehr viel Glück, da die galvanischen Zellen - ebenso wie sein Geld - recht schnell erschöpft waren und wenig Aussicht auf eine breitere Anwendung seiner Erfindung bestand. 20 Jahre später sorgte T.A.Edison mit einer Verbesserung eben dieser Erfindung für eine Sensation: auf einem Empfang in New York präsentierte er die erste große elektrische Beleuchtung als "seine" Erfindung der Öffentlichkeit. Er hatte mehr Glück als Goebel, da ihm als Stromversorgung für seine Beleuchtung schon die elektrische Dynamomaschine zur Verfügung stand, mit der man nun mechnische Energie aus Wasserkraft oder der Dampfmaschine in elektrischen Strom umwandeln konnte. Die Weiterentwicklung der Dynamomaschine und der elektrischen Motoren gegen Ende des 19. Jahrhunderts schufen die Grundlage für eine breite Anwendung des Stroms für die Nachrichtenübermittlung, die elektrische Beleuchtung und den Antrieb elektrischer Maschinen.

Seit Beginn unseres Jahrhunderts ist elektrischer Strom ein Energieträger von Bedeutung, dessen Anwendungsmöglichkeiten und Verbrauch seither in einem damals wohl unvorstellbaren Maß zugenommen haben.

Die Anwendung des elektrischen Stroms hätte nicht diese Verbreitung gefunden, wären da nicht einige besondere Vorzüge gegenüber anderen Energieformen:

- durch metallische Leitungen läßt sich elektrische Energie auch über größere Entfernungen schnell und mit geringen Verlusten übertragen;
- elektrische Energie ist vielfältig anwendbar, sie läßt sich mit einfachen Maschinen und gutem Wirkungsgrad in andere Energieformen umwandeln: mechanische Arbeit, Wärmeenergie, Informationstransport, u.ä.;

- elektrische Energie gilt als sauber, da sie heute einfach aus der Steckdose bezogen werden kann. Bei ihrer Nutzung entstehen keinerlei Schmutz oder schädliche Abgase; hier ist jedoch zu bedenken, daß die Kraftwerke, die den Strom erzeugen, bis auf wenige Ausnahmen (Wasserkraftwerke) zu den großen Umweltverschmutzern gehören.

Nun gibt es 2 verschiedene Formen von elektrischem Strom, nämlich

den **Gleichstrom:** der Strom fließt stets in einer Richtung von + nach - (technische Stromrichtung),

und den **Wechselstrom:** hier ändern sich periodisch, d.h. im schnellen zeitlichen Wechsel, Richtung und Stärke des Stroms (Abb.2).

Mit welcher Form wir es zu tun haben, hängt davon ab, wo der Strom herkommt. Galvanische Elemente (Batterien), Akkus und Solarzellen liefern Gleichstrom, entsprechend können ihre Anschlüsse eindeutig mit + und - bezeichnet werden. Die meisten elektronischen Geräte wie Radio, Fernsehen, Taschenrechner u.ä. arbeiten im Innern mit Gleichstrom; sie können nur dann an unserem Wechselstromnetz (Steckdose) betrieben werden, wenn in einem Netzteil der Wechselstrom in Gleichstrom umgewandelt wird. Glühlampen lassen sich ebenso gut mit Gleichstrom betreiben wie mit Wechselstrom.

Wo kommt nun der Wechselstrom her und warum hat er sich für die allgemeine Stromversorgung durchgesetzt? Es gibt im wesentlichen 2 Gründe, die schon recht früh die Systemfrage unserer Stromversorgung zugunsten des Wechselstroms entschieden haben:

Abb. 1:
Verbrauch elektrischer Energie in der Bundesrepublik Deutschland *Quelle: (1)*

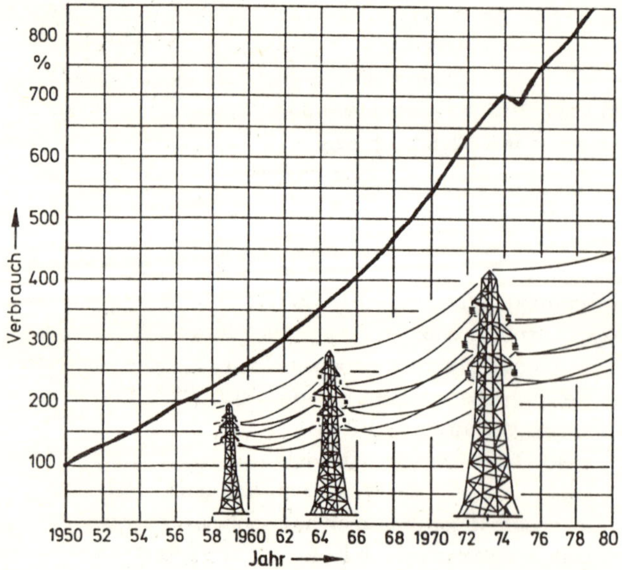

Abb. 2:
Spannung und Strom im zeitlichen Verlauf bei Gleich- und Wechselspannung

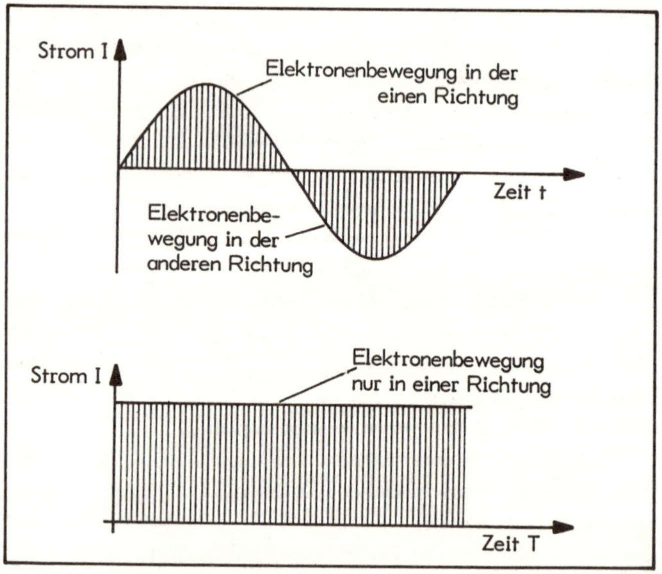

Mit Volt, Ampere und Ohm beschreiben wir den Strom!

Fließende elektrische Ladung bezeichnet man als elektrischen Strom, ähnlich wie wir fließendes Wasser, d.h. die Menge vieler Wassertropfen, als Wasserstrom (Rinnsal, Bach, Fluß) bezeichnen.

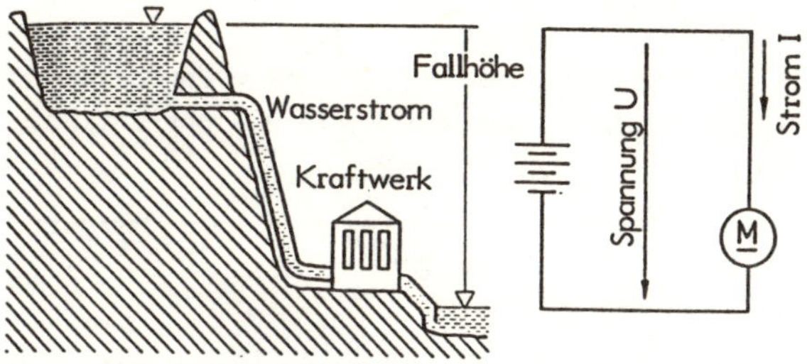

Die Stärke des Stroms wird danach bemessen, wieviele Ladungsträger pro Zeiteinheit durch ein Leiterstück fließen:

viele Ladungsträger/Zeiteinheit -> großer Strom
wenige Ladungsträger/ Zeiteinheit -> kleiner Strom

Damit Ladungen bzw. Wassermengen durch eine Leitung fließen können, muß ein Gefälle vorhanden sein; im Falle elektrischer Ladungsträger wird dieses Gefälle durch eine Spannungsquelle (Batterie, Solarzelle, Kraftwerk) erzeugt. Nach allgemeiner Übereinkunft wird die technische Fließrichtung des Stroms von + nach - angenommen. Physikalisch gesehen bewirken die negativen Ladungsträger (Elektronen) den Stromfluß; sie bewegen sich genau entgegengesetzt vom - Pol (Quelle negativer Ladung) zum + Pol. Für das Verständnis elektrischer Schaltungen ist diese Definitionsfrage jedoch unbedeutend, wenn man sich nur für eine der Definitionen entscheidet und dabei bleibt!

Maßeinheiten des elektrischen Stroms

Gemessen wird in einer elektrischen Schaltung
- die Spannung U in Volt (V), d.h. das Gefälle
- der Strom I in Ampere (A), d.h. die fließende Ladung
- der Widerstand R, den der Stromfluß erfährt, in Ohm

Der Zusammenhang dieser 3 Größen wird in jeder elektrischen Schaltung durch das Ohmsche Gesetz beschrieben:

Spannung	=	Widerstand	x	Strom
U	=	R	x	I
1 Volt	=	1 Ohm	x	1 Ampere

oder in den beiden anderen Schreibweisen (Umformung der Gleichung nach den verschiedenen Variablen):

$R = U / I$ bzw. $I = U / R$

In Worten ausgedrückt, besagt das Ohmsche Gesetz: je größer das Gefälle (die Spannung) bei einer gegebenen Leitung (mit dem Fließwiderstand R) ist, umso größer wird der Strom I durch diese Leitung.

Neben diesen Begriffen, die für die Beschreibung und Berechnung elektrischer Schaltungen von grundlegender Bedeutung sind, werden in der Praxis 2 weitere Begriffe immer wieder gebraucht:

die **Leistung P** (in Watt), die durch das Fließen des Stroms der Spannungsquelle entnommen wird, ist gegeben durch

Leistung	=	Spannung	x	Strom
N	=	U	x	I
1 Watt	=	1 Volt	x	1 Ampere

Durch Ersetzen von U bzw. I in dieser Formel mittels des Ohmschen Gesetzes kann man die Formel folgendermaßen umformen

$N = U \times I = R \times I \times I = R \times I^2 = U^2 / R$

die **Arbeit Q** (in Wattsekunden bzw. Kilowattstunden), die der elektrische Strom verrichtet, bzw. die Energie, die er freisetzt, ist gegeben durch

Arbeit	=	Leistung	x	Zeit
Q	=	N	x	t
1 Wattsekunde	=	1 Watt	x	1 Sekunde
1 Kilowattstunde	=	1000 Watt	x	1 Stunde

Maße für die Arbeit sind

- die Wattsekunde (Ws), wenn die Zeit in Sekunden gemessen wird, oder als größeres und geläufigeres Maß
- die Wattstunde (Wh) und die Kilowattstunde (kWh), wobei sich diese Maßeinheiten folgendermaßen umrechenen:
  1 Wh (Wattstunde) = 3600 Ws (Wattsekunden)
  1 kWh (Kilowattstunde) = 1000 Wh = 3.600.000 Ws

Fließt durch einen Verbraucher 1 Stunde lang ein Strom von 1 Ampere und liegt dort die Spannung von z.B. 100 Volt an, so wird an den Verbraucher die Energie von
100 V x 1 A x 1 h = 100 Wh abgegeben.

- Elektrische Generatoren (Dynamomaschinen) und Motoren können für Wechselstrom besonders einfach und sehr leistungsfähig gebaut werden; Wechselstrom läßt sich daher rationeller herstellen und ist für viele Maschinenantriebe besser geeignet als Gleichstrom.
- Durch Transformatoren kann Wechselstrom ohne allzu große Verluste herauf- und herunter-"transformiert" werden. Diese Eigenschaft ist besonders wichtig für die weiträumige Verteilung elektrischer Energie: auch in den besten elektrischen Kabeln geht beim Stromtransport Energie verloren, die in Wärme umgewandelt wird, und zwar umso mehr, je höher der fließende Strom ist (vgl. Beispiel im Kasten). Um diese Verluste über größere Entfernungen so gering wie möglich zu halten, ist es günstig, die Energie mit möglichst hohen Spannungen und niedrigen Strömen zu übertragen. In den Überlandleitungen benutzt man Spannungen bis zu 380.000 Volt. Andererseits sind so hohe Spannungen für den täglichen Gebrauch viel zu gefährlich und kaum zu handhaben. Deshalb wird mittels Transformatoren in

Energieverlust beim Transport von Strom

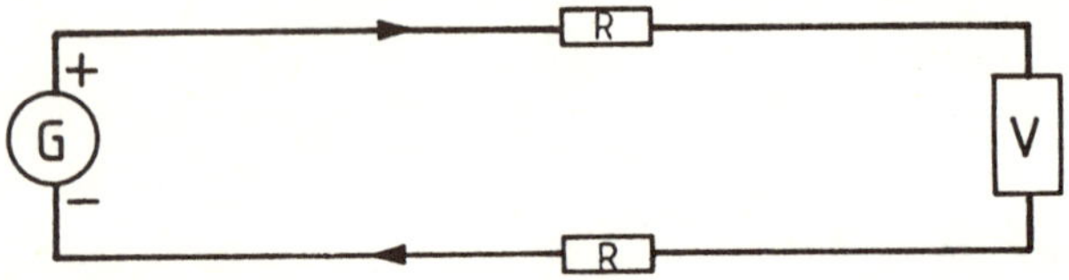

Generator
N = 100 W
U = 10 V
I = 10 A

Leitung
Leitungswiderstand
0,1 Ohm

Verbraucher
Widerstand
0,9 Ohm

In unserem Beispiel möge ein genügend leistungsstarker Generator am Ausgang eine Spannung von 10 V liefern; angeschlossen ist ein Verbraucher mit einem Widerstand von 0,9 Ohm, der Widerstand der Hin- und Rückleitung betrage jeweils 0,05 Ohm.

Der **Gesamtwiderstand** im Verbraucherkreis beträgt also

R_{gesamt} = 0,05 + 0,9 + 0,05 Ohm = 1 Ohm

Gemäß dem Ohmschen Gesetz fließt bei 10 V Generatorspannung ein Strom von

I = U / R = 10 V / 1 Ohm = 10 A.

Der **Verbraucher** nimmt die **Leistung**

$N_{verbr.} = R_{verbr.} \times I^2$ = 0,9 x 10 x 10 Watt = 90 W

auf, und in der **Leitung** geht die **Leistung**

$N_{leitung} = R_{leitung} \times I^2$ = 0,1 x 100 Watt = 10 W

verloren, immerhin schon 10% der gesamten Generatorleistung (die Leitung erwärmt sich dadurch). Hätte die Leitung die doppelte Länge, verdoppelt sich auch ihr Widerstand; entsprechend steigen die Verluste dann auf etwa 20%.

Erhöht man dagegen die Generatorspannung auf 100 V, z.B. durch einen Transformator, und paßt den Verbraucherwiderstand (bei der Herstellung des Gerätes) so an, daß er 100 Ohm beträgt, sieht die Bilanz der Energieübertragung bei gleichem Leitungswiderstand folgendermaßen aus:

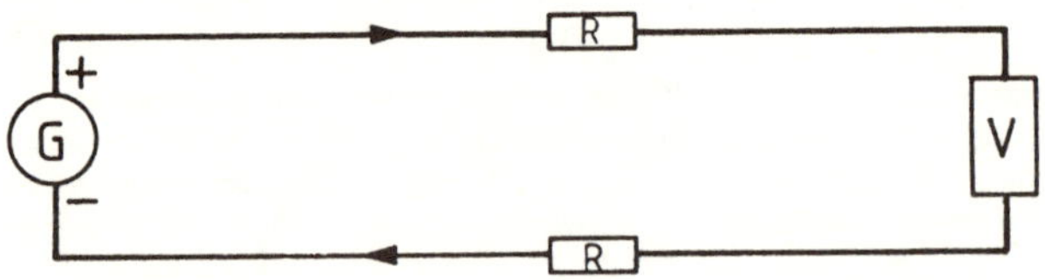

Generator
N = 100 W
U = 100 V
I = 1 A

Leitung
Leitungswiderstand
0,1 Ohm

Verbraucher
Widerstand
99,9 Ohm

Gesamtwiderstand im Verbraucherkreis:

$R_{gesamt} = R_l + R_v$ = 0,1 + 99,9 Ohm = 100 Ohm

An den **Verbraucher** übertragene **Leistung:**

$N_{verbr.}$ = 99,9 Ohm x 1 A x 1 A = 99,9 Watt

Leistungsverlust in der **Leitung:**

$N_{leitung}$ = 0,1 Ohm x 1 A x 1 A = 0,1 Watt,

entsprechend 0,1% der Gesamtleistung. Durch Erhöhung der Spannung auf das 10 fache kann mit 1/10 des Stroms dieselbe Leistung übertragen werden wie vorher; der Anteil der Leitungsverluste ist dadurch auf 1/100 gesunken!

der Nähe der Verbraucher die Spannung heruntergesetzt (und der Strom herauf), die Energie kann als Wechselstrom mit einer Spannung von 220 bzw. 380 Volt dem Hausnetz entnommen werden. Da sich Gleichstrom nicht so ohne weiteres transformieren läßt, leben wir heute in einer "Wechselstrom-Welt".

Ein großer, genereller Nachteil des elektrischen Stromes darf hier nicht unerwähnt bleiben: elektrische Energie läßt sich nur sehr schlecht speichern, schlechter noch, als wir dies von der Wärme her kennen. Zwar gibt es Batterien und Akkus, die Strom speichern (aber nur Gleichstrom), doch geschieht dies stets über den Umweg chemischer Umwandlungen.

Die Stromerzeugung muß daher möglichst dem aktuellen Stromverbrauch angepaßt werden. Natürlich könnte man versuchen, den Verbrauch an die Erzeugung anzupassen: und genau das versuchen die Stromerzeuger zu ihrem eigenen Vorteil, wenn sie ihren Kunden zu Nachtspeicherheizungen und mehr Elektrogeräten raten; die Konsequenz dieser "besseren Kraftwerksauslastung": mehr Verschwendung, mehr Umsatz, mehr Kraftwerke.

Und trotzdem sind in unserem elektrischen Versorgungsnetz große Stromspeicher vorhanden, um die Verbrauchsschwankungen der vielen Abnehmer auszugleichen. Man bedient sich dazu der Umwandlung in mechanische Energie: in Zeiten niedrigen Verbrauchs wird mit elektrischen Pumpen Wasser in hochgelegene Speicherseen gepumpt. Bei erhöhtem Strombedarf wird dieser Speicher wieder entladen: das herabfließende Wasser erzeugt in einer Turbine elektrischen Strom. Es ist wohl verständlich, daß diese zweifache Umwandlung mit Verlusten verbunden ist und der gespeicherte Strom entsprechend teuer ist.

Die Verhältnisse in kleinen, selbstständigen Stromversorgungssystemen sind ganz ähnlich: auch hier gilt es, die Stromerzeugung dem Verbrauch anzupassen, um den Aufwand für die Stromspeicherung möglichst gering zu halten (vgl. Kapitel 4: Auslegung von Stromversorgungssystemen).

1.2 Was sind Solarzellen?

Im Gegensatz zu Sonnenkollektoren, die Solarenergie in Wärme umwandeln, nennen wir die kleinen blauen Scheiben, die aus Sonnenlicht Strom erzeugen können, **Solarzellen.** Die Zusammenschaltung vieler Solarzellen zu einer mechanischen Einheit bezeichnen wir als Solarmodule oder Solar-Panele.

Solarzellen werden heute überwiegend aus dem Element Silizium hergestellt, das in Form von Quarz und Sand in sehr großer Menge auf der Erde vorkommt - der Rohstoff ist also gesichert. Es bedarf einer ganzen Reihe von komplizierten und zum Teil energieintensiven Herstellungsschritten, um aus diesem Rohmaterial die bekannten runden oder rechteckigen Scheiben herzustellen, die bei Lichteinwirkung Strom liefern. Lassen wir die recht schwer ver-

Abb. 3: Monokristalline Solarzelle mit 75 mm Durchmesser

ständlichen physikalischen Vorgänge in der Zelle hier erst einmal außer acht (vgl. Kap. 2.1), so ist ihre Funktion eigentlich leicht zu verstehen:

Die Solarzelle wandelt Sonnenenergie (die Strahlung) in elektrischen Strom um; je nach Art der Zelle (abhängig vom Material, Herstellungsverfahren, u.ä.) können etwa 8-15% der eingestrahlen Sonnenenergie als elektrische Energie entnommen werden, der Rest der Strahlung wird in Wärme umgewandelt. Der Umwandlungswirkungsgrad beträgt also 8-15%, für einfache Abschätzungen gehen wir im folgenden einmal von 10% aus, bezogen auf die gesamte Fläche eines Panels. Wird die Zelle beleuchtet, steht an den elektrischen Anschlüssen (- am oberen Kontaktgitter, + am Kontakt an der Unterseite) eine Gleichspannung von etwa 0,5 Volt zur Verfügung.

Der Strom und damit auch die Leistung, die entnommen werden kann, hängt von der Intensität der Sonneneinstrahlung und der Zellenfläche (d.h. der Größe der Empfängerfläche) ab. Die häufig verwendeten Zellen mit 10 cm Durchmesser liefern bei voller Sonneneinstrahlung (1000 Watt/m^2) einen Strom von etwa 1,8-2 Ampere, aber leider nur die relativ niedrige Spannung von 0,5 Volt. Die elektrische Leistung der Zelle beträgt in diesem Falle also

0,5 Volt x 2,0 Ampere = 1 Watt;

bei geringerer Einstrahlung sinkt entsprechend auch die Leistung, bei 500 W/m^2 liefert sie nur noch 0,5 W, bei stark bedecktem Himmel und 100 W/m^2 Einstrahlung immerhin noch 0,1 W. Anders als beim Sonnenkollektor, der ja Wärme erzeugt, stören niedrige Außentemperaturen die Stromerzeugung nicht, bei voller Sonneneinstrahlung wird auch im Winter die volle Leistung geliefert.

Da es nun kaum Geräte gibt, die mit einer Spannung von 0,5 V arbeiten, werden für praktische Anwendungen mehrere Zellen zu einem Solarmodul oder Panel zusammengeschaltet. Beim Hintereinanderschalten der Zellen addieren sich die Zellenspannungen: zumeist werden 30 - 38 Zellen zu einem Panel zusammengefaßt, das dann eine Spannung von 15-19 V und eine Leistung von 30-40 W liefert. Diese Spannung reicht aus, um zum Beispiel Standardakkus (12 V) zu laden oder kleinere Geräte direkt zu betreiben. Für besondere Anwendungen werden auch Panele mit anderen Spannungen gefertigt.

Werden mehr Leistung oder noch höhere Spannungen benötigt, kann man entweder größere Panele mit mehr Solarzellen kaufen oder mehrere Panele gleichen Typs zu einem Solarzellenfeld zusammenschalten. Grundsätzlich gilt folgende Regel:

- bei Serien- oder Reihenschaltung addieren sich die Spannungen, während der Strom durch alle Zellen gleich bleibt;
- bei der Parallelschaltung wird nicht die Spannung, sondern der Strom addiert, da alle Elemente den erzeugten Strom in die gemeinsame Sammelleitung abliefern.

Es ist schon faszinierend, wie leicht sich die kleinen Zellen zu Modulen und die fertigen Module zu größeren Einheiten zusammenbauen lassen: am Ende können daraus sogar Solarkraftwerke beachtlicher Größenordnung entstehen. Welche Regeln und Besonderheiten man bei diesem Baukasten-Spiel beachten muß, werden wir in Kap.2-5 noch ausführlicher behandeln.

Abb. 4: Serien- und Parallelschaltung von Solarzellen

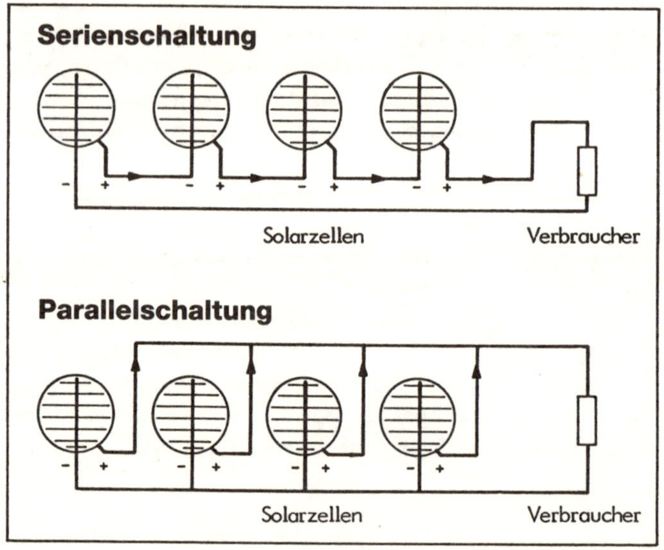

1.3 Anwendungsbereiche für Solarzellen

Grundsätzlich ist es durchaus möglich und auch realisierbar, in einiger Zukunft unseren Strombedarf weitgehend durch Direktumwandlung der Sonnenenergie mit Hilfe von Solarzellen zu decken. Die Aussicht, dadurch von den begrenzten, fossilen Energieträgern und der risikoreichen Kernkraftnutzung unabhängig zu werden, müßte eigentlich alle Politiker veranlassen, der Weiterentwicklung dieser "Zukunftstechnologie" oberste Priorität zu geben. Die erforderlichen Techniken dazu sind im Prinzip alle bekannt und es gibt auch schon Berechnungen darüber, wieviel Zeit nötig sein wird, um unsere Kraftwerkskapazitäten durch Solarzellen zu ersetzen.

Der umgehenden Realisierung dieser konkreten Utopie stehen allerdings eine Reihe von praktischen Problemen entgegen:

- Solarzellen sind (noch) relativ teuer, so daß der Solarstrom heute von den Kosten her bei uns nicht mit dem Strom aus dem Netz konkurrieren kann. In sonnenreichen Gebieten mit dünnem Versorgungsnetz sind die ökonomischen Bedingungen für den Einsatz von Solarzellen zwar wesentlich günstiger, doch fehlt hier oft das nötige Kapital für den Einstieg in diese Technik.
- Die Solarstromerzeugung ist sehr stark von der Sonneneinstrahlung anhängig, also von Standort und Witterung, wobei Mitteleuropa ja nur mäßig "von der Sonne ver-

Die Kosten von Solarzellen

Die Kosten von Solarzellen konnten in den letzten 2 Jahrzehnten durch verbesserte Fertigungsverfahren und steigende Stückzahlen erheblich gesenkt werden, und zwar von etwa 800 DM/Watt Spitzenleistung auf 15-20 DM/Watt Spitzenleistung (bei 1000 W/m² Sonneneinstrahlung).
Allerdings sind die optimistischen Vorhersagen (vor allem aus den USA) über eine weitere Preissenkung auf 5-8 DM/W für den Zeitraum 1980-85 leider nicht eingetreten. Heute erwartet man, daß sich diese Preise erst Anfang der 90 er Jahre erreichen lassen. Die genannten Preise verstehen sich immer für Standard-Panele bei größeren Abnahmemengen; bei kleineren Panelen, Sonderausführungen und beim Bezug von nur wenigen Panele sind im allgemeinen höhere Preise zu zahlen!

Interessant ist der Vergleich mit den Erstellungskosten anderer Energieerzeuger: der Bau eines Kohlekraftwerks kostet heute etwa 2,50 - 3,50 DM/W installierter Leistung, der eines Kernkraftwerks (mit ungeklärter Entsorgung) etwa 4-5 DM/W, wobei hier im Gegensatz zu den Solarzellen laufend zusätzlich die Brennstoffkosten anfallen. Dafür bieten die meisten konventionellen Kraftwerke eine hohe Auslastung ihrer Stromerzeugungskapazität von bis zu 6000-7000 Stunden im Jahr; entsprechend liefert ein normales Kraftwerk pro Watt installierter Leistung 6000-7000 Wh/a oder 6-7 kWh/Jahr; das Solarkraftwerk kann nur bei Sonneneinstrahlung Strom erzeugen und bringt es in unserem Klima auf etwa 1 kWh/Jahr, wiederum bezogen auf 1 Watt installierter Leistung.

Um mit dem Strom aus konventionellen Kraftwerken finanziell konkurrieren zu können, müßte der Solarzellenpreis auf etwa 2-3 DM/W (je nach Strahlungsangebot am Standort) gesenkt werden. Wenn man den Experten glauben kann, sollte dieses Ziel mit neuen, vereinfachten Herstellungstechniken (amorphe Zellen) durchaus erreichbar sein.

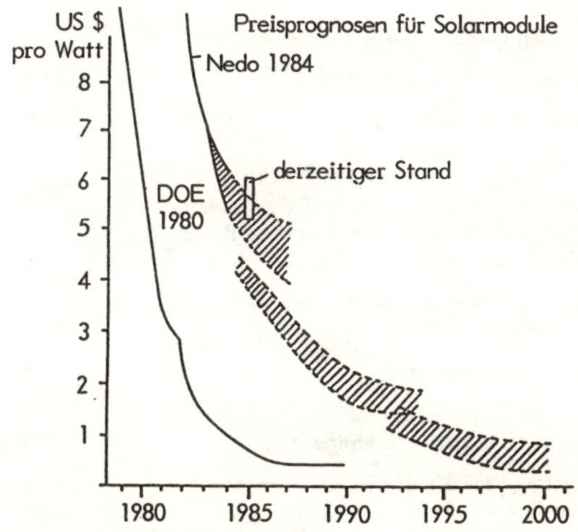

wöhnt" wird; unsere Standortbedingungen sind daher nicht optimal, was Kritiker zu dem Schluß verleitet, daß diese Technik für unsere Verhältnisse schlecht oder gar nicht geeignet sei.

- Die periodischen Schwankungen im Solarangebot (Tag-Nacht- und Sommer-Winter-Schwankungen) erfordern für viele Anwendungen zum Teil aufwendige Stromspeicher und Regelungssysteme, was den Solarstrom zusätzlich verteuert. Insbesondere die Entwicklung leistungsfähiger und preiswerter Speicher für elektrische Energie würde die Anwendung der Solarzellen erheblich voranbringen.
- Unsere "full power"-Mentalität und die vielen, schlechten Elektrogeräte in unseren Haushalten und Arbeitsstätten sorgen für hohen Stromverbrauch und gute Umsätze der Stromwirtschaft; diese Entwicklung der letzten Jahrzehnte erschwert die Einführung der Solarzellentechnik, da zur Deckung unseres zum Teil unnötigen Stromverbrauchs übergroße und entsprechend teure Systeme erforderlich wären.

Kosten für elektrischen Strom

1 Kilowattstunde Energie kostet heute:

aus Batterien in Armbanduhren	36.000 DM
aus Batterien für Taschenrechner	9.000 DM
aus Batterien für Taschenlampen	220 DM
für einen Kleinverbraucher (50 W Dauerleistung), der 3,5 km vom Stromnetz entfernt liegt und vom E-Werk ans Netz angeschlossen wird	17,50 DM
für denselben Kleinverbraucher bei photovoltaischer Stromversorgung (50 W Dauerleistung)	10,70 DM
bei heutiger Autoelektrik	2,50 DM
bei Stromversorgung aus einem Dieselgenerator (Leistung einige kW)	2,20-2,50 DM
beim Photovoltaik-Kraftwerk auf der Insel Pellworm (300 kW Spitzenleistung)	2,00 DM

- Hinzu kommt noch ein politisches Hemmnis: es liegt anscheinend weder im Interesse der großen Stromerzeuger und -verkäufer noch im Interesse unserer Politiker, neue Formen einer unabhängigen und dezentralen Energieversorgung in größerem Maße zu fördern, könnten sie doch die Bürger allzu unabhängig von sich machen.

Trotz dieser Hindernisse macht die Anwendung von Solarzellen erfreulicherweise gute Fortschritte. Fangen wir einfach klein an! Freilich kann die Solarzellentechnik heute noch keine konventionellen Kraftwerke ersetzen, aber wir müssen ja auch erst einmal lernen, mit dieser neuen Technik umzugehen; und dazu bedarf es der Praxis in allen möglichen Anwendungsbereichen!

Das in den nächsten Jahren wohl zukunftsträchtigste Anwendungsgebiet sind die vielen **netzunabhängigen Klein-Verbraucher:**

- **Taschenrechner, Uhren, Radios, Kasettenrecorder, Spielzeuge,** kurz alle Geräte, die heute noch mit Trokkenbatterien ausgerüstet werden. Dieser Bereich ist wie geschaffen für Solarzellen-Anwendungen, da der Strom aus Batterien sehr teuer ist und bei diesen Geräten mit Solarzellen und Akkus völlige Netzunabhängigkeit erreicht werden kann - man braucht auch kein lästiges Ladegerät mehr. Immerhin wurden 1983 in Japan bereits etwa 30 Mio.Taschenrechner mit Solarzellen produziert, was bei etwa 20.000 m^2 installierter Solarzellenflächen einer Spitzenleistung von 500 kW entspricht.

  Systemdaten:
  erf. Solarzellen-Leistung: 0,01 - 5 Watt
  Stromspeicher: sofern die Raumhelligkeit zum Betrieb nicht ausreicht, stehen kleine Blei- und Nickel-Cadmium-Akkus zur Verfügung.

- **mobile elektrische Geräte:** z.B. in Campingfahrzeugen, Booten, Segelflugzeugen, Hütten, Wochenendhäusern, elektrischen Weidezaungeräten, Amateurfunk, u.ä.. Diese Geräte und Systeme verwenden einen Akku als Stromspeicher, damit sie unabhängig von der Sonnen-

einstrahlung betrieben werden können. In Fahrzeugen wird ein kleines Bordnetz installiert (Bordspannung meist 12 V), an das alle möglichen Kleinverbraucher angeschlossen werden können. Einige Spezialisten haben sogar schon erfolgreich versucht, den Strom aus Solarzellen zum Antrieb leichter Fahrzeuge für den Nahverkehr, sogenannter Solarmobile, zu nutzen.
Der Einsatz von Solarzellen in diesem Bereich ist praktisch und hat sich bewährt, doch sind die Möglichkeiten noch zu wenig bekannt.

Systemdaten:
erf. Solarzellenleistung: 5 - 100 Watt
Solarzellenfläche: 0,05 - 1 m²
Stromspeicher: vorwiegend Bleiakkus

- **Versorgung ortsfester Geräte fernab vom öffentlichen Netz:** Nottelephone, Wetter- und Umweltmeßstationen, Radio- und Fernsehfüllsender, kleine Radiostationen, Seeleuchtbojen, Beleuchtungsanlagen; diese Anlagen sind im allgemeinen ortsfest installiert und können daher optimal zur Sonne hin ausgerichtet werden. Sie benötigen einen leistungsfähigen Stromspeicher für den Betrieb bei Dunkelheit und geringer Sonneneinstrahlung. Es gibt in der Bundesrepublik und vor allem in den Bergregionen der Schweiz bereits eine ganze Reihe solcher Anlagen, die größtenteils noch als Versuchs- und Demonstrationsprojekte betrieben werden. In Ländern mit einem weniger dichten Versorgungsnetz, in Bergregionen und Entwicklungsländern werden solche Anlagen zunehmend Verbreitung finden.

Systemdaten
erf. Solarzellenleistung: 100 - 1000 Watt
Solarzellenfläche: 1 - 10 m²
Stromspeicher: Bei- und NiCd-Akkus

- **Versorgung elektrischer Pumpen** zur Wasserförderung: solar betriebene Wasserpumpen zur Trinkwasserförderung und Bewässerung können vorwiegend in den sogenannten Entwicklungsländern eine gute und finanziell interessante Alternative zu benzin- und dieselgetriebenen Wasserpumpen darstellen. Solare Pumpen kommen ohne teuren Brennstoff und (fast) ohne Wartung aus; auf einen Stromspeicher kann man im allgemeinen verzichten, wenn man statt dessen das geförderte Wasser bevorratet. Um anstelle von Gleichstrommotoren wartungsfreie Wechselstrommotoren einsetzen zu können, wird zwischen Solargenerator und Motor ein elektrischer Wandler eingebaut.

Abb. 5: Autonome Solarstromversorgung für eine Sendeanlage: Fernsehfüllsender Lasel in der Eifel, Spitzenleistung 350 Watt Foto: AEG, Wedel

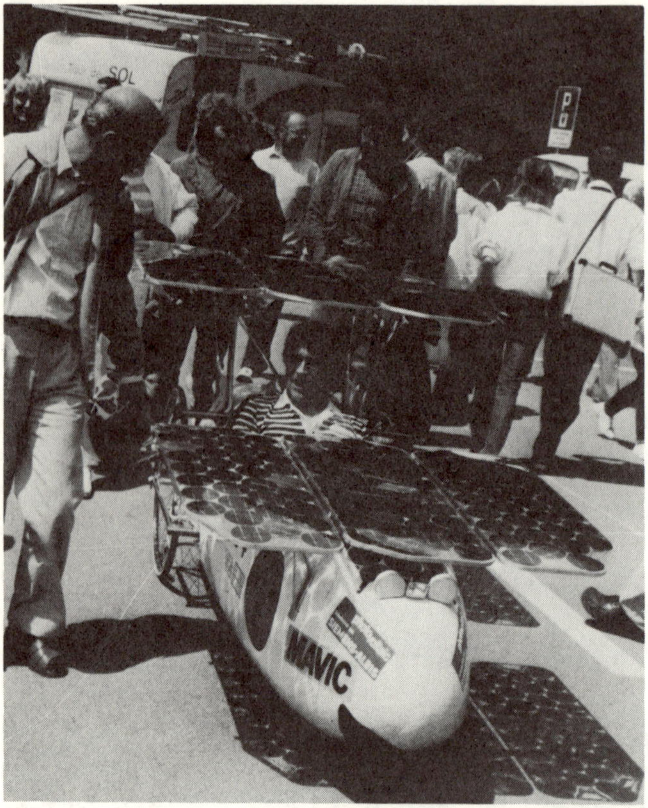

Abb. 6: Solarfahrzeug auf der 1. Tour de Sol in Romanshorn, Schweiz 1985; ein Motor mit Solarstromversorgung unterstützt den Pedalantrieb und bringt ein Plus an Geschwindigkeit und Bequemlichkeit

Systemdaten:
erf. Solarzellenleistung: z.B. 0,5 - 2 kW
Solarzellenfläche: 5 - 20 m^2
Stromspeicher: nicht erforderlich

Autonome Hausversorgung

Nun liegt der Gedanke nahe, auch ganze Häuser mit Solarstrom zu versorgen und sich damit unabhängig vom öffentlichen Netz zu machen. So verlockend dieser Gedanke ist, verlangt seine Realisierung doch erhebliche finanzielle Mittel und eine drastische Reduzierung des gewohnten Energieverbrauchs. Es müssen je nach Verbrauch etwa 0,5 - 2 kW an Solarzellenleistung mit entsprechend großen Stromspeichern installiert werden. Verbraucher, die Strom nur verheizen oder uneffektiv nutzen, sind aus dem Haushalt zu verbannen. Gleichzeitig wird man Betreiber eines eigenen kleinen Kraftwerks und muß stets dafür sorgen, daß Energieerzeugung und -verbrauch sich im Mittel die Waage halten. In unseren Breiten kann es besonders im Winter bei geringer Einstrahlung und erhöhtem Verbrauch, z.B. für Beleuchtung, zu Versorgungsengpässen kommen; durch großzügige Dimensionierung des Systems oder Nutzung zusätzlicher Energiequellen kann man dieses Problem jedoch lösen.

Die Solarstromversorgung von Häusern, eventuell zusammen mit einem kleinen Blockheizkraftwerk (Wärme- und Stromerzeugung im Winter) oder der Nutzung von Windenergie, ist heute dort sinnvoll und finanziell tragbar, wo kein öffentliches Netz zur Verfügung steht oder erhebliche Anschlußkosten für die Heranführung der Leitungen bezahlt werden müssen. Anwendungsfälle dieser Art sind auch im industrialisierten Europa häufiger als man denkt, allein in der EG (noch ohne Spanien und Portugal) soll es mehr als 22.000 Haushalte geben, die nicht an's öffentliche Netz angeschlossen sind. Daneben gibt es eine zunehmende Zahl von Leuten, denen sehr viel an der Unabhängigkeit von großen Stromkonzernen liegt und die bereit sind, die "Sicherheit" des öffentlichen Netzes aufzugeben zugunsten einer umweltfreundlichen Energieversorgung von der Sonne.

Wir werden in den folgenden Kapiteln die Bausteine einer solaren Stromversorgung häufig am Beispiel einer autonomen Hausversorgung behandeln, einfach deshalb, weil die Versorgungsaufgaben und Stromanwendungen im Haus allen Lesern mehr oder weniger vertraut sind; da die solare Stromversorgungstechnik bei kleineren und größeren Systemen ganz ähnlich aufgebaut ist, dürfte am Ende die Übertragung des Wissens auf andere Systeme nicht schwer fallen.

Netzgekoppelte Anlagen

Auch Häuser mit Netzanschluß können den Solarstrom sinnvoll nutzen: hier wird der Strom von der Sonne ohne Speicherung gleich in technischen Wechselstrom (220 V, 50 Hz) umgewandelt; überschüssiger Strom, der im Haus nicht verbraucht wird, fließt ins öffentliche Netz; ist der Verbrauch höher als die eigene Erzeugung, liefert das Netz die nötige Ergänzung und Versorgungssicherheit. Es gibt inzwischen einige Versuchsanlagen dieser Art (z.B. Solarhaus München), bei denen die Industrie und die Stromversorgungsunternehmen praktisches Wissen über Eigenarten und Möglichkeiten der Solarzellentechnik sammeln wollen.

Der Vorteil dieser Technik besteht darin, daß man im Gegensatz zum autonomen Versorgungssystem auf teure Stromspeicher (Akkus) weitgehend verzichten kann; außerdem läßt sich dadurch der massenhafte Einsatz von Blei- oder Nickel-Cadmium-Akkus vermeiden, der bei einer Anwendung im großen Maßstab beträchtliche Umweltprobleme bei der Herstellung und dem Recycling dieser giftigen Metalle mit sich bringen würde. Das öffentliche Netz wirkt in Verbindung mit anderen Stromerzeugern als Speicher und bringt die Versorgungssicherheit.

Der Aufwand für die Netzkoppelung ist recht groß und wird sich auch in Zukunft nur für größere Anlagen mit mehreren kW Leistung lohnen; beim derzeit noch recht hohen Solarzellenpreis und dem ungünstigen Strahlungsangebot in der Bundesrepublik ist der Solarstrom im Vergleich zum Strom aus dem Netz einfach noch viel zu teuer. Trotzdem lohnt es sich, die Technik der Netzeinspeisung weiterzuentwickeln, um in einigen Jahren mit billigeren Zellen und verbesserter Netzkopplung in die solare Stromwirtschaft einsteigen zu können.

Abb. 7: Strom aus Solarzellen liefert für die Bewässerung von Kulturen immer dann Energie, wenn sie gebraucht wird.

Abb. 8: Autonome Stromversorgung mit Solarzellen und Wärme-Kraft-Kopplung für die BUND-Ökostation auf der Landesgartenschau in Freiburg (1986)

Abb. 9: Solarkraftwerk mit 300 kW Spitzenleistung auf der Insel Pellworm: die Anlage wurde 1983 in Betrieb genommen und liefert elektrischen Strom ins öffentliche Inselnetz Photo: AEG, Wedel
Luftbild freigegeben durch das Luftamt Hamburg Nr. 470/83

Solarkraftwerke

Von Großanlagen und Solarzellen-Kraftwerken spricht man bei Spitzenleistungen von mehr als 100 kW. Prinzipiell unterscheiden sich diese Solarkraftwerke nicht von den bereits behandelten Kleinanlagen - sie sind eben nur etwas größer und aus entsprechend mehr Bausteinen (Solarpanelen) zusammengesetzt. Solarkraftwerke werden stets am öffentlichen Netz betrieben, da eine Speicherung des Stroms für sonnenlose Stunden mit heutiger Akkutechnologie nicht wirtschaftlich wäre. Dennoch wurde beim deutschen Versuchskraftwerk auf der Insel Pellworm (Spitzenleistung 300 kW, 17.568 Solarmodule) aus Versuchsgründen ein sehr großer Batteriespeicher eingebaut. Für die Zukunft bietet die Wasserstofftechnologie (Erzeugung von Wasserstoff durch Elektrolyse, Rückumwandlung in Strom durch die Brennstoffzelle) eine mögliche Alternative zu den bisher üblichen Speichertechniken.

Im sonnenreichen Südkalifornien ist inzwischen ein Solarzellenkraftwerk mit 5000 kW = 5 MW elektrischer Leistung in etwa 6 Monaten Bauzeit errichtet worden und wird heute von einer Stromversorgungsgesellschaft mit Erfolg betrieben; dieses Beispiel zeigt, daß die Solarzellen-Technik auch geeignet ist, in großem Maßstab Strom zu erzeugen - vollautomatisch, sauber und in absehbarer Zeit hoffentlich auch noch zu günstigeren Preisen.

Damit soll jedoch nicht der großtechnischen Lösung das Wort geredet werden! Denn der Landschaftsverbrauch von Solarkraftwerken ist beträchtlich, so daß im allgemeinen nur verbraucherferne Standorte dafür infrage kommen. Demgegenüber lassen sich dezentrale Kleinanlagen ohne zusätzlichen Platzbedarf auf den Dächern unserer Häuser unterbringen.

1.4 Stromsparen

Nicht nur beim Sonnenstrom, sondern bei der Stromerzeugung überhaupt kommt es stets darauf an, den Strom auch möglichst effizient zu nutzen - sonst betreiben wir am Ende eine gigantische Energievernichtungsanlage mit minimalem Nutzen, aber tödlicher Wirkung für uns und unsere Umwelt. Kurz gesagt, das Thema "Stromsparen" gehört unbedingt mit zur "solaren Stromversorgung". Denn zum einen wäre es heute einfach zu teuer, unseren derzeitigen Stromverbrauch allein aus Solarstrom zu decken, und zum anderen ist es nur sinnvoll und naheliegend, sich erst einmal über den Bedarf zu orientieren, bevor man an's Erzeugen denkt. Schaut man einmal näher hin, gibt es viele Stellen, wo wir unnötig Strom verbrauchen: durch Stromanwendung, für die es bessere Alternativen gibt (z.B. fast aller Formen elektrischer Heizung), durch nutzlose Geräte oder durch elektrische Geräte mit schlechtem Wirkungsgrad.

Bei elektrischen Geräten kann es auch volkswirtschaftlich gesehen durchaus preiswerter sein, einen etwas höheren Preis für ein energiesparsames Gerät zu bezahlen und dafür während der ganzen Lebensdauer des Geräts Strom zu sparen. Nach einschlägigen Schätzungen (Energiewende, Öko-Institut, Freiburg) läßt sich durch konsequente Anwendung energiesparsamer Haushaltsgeräte der Stromverbrauch im Haushalt auf 30-40% des heutigen Wertes reduzieren - wohlgemerkt, ohne Komforteinbuße! Praktische Beispiele solar versorgter Häuser zeigen, daß man auch mit noch weniger Stromverbrauch durchaus gut leben kann. Damit ließe sich so manches Kraftwerk überflüssig machen!

Stromverbraucher im Haushalt

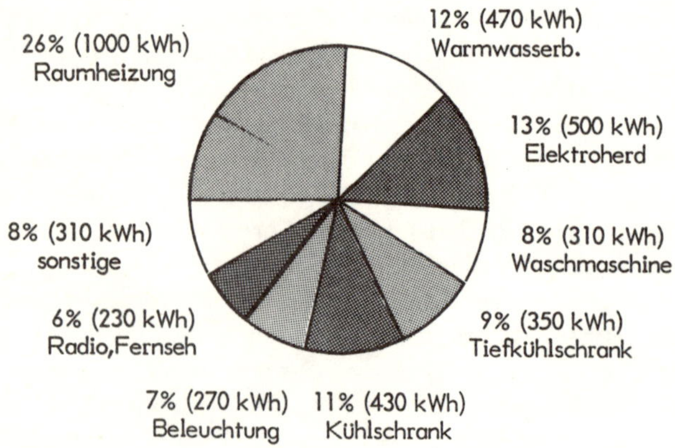

Verbrauch 1973: 60 TWh / 23,2 Mio. Haushalte = 2,59 MWh/a
Verbrauch 1980: 93 TWh / 24,0 Mio. Haushalte = 3,88 MWh/a

Der durchschnittliche Stromverbrauch aller Haushalte in der Bundesrepublik (24 Millionen Haushalte) betrug im Jahr 1980

3880 kWh pro Jahr und Haushalt.

Bei einem Arbeitspreis von 0,18 DM/kWh und einem Grundpreis von z.B. 280 DM/a beläuft sich dann die durchschnittliche Stromrechnung einschließlich Ausgleichsabgabe (Kohlepfennig) und Mehrwertsteuer auf 1147,72 DM (zugrunde gelegt wurde bei dieser Modell-Rechnung der Haushaltstarif 1 des örtlichen Stromversorgers). Auf den Verbrauch von 3880 kWh/a bezogen errechnet man daraus reale Verbrauchskosten (einschließlich aller Abgaben) von 0,296 DM/kWh.

Die Grafik gibt eine Übersicht über den prozentualen Anteil der verschiedenen Verbraucher im Haus. Durch neue und zum Teil energiesparsamere Geräte hat sich die Verteilung in den letzten Jahren ein wenig verändert, jedoch lagen darüber keine genauen Zahlenangaben vor.

Während die Einführung stromsparender Geräte im netzversorgten Haushalt nach und nach erfolgen kann, ist für die vernünftige Auslegung netzunabhängiger, solarer Stromversorgung die sofortige Umstellung auf energiesparsame Geräte oberstes Gebot, muß man doch unnötigen Stromverbrauch mit zusätzlicher Solarzellenfläche und größeren Speichern teuer bezahlen.

Schauen wir uns die Verbraucher im Haushalt einmal näher an. Der nebenstehende Kasten gibt Auskunft über Höhe und Verteilung des durchschnittlichen Stromverbrauchs in einem bundesdeutschen Haushalt (Zahlen von 1980). Mehr als die Hälfte des Stroms wird bei der Raumheizung und Warmwasserbereitung sowie beim Kochen schlicht "verheizt"; für diese Anwendungen ist es wesentlich sinnvoller, andere Energieträger, wie Gas, Öl, Holz, Sonnenenergie u.ä., einzusetzen, die eine bessere Ausnutzung der eingesetzten Primärenergie bringen und die Energiedienstleistung vielfach auch billiger bereitstellen können.

In einem Stromspar-Haushalt kann man dadurch bereits gut die Hälfte des täglichen Stromverbrauchs von etwa 10 kWh/Tag aus den weiteren Überlegungen ausklammern. Bleibt eine mehr oder weniger große Zahl von Elektrogeräten, auf die wir ja nicht unbedingt verzichten wollen.

Beleuchtung: Der Anteil am Stromverbrauch ist mit 7% relativ gering; durchschnittlich werden im Haushalt etwa 270 kWh im Jahr benötigt. Nun gibt es längst sparsame Alternativen zur Standard-Glühlampe: Halogen-Lampen liefern ein angenehmes und warmes Licht, durchaus vergleichbar zum Glühlampen-Licht, und bringen bei 50-60% des bisherigen Verbrauchs die gleiche Helligkeit. Sie werden überwiegend für 12 und 24 V hergestellt, was den Einsatz in bestehenden Leuchten und die Integration in die häusliche Elektroinstallation etwas erschwert. Sie sind aber wie geschaffen für den Betrieb an Kleinspannungs-Gleichstrom-Netzen in autonomen Stromversorgungsanlegen. Für den Betrieb an 220 V muß ein Trafo vorgeschaltet werden. Die Beleuchtungstechnik bietet inzwischen eine ganze Reihe von modern gestalteten Leuchten mit Halogenlampen

an, leider noch zu sehr hohen Preisen.
Eine noch höhere Lichtausbeute bringen die Leuchtstoffröhren und -lampen, die in den letzten Jahren erheblich verbessert worden sind und sich jetzt zunehmend durchsetzen. Durch neu entwickelte Formen und bessere Leuchtstoffe geben sie ebenfalls ein angenehmes Licht und verbrauchen bei gleicher Helligkeit nur 20-25% des Stroms von gleichhellen Glühlampen. Bei einigen Lampentypen ist das erforderliche Vorschaltgerät bereits im Lampensockel (mit Schraubfassung) integriert, so daß sie sich einfach gegen normale Glühlampen austauschen lassen. Da sie etwas größer sind als normale Glühlampen, werden bei der Umstellung auf diesen Lampentyp manchmal Änderungen an den Beleuchtungskörpern (z.B. andere Schirme) notwendig.
Je nach Zahl der Brennstellen und Wahl des Lampentyps läßt sich ein Stromspar-Haushalt also mit durchschnittlich 70-100 kWh/Jahr gut beleuchten.

Radio, Fernsehen und andere elektronische Medien: Bei diesen Geräten ist der Energieverbrauch durch die Entwicklungen der Halbleitertechnik in den letzten Jahren erheblich zurückgegangen. Während Radios und Kasettenrecorder heute schon als tragbare Geräte "HiFi-Qualität" liefern und mit wenigen Watt Leistungsaufnahme auskommen, dürfte der Farbfernseher (abgesehen von Musikverstärkern für Freunde sehr lauter Musik) wohl der größte Verbraucher in dieser Gruppe sein; je nach Größe des Bildschirms liegt die Leistungsaufnahme bei 40-100 W. Bei Neuanschaffungen sollte der Energieverbrauch auch ein wesentliches Entscheidungskriterium sein. Wer derlei "Kulturmaschinen" nicht braucht, ist fein heraus, denn er spart Strom und viel Geld und hat Zeit für andere Dinge.
In einem durchschnittlichen Stromsparhaushalt läßt sich durch Betrieb energiesparsamer Geräte der jährliche Verbrauch sicher auf 30-150 kWh/Jahr reduzieren.

Kühlgeräte: Es ist schon verwunderlich, daß es bei unserem vielgerühmten, technischen Fortschritt nicht möglich zu sein scheint, ausschließlich energiesparsame Kühlgeräte herzustellen. Zwar gibt es "Energiespar"-Kühlschränke und -gefriertruhen mit einem täglichen Verbrauch von 0,6-0,9 kWh/d (entsprechend 220-330 kWh/a), doch die Mehrzahl der heute noch angebotenen Geräte verbraucht auch gern schon einmal das Doppelte. Im übrigen wiegen die Einsparungen bei den laufenden Stromkosten die höheren Anschaffungskosten energiesparender Geräte bei weitem auf. Durch Aufstellung in kühlen Räumen und zusätzliche Wärmedämmung, die man nachträglich nur im Selbstbau anbringen kann, läßt sich der Verbrauch schon um einiges senken. Untersuchungen und der Bau von Prototypen im Physikalischen Labor der Technischen Hochschule Lyngby in Dänemark (Norgard 1985) haben gezeigt, daß man mit guter Wärmedämmung und verbesserten Kompressoren auch Kühlschränke bauen kann, die nur etwa 100 kWh/Jahr verbrauchen, und das zu durchaus vertretbaren Mehrkosten. Die für den Campingbedarf und die Fahrzeugausstattung angebotenen Spezial-Kühlgeräte für den mobilen Einsatz mit 12/24 V Spannung erreichen in etwa diese Werte; sie kosten aber leider 2-3 mal soviel wie normale Geräte und haben weniger Rauminhalt.
Für unseren Stromspar-Haushalt gehen wir einmal von einem Jahresverbrauch von 150-220 kWh/a aus.

Waschmaschine, Geschirrspüler, Wäschetrockner: Diese Geräte gehören zu den großen Verbrauchern im Haushalt, wird hier doch wieder zu einem beträchtlichen Teil Strom in Wärme verwandelt. Waschmaschinen mit Warmwasseranschluß, in kommerziellen Waschsalons durchaus üblich, haben sich für den privaten Haushalt noch nicht durchgesetzt. Entfällt bei Wasch- und Geschirrspülmaschinen die elektrische Aufheizung des Wassers, bleibt der Stromverbrauch für Antrieb und Laugenpumpe, etwa 100-150 kWh/a jeweils für Waschmaschine und Geschirrspüler. Der Einbau eines Warmwasser-Anschlusses ist bei fast allen Waschmaschinen nachträglich möglich; wie das geht, wird in einer Selbstbauanleitung (Siegfried Scheer: Stromsparen beim Waschen; ökobuch Verlag, Freiburg 1985) ausführlich beschrieben. Wem derartige Bastelei nicht liegt, kann beim Kauf eines neuen Gerätes auch durch richtige Auswahl schon eine Menge Energie sparen. Die einzig wahre Alternative zum Wäschetrockner ist die Nutzung der Sonnenenergie, das Trocknen an der "frischen" Luft, am besten gegen Regen geschützt durch ein Überdach. Aber wir wollen hier nicht über die Notwendigkeit des einen oder anderen Gerätes diskutieren und die Entscheidung jedem einzelnen überlassen.

Sonstige Geräte: Bleiben die vielen kleinen Elektrogeräte im Haushalt, Kaffemaschine, Eierkocher, Küchenmaschine, Staubsauger, Nähmaschine und was es sonst noch so alles gibt. Da sie nur recht selten oder kurzzeitig benutzt werden, fällt ihr Verbrauch im Vergleich zu den Großgeräten nicht so sehr ins Gewicht. Entrümpelt man den Haushalt einmal von allen unnützen Geräten (eine gute Warmhaltekanne erfüllt z.B. den gleichen Zweck wie eine Kaffeemaschine), kann man für diese Gerätegruppe durchaus mit 50-100 kWh/a auskommen.

In diesem Zusammenhang empfiehlt es sich übrigens, auch einmal im Keller nachzusehen, ob nicht z.B. eine überdimensionierte Umwälzpumpe der Heizung ganz erheblich zum Stromverbrauch beiträgt; läuft eine 80 W Umwälzpumpe während der Heizperiode (5 Monate entsprechend 3600 Stunden/Jahr) ununterbrochen, kommt immerhin ein Jahresverbrauch von 288 kWh/a zusammen. Zur Senkung des Verbrauchs kann man z.B. eine Schaltuhr vorsehen, mit der die Pumpe während der Nachtabsenkung abgeschaltet wird, oder eine Pumpe mit geringerer Leistung einbauen lassen; Die Heizungsfirmen können heute durch eine Meßpumpe die richtige Pumpenleistung ohne großen Rechenaufwand experimentell bestimmen.

Nimmt man alle hier aufgeführten Möglichkeiten zum Stromsparen im Haushalt zusammen, kommt man zu einer erfreulichen Gesamtbilanz (Tab. 1). Danach beträgt der Stromverbrauch im Stromspar-Haushalt (ohne großen Komfortverzicht) nur noch 530-870 kWh/Jahr oder 1,5-2,3 kWh/Tag, also weniger als 20% des durchschnittlichen Verbrauchs. In der Tat gibt es Beispiele von solar versorgten Haushalten, die sogar mit weniger als 1 kWh/Tag auskommen!

Diese Möglichkeiten, sparsam mit Strom umzugehen, hat jeder, egal ob er/sie den Strom aus dem Netz bezieht oder sich autonom versorgt; und es ist ein Zeichen von technischem Fortschritt, nicht von Askese, diese Möglichkeiten auch konsequent zu nutzen. Wer seinen Strom aus dem Netz bezieht, kann sich über diesen Fortschritt freuen, denn er hat ein Stück zur Erhaltung unserer Umwelt beigetragen und wird gleichzeitig durch eine niedrigere Stromrechnung belohnt. Wer aber seinen Strombedarf in Zukunft autonom aus Sonnenenergie decken will, vollzieht mit diesem Sparprogramm erst den ersten wichtigen Schritt. Die technischen Besonderheiten, die beim Betrieb von Geräten am eigenen Solarkraftwerk zu beachten sind, werden im Kapitel 3.4 noch ausführlicher behandelt.

Stromverbrauch in einem Stromspar-Haushalt

Beleuchtung	70 -100 kWh/a
Medien (Radio, Fernseh, Musik)	30 - 150 kWh/a
Kühlschrank	140 - 160 kWh/a
Gefriertruhe	140 - 160 kWh/a
Waschmaschine	100 - 200 kWh/a
Sonstige Geräte	50 - 100 kWh/a
Gesamtverbrauch	**530 - 870 kWh/a**
entsprechend	**1,5 - 2,4 kWh/Tag**

Tab. 1: Stromverbrauch in einem normalen Stromspar-Haushalt

2. Solarzellen

Um die Funktion von Solarzellen, d.h. die Umwandlung von Licht in elektrischen Strom erklären zu können, müssen wir uns im folgenden ein wenig näher mit dem atomaren Aufbau der Solarzellen und den Grundlagen der Halbleiterphysik beschäftigen. Nun kann man aber durchaus auch ohne näheres Verständnis der Vorgänge in Solarzellen mit diesen experimentieren und arbeiten. Wer daher vorwiegend an der Praxis interessiert ist, soll dieses Kapitel ruhig überschlagen und in Kapitel 2.2 weiterlesen.

2.1 Aufbau und Funktion von Solarzellen

Die meisten und besten Solarzellen werden heute immer noch aus hochreinem, kristallinen Silizium hergestellt. Dazu muß das Ausgangsmaterial Quarzsand (SiO_2) zunächst von allen Verunreinigungen gereinigt und geschmolzen werden. Für die Produktion von Solarzellen wird ähnlich wie für die anderen Produkte der Halbleitertechnik (Transistoren, Integrierte Schaltungen) eine hohe Reinheit des Ausgangsmaterials gefordert, für Solarzellen-Silizium wenigstens eine Reinheit von 99,99998%, das heißt, unter 10 Millionen Silizium-Atomen dürfen höchstens 2 Fremdatome vorhanden sein. Ein solcher Reinigungsprozeß ist aufwendig und kostenintensiv: 1 kg Rohsilizium (Verunreinigung ca. 1-2%), wie es zum Legieren von Metallen benötigt wird, kostet etwa 2 DM/kg, Halbleiter-Silizium der oben genannten Reinheit jedoch etwa 180 DM/kg. Der Materialeinsatz für eine Solarzelle mit 10 cm Durchmesser liegt bei etwa 12-15 g, entsprechend 2-3 DM Materialkosten. Zur Zeit versucht man, durch vereinfachte Herstellungsverfahren diesen Rohstoffpreis auf etwa 20 DM/kg zu senken.

Aus dem geschmolzenen Reinst-Silizium wird nun ein Kristallstab gezogen, der bis zu 10 cm Durchmesser und 1 m Länge haben kann. Alle Atome dieses Kristalls sind in einem für Silizium typischen Kristallgitter angeordnet. Dieser mächtige Einkristall wird nun in etwa 0,45 mm dicke Scheiben zersägt. Beim Zerschneiden des Einkristalls entsteht etwa 50% Abfall ("Sägespäne"); die heute übliche Dicke ist ein Kompromiß zwischen Materialverbrauch und der Gefahr des Zellenbruchs bei der Handhabung (Silizium ist sehr spröde!). Bis zur fertigen Solarzelle müssen die Scheiben nun noch weitere Fertigungsschritte durchlaufen. Doch betrachten wir zunächst einmal, was auf atomarer Ebene in der Siliziumscheibe passiert.

Reines Silizium ist ein sogenannter Halbleiter, d.h. die Leitfähigkeit des Materials für elektrischen Strom ist sehr gering im Vergleich zu den elektrisch gut leitenden Metallen (Silber, Kupfer, Aluminium, usw.). Untersucht man die elektrische Leitfähigkeit von Silizium näher, so stellt man fest, daß sie sehr stark von der Temperatur des Materials abhängt. Der Grund dafür ist im kristallinen Aufbau des Materials zu suchen: Siliziumatome besitzen in der äußeren Elektronenschale vier Elektronen, die sogenannten Valenz-

Abb. 10: Relative Kosten der Solarmodul-Herstellung (ohne Vermarktung) *Quelle: (2)*

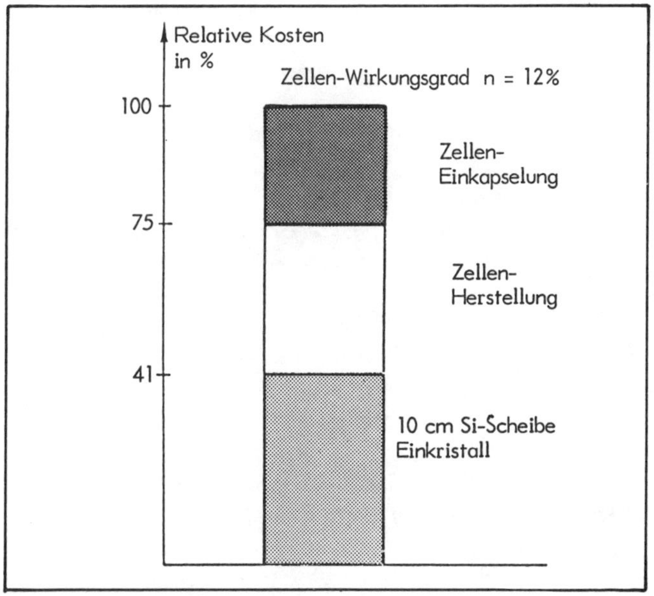

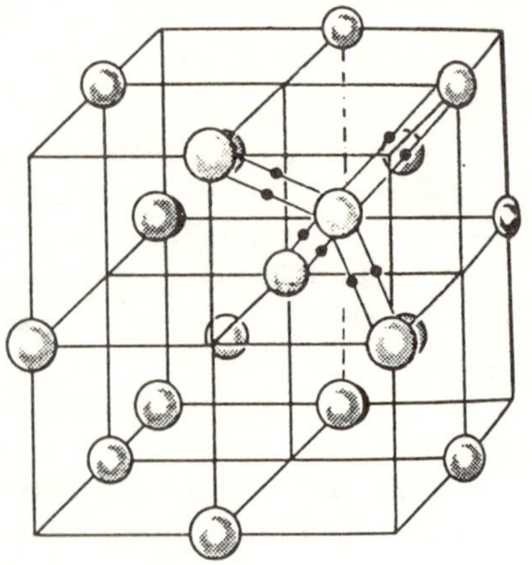

Abb. 11: Der kristalline Aufbau von Silizium

elektronen. Sie bestimmen nicht nur ganz wesentlich das chemische Verhalten dieses Elements, sondern auch die Form, in der Silizium kristallisiert. Durch die vier Valenzelektronen kann jedes Siliziumatom mit 4 Nachbarn im Kristall eine Bindung eingehen, die sogenannte Elektronen- oder Valenzbindung. Die äußeren Elektronen sind durch diese Bindung in einem Zustand relativer Ordnung festgelegt, sie stehen nicht für den Transport von elektrischer Ladung im Kristall zur Verfügung. In der Nähe des absoluten Nullpunkts, d.h. bei 0°K = -273°C, ist reines Silizium daher ein elektrischer Isolator. Mit zunehmender Temperatur, also durch Wärmezufuhr zum Kristall kann die Bindung der Elektronen nun stellenweise aufgelöst werden, so daß freie Elektronen entstehen, die als Ladungsträger für einen Strom durch den Kristall zur Verfügung stehen.

Nun kann man die elektrische Leitfähigkeit von reinem Silizium durch kontrollierte Verunreinigung z.B. mit Bor oder Phosphor gezielt verändern. Das Einbringen solcher gezielten Verunreinigungen in die Kristallstruktur bezeichnet man als Dotierung.

Dotieren wir die Silizium-Kristallscheibe von der einen Seite mit Phosphor-Atomen, z.B. im Verhältnis 1 Phosphoratom auf 1 Millionen Siliziumatome. Phosphor hat 5 Valenzelektronen in der äußeren Hülle, beim Einbau in das Sili-

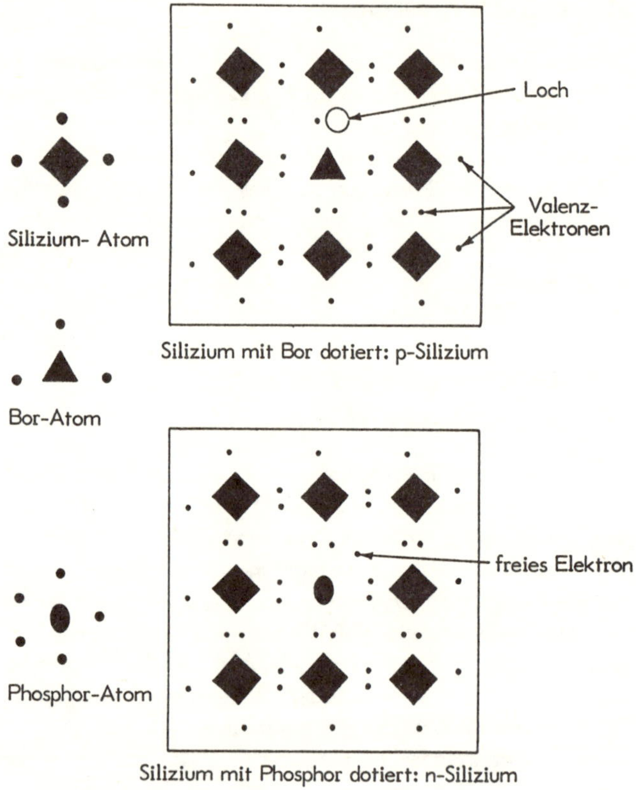

Abb. 12: Dotiert man Silizium mit Bor, entsteht p-Silizium (mit Elektronenmangel), durch Zusatz von Phosphor entsteht das n-Silizium mit Elektronenüberschuß. Quelle: (3)

zium-Kristallgitter werden jedoch nur 4 Elektronen für die Bindung benötigt; das 5. Elektron ist quasi frei und steht für den Transport elektrischer Ladung im Kristall zur Verfügung. Trotz der geringen Konzentration der Fremdatome wird die elektrische Leitfähigkeit des Materials nun wesentlich von der Anzahl der Fremdatome im Kristall bestimmt. Durch die Stärke der Dotierung lassen sich die halbleitenden Eigenschaften von Silizium gezielt verändern.

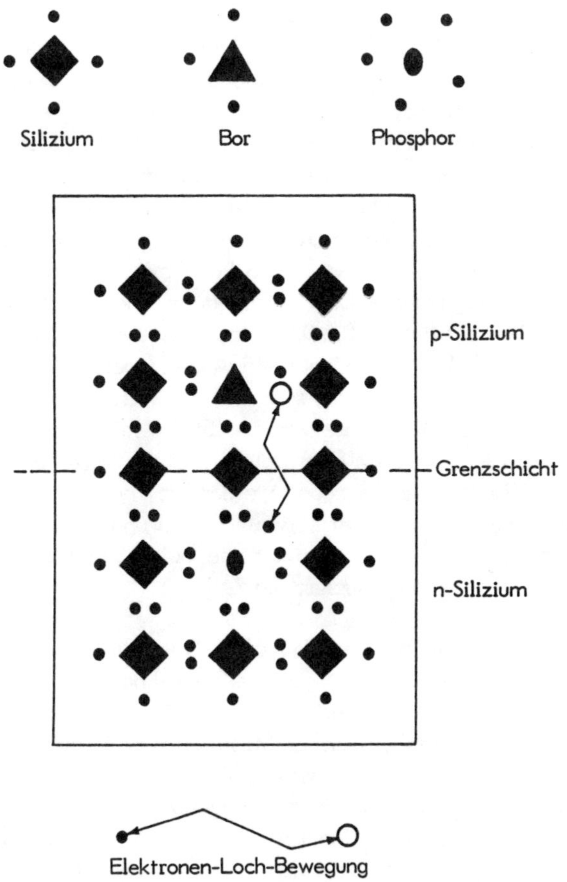

Abb. 13: Elektronen- und Löcherbewegung am pn-Übergang: die Bewegung eines Elektrons vom n- ins p-Material korrespondiert mit dem Übergang eines Lochs vom p- ins n-Gebiet. Quelle: (3)

Mit Phosphor oder anderen 5 wertigen Atomen verunreinigtes Silizium bezeichnet man auch als n-leitendes Silizium oder n-Silizium, weil hier negative Ladungsträger (Elektronen) für den Ladungstransport zur Verfügung stehen.

Analog dazu wollen wir die andere Seite der Kristallscheibe z.B. mit Bor dotieren: Bor ist dreiwertig, hat also nur 3 Elektronen in der äußeren Schale der Elektronenhülle. Beim Einbau in das Silizium-Kristallgitter fehlt ein Elektron für die Valenzbindung zu dem 4. Nachbaratom. Diesen unbesetzten Platz im Bindungsschema bezeichnen wir als "Loch" oder "Defektelektron" (d.h. fehlendes Elektron). Ein Loch oder Defektelektron verhält sich ganz ähnlich wie das überzählige Elektron im n-leitenden Silizium: es kann sich im Kristall bewegen und damit Ladung transportieren. Streng physikalisch gesehen, bewegt sich natürlich nicht das Loch: vielmehr springt ein Elektron aus einer benachbarten Bindung in das Loch und hinterläßt nun an seinem alten Platz ein Loch. Das Loch bewegt sich also in entgegengesetzter Richtung wie das Elektron und wird daher auch als postitiver Ladungsträger bezeichnet. Analog nennt man das so dotierte Silizium p-Silizium.

Sowohl p- als auch n-Silizium sind nach außen hin elektrisch neutral, da die Zahl der Eletronen im Kristall in beiden Fällen mit der Zahl der Kernladungen korrespondieren. Legt man p- oder n-Silizium in die Sonne, so wird man äußerlich, abgesehen von einer Erwärmung, nichts feststellen können. Zwar können durch die Energie des Lichts Elektronen aus der Valenzbindung gelöst (herausgeschossen) und damit Elektronen-Loch-Paare erzeugt werden, doch wird das freie Elektron innerhalb kürzester Zeit (1/1.000.000 s) wieder eingefangen, Elektron und Loch "rekombinieren".

Interessant wird es erst, wenn p- und n-leitendes Material zusammenkommen und im Kristall eine Grenzfläche zwischen p- und n-Material entsteht. Allgemein besteht zwischen positiven und negativen Ladungen eine Anziehungskraft. An der Grenzschicht stehen sich nun freie Elektronen im n-Material (mit Elektronenüberschuß) und Löcher im p-Material (Elektronenmangel) gegenüber. Infolge der Anziehungskraft diffundieren die freien Eletronen in der Nähe der Grenzschicht aus dem n- ins p-Material und versuchen, soweit es die atomaren Kräfte erlauben, Überschuß und Mangel auszugleichen. Umgekehrt könnte man auch sagen, daß die Löcher ins n-Material diffundieren und mit den freien Elektronen rekombinieren. In der Umgebung der Grenzschicht entsteht dadurch eine Zone ohne freie Ladungsträger; waren p- und n-Material vorher elektrisch neutral, so sind nun durch den Austausch der Ladungsträger

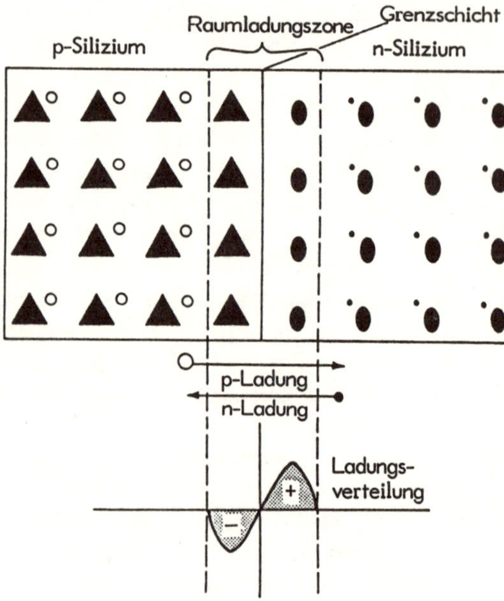

Abb. 14: Verteilung der Ladungsträger in der Grenzschicht zwischen p- und n-Material: in der Umgebung des pn-Übergangs bildet sich eine Raumladungszone aus, durch deren Einfluß die solar bzw. thermisch erzeugten Elektron-Loch-Paare getrennt werden.
Quelle: (3)

in der Umgebung der Grenzschicht zwei elektrisch geladene Bereiche entstanden: durch das Abwandern der Elektronen ins p-Gebiet wird dieses negativ geladen, entsprechend das n-Gebiet postiv. Durch das Entstehen dieser Raumladungen an der Grenzschicht kommt der weitere Austausch von Ladungsträgern zunächst einmal (bei der unbeleuchteten Solarzelle) zum Stillstand. Die Dicke dieser Raumladungszone an der Grenzschicht beträgt etwa 1/1000 mm.

Was geschieht nun, wenn wir die Solarzelle beleuchten? Licht besitzt Energie, die wir der Solarzelle in der Nähe des p-n-Übergangs zuführen wollen. Wie wir oben gesehen haben, vermag diese Energie sowohl im p- als auch im n-leitenden Material Elektronen aus der Valenzbindung zu lösen und damit Elektron-Loch-Paare zu erzeugen. In der Nähe der Grenzschicht werden diese Elektronen und Löcher nun durch die Raumladungen voneinander getrennt, bevor sie wieder miteinander rekombinieren können: die Elektronen fließen in den positiv geladenen n-Bereich, die Löcher in den negativ geladenen p-Bereich. Durch diese Ladungstrennung an der Grenzschicht entsteht eine Spannung zwischen p- und n-Gebiet; bringt man an den Außenseiten der Gebiete elektrische Anschlüsse an, so kann man dort die Spannung, die sogenannte Leerlaufspannung, messen. Bei Siliziumzellen beträgt sie 0,5-0,6 Volt und ist typisch für dieses Material. Schließt man dort ein Amperemeter (Meßgerät für elektrischen Strom) an, so kann man auch die Stärke des Ladungsträger-Stroms messen: der Strom ist umso größer, je mehr Elektron-Loch-Paare durch das auftreffende Licht in der Grenzschicht erzeugt werden: je mehr Strahlungsenergie der Grenzschicht zugeführt wird und je größer die Grenzschicht ist (d.h. je größer die Solarzellenfläche ist), umso mehr Strom produziert die Zelle.

Aus der vereinfachten, modellhaften Darstellung dieser verwickelten Vorgänge in der Solarzelle wird noch eine weitere wichtige Konsequenz deutlich: für die eigentliche Umwandlung von Licht in elektrischen Strom ist nur die nähere Umgebung der Grenzschicht wirksam! Es kommt also darauf an, daß das Licht gerade in der Umgebung der Grenzschicht absorbiert wird und seine Energie an den Kristall abgibt. Entsprechend muß man die dem Licht zugewandte Seite der Solarzelle (in Abb. 15 die n-Schicht) so dünn machen, daß sie bis zur Grenzschicht lichtdurchlässig ist.

Wie die p- und die n-Schicht in den Siliziumscheiben technisch im einzelnen hergestellt werden, soll hier nicht unser Problem sein. Um der Zelle den elektrischen Strom entnehmen zu können, müssen jetzt noch auf der Vorder- und Rückseite elektrische Kontakte angebracht werden, an denen man z.B. ein Kabel anlöten kann. Dazu wird auf der Rückseite der Zelle ganzflächig eine dünne Metallschicht aus Chrom und Nickel aufgedampft, die anschließend verzinnt wird, um die elektrischen Anschlüsse leicht anlöten zu können. Die Vorderseite muß jedoch lichtdurchlässig bleiben; daher kann man hier nur ein dünnes Gitter aus elektrischen Leitungen aufbringen, das die in der Fläche erzeugten Elektronen einsammelt. Die Form und Stärke des Kontaktgitters ist stets ein Kompromiß, der möglichst gute Lichtdurchlässigkeit und möglichst niedrigen, elektrischen Widerstand des Kontaktgitters zu vereinigen sucht; die Hersteller sind hier zu recht unterschiedlichen Lösungen gekommen.

Der Umwandlungswirkungsgrad

Solarzellen, die aus kristallinem Silizium gefertigt werden, also sogenannte monokristalline Zellen, wandeln heute etwa 12-15% des auftreffenden Sonnenlichts in elektrischen Strom um, theoretisch wäre ein maximaler Wirkungsgrad von sogar 25% möglich. Was geschieht mit der restlichen Energie?

Wir wollen versuchen, mit unserer Modellvorstellung von den Vorgängen in der Zelle diese Verluste zu erklären: das Sonnenlicht umfaßt ein breites Spektrum elektromagnetischer Wellen, was im sichtbaren Bereich durch unterschiedliche Farben deutlich wird. Abb. 17 zeigt die spektrale Verteilung des Sonnenlichts innerhalb und außerhalb der Erdatmosphäre. Der Energieinhalt des Lichts, also das Vermögen Arbeit zu leisten, ist bei den kürzeren Wellenlängen größer als im langwelligen Bereich, kurz gesagt: blaues Licht ist energiereicher als rotes. Nun ist zur Erzeugung eines Elektron-Loch-Paares in Silizium eine gewisse Mindest-Lichtenergie erforderlich, so daß erst Licht mit Wellenlängen kleiner als 1,2 µm (also Licht im nahen Infrarot und sichtbares Licht) in Strom umgewandelt werden kann. Der übrige Teil des Sonnenspektrums zum fernen Infrarot hin (mit Wellenlängen > 1,2 µm) vermag keine Elektron-Loch-Paare zu erzeugen und wird lediglich in Wärme umgewandelt. 24% der Solareinstrahlung bleiben dadurch ungenutzt.

Ist die Lichtenergie erst ausreichend, um ein Elektron-Loch-Paar zu erzeugen, so spielt es keine Rolle mehr, wie energiereich die Strahlung ist, also ob es sich um rotes oder

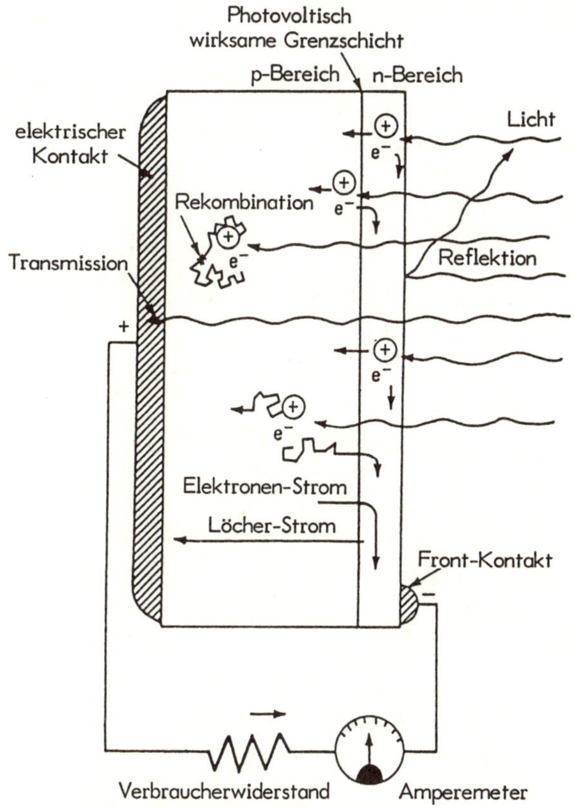

Abb. 15: Die elektrischen Vorgänge in einer Solarzelle

Abb. 16: Grundsätzlicher Aufbau einer Silizium-Solarzelle
Quelle: (2)

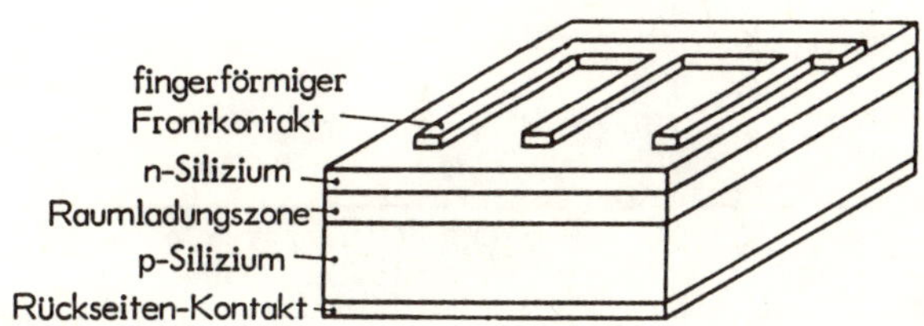

blaues Licht handelt. Oberhalb der Schwellenenergie kann ein Lichtquant nur ein Elektron-Loch-Paar erzeugen, die restliche Energie wird auch hier wieder in nutzlose Wärme umgewandelt. Dadurch bleiben weitere 30% der Sonnenstrahlung ungenutzt.

Abb. 17: Spektrale Verteilung des Sonnenlichts innerhalb und außerhalb der Atmosphere: die Solarzelle kann aufgrund ihrer Empfindlichkeit nur einen Teil des Spektrums nutzen. Quelle: (3)

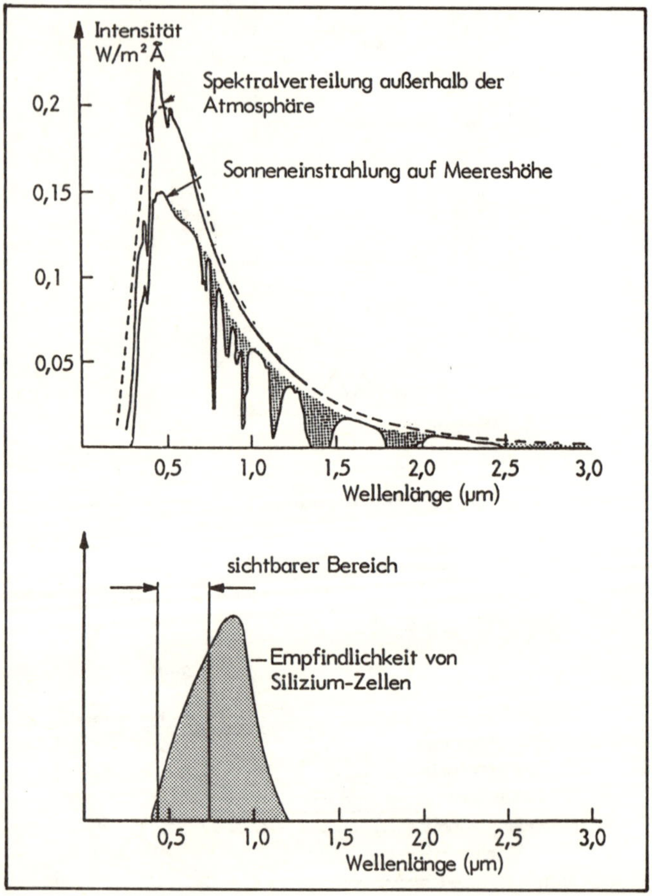

Diese beiden Ursachen für Umwandlungsverluste sind quasi naturgesetzlich; man kann nichts daran ändern, solange man Silizium als Halbleitermaterial verwendet. Hinzu kommen nun noch weitere Verluste, die im wesentlichen fertigungsbedingt sind:

- Lichtreflektionen an der blanken Solarzellen-Oberfläche: durch Aufdampfen zusätzlicher Antireflexschichten kann man diese Verluste teilweise reduzieren;
- Verunreinigungen im Kristall (Fremdatome) führen dazu, daß nicht alle Elektron-Loch-Paare in der Grenzschicht schnell genug getrennt werden, so daß einige vorher rekombinieren können und für die Stromerzeugung verloren gehen. Ein Ausweg wäre die Verwendung von sehr reinem Silizium, was jedoch wieder mit hohen Materialkosten verbunden ist. Die Hersteller suchen daher stets einen Kompromiß zwischen Reinheit des Materials, erzielbarem Wirkungsgrad und Preis zu finden.
- Nicht alles Licht wird gerade in der Umgebung des p-n-Übergangs absorbiert und umgewandelt. Elektron-Loch-Paare, die nicht in der Umgebung der Grenzschicht erzeugt werden, gehen für die elektrische Energieerzeugung verloren, da sie sofort miteinander rekombinieren.
- Auch die Temperatur der Solarzelle hat einen Einfluß auf den Umwandlungswirkungsgrad: mit zunehmender Temperatur wird die Dicke der aktiven Grenzschicht am p-n-Übergang kleiner, was sich nach außen hin durch eine sinkende Zellenspannung äußert; der Umwandlungswirkungsgrad der Solarzellen verschlechtert sich dadurch mit steigender Temperatur. Siliziumzellen arbeiten deshalb an kalten, sonnigen Wintertagen mit bestem Wirkungsgrad (anders als thermische Sonnenkollektoren) und können dann bei entsprechendem Strahlungsangebot eine sehr gute Energieausbeute liefern. Es ergibt sich jedoch noch eine andere Konsequenz aus diesem Sachverhalt: die Konzentration des Sonnenlichts mittels Spiegeln bringt nur mäßige Vorteile, da die konzentrierte Einstrahlung auch zu verstärkter Wärmeentwicklung in den Zellen führt.

Andere Typen von Solarzellen

Wir haben bisher immer von monokristallinen Siliziumzellen gesprochen, zum einen, weil sie Ausgangspunkt für die Entwicklung anderer Zellentypen waren, und zum anderen, weil sich die Vorgänge der Energieumwandlung bei diesem Zellentyp noch am leichtesten verstehen und erklären lassen.

Nun sind in den letzten Jahren verschiedene Verfahren entwickelt worden, mit denen sich Solarzellen in Zukunft billiger fertigen lassen sollen. Bleiben wir beim Ausgangsmaterial Silizium: neben den monokristallinen Zellen werden inzwischen von einer ganzen Reihe von Herstellern sogenannte polykristalline Zellen angeboten. Hier wird das Ausgangsmaterial Reinst-Silizium nicht erst zu einem Einkristall-Stab gezogen, sondern aus der Schmelze heraus in quadratische Blöcke gegossen, die dann wie beim Monokristall durch Trennschleifen in dünne Scheiben geschnitten werden. Man spart dadurch das Ziehen des Einkristalls und erhält rechteckige Scheiben, die sich später platzsparend zu größeren Einheiten zusammenschalten lassen. Andererseits geht durch das Gießen die homogene Kristallstruktur verloren. An der Oberfläche der polykristallinen Zellen sieht man, daß sie aus einem Gemenge von größeren und kleineren kristallinen Zonen bestehen. Da die Energieumwandlung an den Kristallgrenzen gestört ist, haben sie gegenüber den monokristallinen Zellen einen etwas schlechteren Wirkungsgrad. Vergleicht man den Preis pro gelieferter elektrischer Leistung, so ergibt sich beim heutigen Stand der Produktionstechnik kaum ein Preisvorteil für die polykristallinen Zellen.

Bei den beiden bisher genannten Herstellungsverfahren läßt sich der aufwendige Sägeprozeß (Zerschneiden der Blöcke in dünne Scheiben, Kosten ca. 100 DM/m^2 Zellenfläche) nicht vermeiden. Hinzu kommt, daß beim Schneiden der Blöcke etwa 50% des Ausgangsmaterials als Sägestaub verloren geht. Andererseits ist für die Umwandlung von Licht in Strom nur eine aktive Schichtdicke von etwa 0,001 mm (nämlich der p-n-Übergang) notwendig. Um teures Material zu sparen, liegt es nahe, das Silizium einfach als dünne Schicht auf ein Trägermaterial, z.B. Glas, auf-

Abb. 18: Monokristalline, rechteckige Solarzellen neuester Fertigung

Abb. 19: Polykristalline Solarzellen in einem Solarpanel

Abb. 20: Solargenerator in amorpher Technik, bestehend aus 25 hintereinandergeschalteten Zellen (schmale Streifen) Foto: Fa. Atec, Schondorf

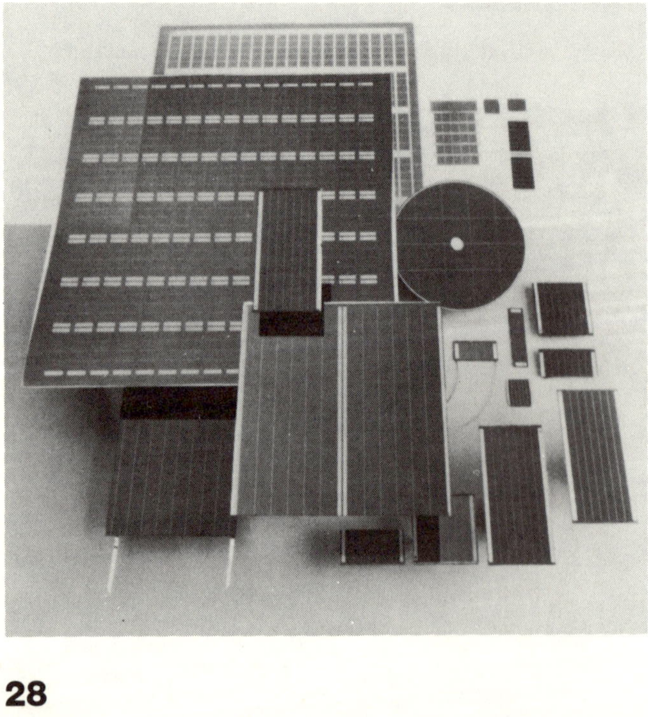

zudampfen und den p-n-Übergang zu dotieren. Allerdings besitzt diese aufgedampfte Schicht keine kristalline Struktur. Trotzdem zeigt das "amorphe" (gestaltlose) Silizium unter bestimmten Bedingungen halbleitende Eigenschaften, so daß sich Solarzellen daraus herstellen lassen. Diese amorphen Zellen erreichen mit 6-10% geringere Wirkungsgrade als mono- und polykristalline Zellen: die Probleme mit der Langzeitstabilität der elektrischen Eigenschaften und der Herstellung großflächiger Zellen scheinen inzwischen gelöst. An der Weiterentwicklung dieser Technik wird wohl in den Labors aller Hersteller gearbeitet, da diese Technik grundsätzlich die Möglichkeit für eine sehr kostengünstige Massenfertigung bietet. Kleine Solarzellen aus amorphem Material werden seit einigen Jahren vornehmlich in Japan und den USA in größeren Stückzahlen produziert und zur Stromversorgung von Kleingeräten wie Uhren, Taschenrechner u.ä. eingesetzt. Bei diesen Konsumartikeln der Wegwerfgesellschaft, die zudem vorwiegend im Haus benutzt werden, treten gewisse Mängel der heutigen amorphen Zellen wie geringerer Wirkungsgrad u.ä. nicht nachteilig in Erscheinung.

Neben dem Ausgangsmaterial Silizium gibt es noch eine Reihe anderer Stoffe, die halbleitende Eigenschaften haben und geeignet sind, Licht in Strom umzuwandeln. Favorisiert werden vor allem Dünnschichtzellen aus Kupfer und Cadmiumsulfid, weil sie sich relativ einfach und preiswert herstellen lassen. Nachteilig ist jedoch ihr schlechter Wirkungsgrad von 3-6% (Labormuster bis 9%) und das bisher ungelöste Problem ungenügender Langzeitstabilität, d.h. der Wirkungsgrad der Zellen wird schon nach relativ kurzer Zeit schlechter.

Abb. 21: Mögliche Lieferformen von Dünnfilm-Silizium: Die Fertigungstechnik der amorphen Zellen erlaubt es, Solargeneratoren in sehr unterschiedlichen Formen und Größen herzustellen; jede Scheibe enthält bereits eine Anzahl von Einzelzellen in Serienschaltung.

Photo: Fa. Atec, Schondorf

Der bisher höchste Umwandlungswirkungsgrad von 22% wurde mit monokristallinen Zellen aus Gallium-Arsenid (GaAs) erreicht, die auch noch andere gute Eigenschaften besitzen wie z.B. geringe Temperaturempfindlichkeit. Sie eignen sich daher besonders für den Einsatz in konzentrierenden Systemen. Einer großtechnischen Zellenfertigung und breiten Anwendung steht jedoch die Tatsache entgegen, daß Gallium ein sehr seltenes und Arsen ein hochgiftiges Element ist. Entsprechend aufwendig und teuer (und umweltschädlich?) ist die Herstellung von Galliumarsenid. Es ist daher abzusehen, daß diese Technologie nur für ganz spezielle Anwendungen wie z.B. die Raumfahrt infrage kommt.

2.2 Elektrische Eigenschaften und Kennlinien von Solarzellen

Von der Steckdose her sind wir gewöhnt, daß der Strom stets mit (relativ) konstanter Spannung (220 V) in beinahe beliebiger Menge zur Verfügung steht. Beim Strom aus Solarzellen ist die Situation ein wenig anders; wieviel elektrische Energie erzeugt wird, hängt von einer Reihe von Faktoren ab:

- von der Zellengröße und Zellenzahl: je größer die Zellenfläche und Zellenzahl, umso mehr Energie wird erzeugt (Prinzip Baukasten)
- von der Beleuchtung: die Stromerzeugung steigt annähernd proportional zur Sonneneinstrahlung
- von der Temperatur der Solarzellen: mit zunehmender Zellentemperatur sinkt der Wirkungsgrad und damit auch die verfügbare Leistung
- vom elektrischen Widerstand der angeschlossenen Verbraucher: für eine optimale Energieausbeute muß der Verbraucherwiderstand an die Stromerzeugung angepaßt werden.

Um Stromversorgungssysteme mit Solarzellen gleich welcher Größe richtig aufbauen zu können, müssen wir diese Faktoren im einzelen kennenlernen: wir wollen daher versuchen, sie durch Zahlen und Größen zu beschreiben, mit denen man später "rechnen" kann.

Leider lassen sich die Zusammenhänge hier nicht erklären, ohne gewisse Grundkenntnisse über die Gesetzmäßigkeiten des elektrischen Stroms vorauszusetzen. Wer also im Naturkunde- oder Physikunterricht gerade gefehlt hat, als der Strom behandelt wurde oder sein Wissen darüber auffrischen möchte, sollte in einem guten Physik- oder Elektrotechnikbuch vor allem die Kapitel über Spannung, Strom, Arbeit und Leistung sowie über das Ohm'sche Gesetz und die Kirchhoff'schen Regeln nachlesen. Und lassen Sie sich nicht abschrecken, so kompliziert ist die Materie gar nicht.

Den besten Einblick in die elektrischen Eigenschaften von Solarzellen bekommen wir, indem wir ein einfaches Experiment aufbauen, das wir zur Not auch gedanklich an Hand des Textes nachvollziehen können: Abb. 22 zeigt das elektrische Schaltbild unseres Versuchsaufbaus; an eine Solarzelle mit z.B. 10 cm Ø schließen wir einen regelbaren "Verbraucher"-Widerstand an (z.B. Potentiometer 1 Ohm, 5 Watt), messen mit einem Amperemeter (Meßbereich 2 Ampere für die 10 cm Zelle) den Strom in der Leitung zum Verbraucher und überwachen gleichzeitig mit einem Voltmeter die Spannung an der Solarzelle (Meßbereich 0,6 Volt). Die Solarzelle befestigen wir z.B. mit doppelseitigem Klebeband oder selbstklebenden Haftpunkten auf einem kleinen Brettchen, gehen mit dieser Meßanordnung an einem sonnigen Tag ins Freie und richten die Solarzelle zur Sonne hin aus (optimale Beleuchtung).

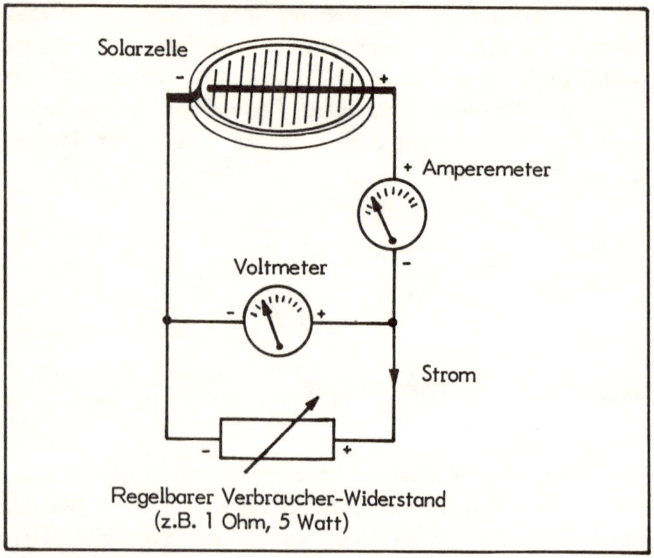

Abb. 22: Aufbau unserer Versuchsschaltung

Der Zusammenhang von Strom und Spannung

Haben wir beim Aufbau keinen Fehler gemacht und die Anzeigebereiche der Meßgeräte richtig gewählt, so muß nun wenigstens 1 Instrument ausschlagen, denn die Solarzelle erzeugt Strom. Durch Verändern des Verbraucherwiderstands können wir die sogenannte Strom-Spannungskennlinie der Solarzelle aufnehmen, indem wir bei verschiedenen Widerständen die Meßwerte für Strom (I) und Spannung (U) ablesen und die Wertepaare in das I-U-Diagramm in Abb. 23 eintragen. (Die angegebenen Werte könnten z.B. für eine Solarzelle mit 10 cm Ø gelten.)

Punkt 1: Als Verbraucherwiderstand ist zunächst 0 Ohm eingestellt (Kurzschluß): die Spannung an der Zelle beträgt (annähernd) 0 Volt, trotzdem fließt in der Leitung zum Verbraucher ein beträchlicher Strom, der bei einer 10 cm Zelle zwischen 1,7 und 2,2 A liegen kann (je nach Intensität der Sonneneinstrahlung).

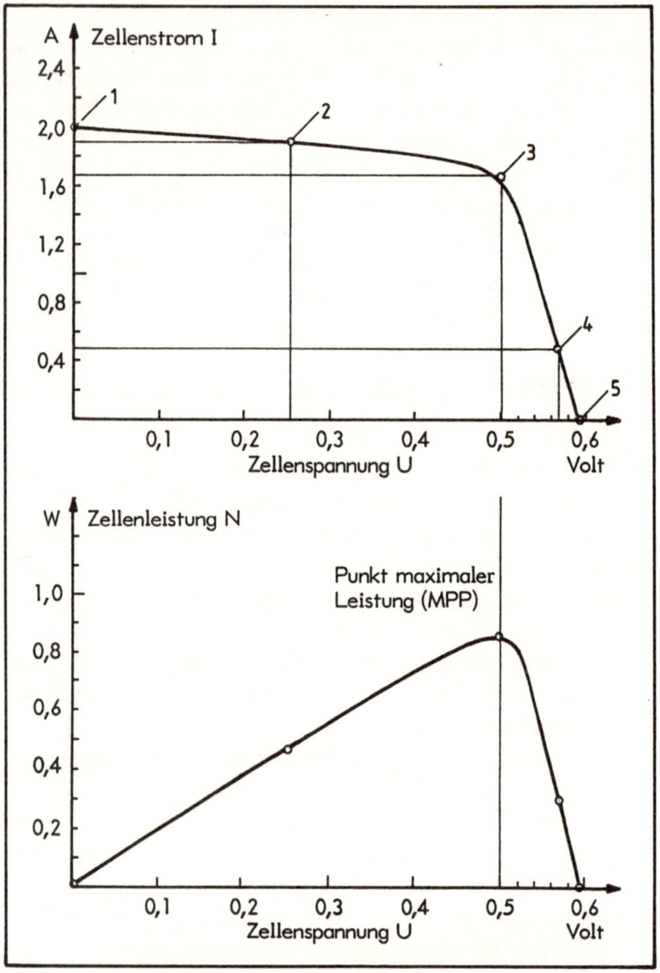

Abb. 23: Aufnahme der Kennlinie einer Siliziumzelle; darunter der Verlauf des errechneten Energieertrags

Punkt 2: Machen wir den Verbraucherwiderstand vorsichtig größer, so steigt die Spannung an der Zelle zunächst schnell an, wobei der Strom durch den Verbraucher kaum zurückgeht.
(Die Werte an Punkt 2: Spannung 0,25 V; Strom 1,9 A; Verbraucherwiderstand R = 0,25 V/1,9 A = 0,13 Ohm)

Punkt 3: Spannung 0,5 V; Strom 1,7 A; bei einem Verbraucherwiderstand von R = 0,5 V/1,7 A = 0,3 Ohm macht die Kurve einen Knick; die Spannung steigt kaum noch weiter an, geht man über Punkt 3 hinaus, geht der Strom jedoch schnell zurück.

Punkt 4: Wir messen U = 0,57 V, I = 0,5 A; der Verbraucherwiderstand (1 Ohm) ist voll aufgedreht, der Strom ist auf 1/4 des Kurzschlußstrom zurückgegangen, die Spannung nur wenig höher als in Punkt 3.

Punkt 5: machen wir den Verbraucherwiderstand sehr groß bzw. unendlich durch Auftrennen eines Verbraucheranschlusses, so wird der Solarzelle kein Strom mehr entnommen (abgesehen vom Meßstrom durch's Voltmeter); wir messen die sogenannte Leerlaufspannung der Zelle; sie liegt bei starker Sonneneinstrahlung bei fast 0,6 Volt.

Die Kurve, die wir mit diesem kleinen Experiment aufgenommen haben, wird in den Datenblättern der Solarzellenhersteller als Kennlinie der Solarzelle angegeben. Richtig gedeutet, ermöglicht sie schon eine Menge Aussagen über unsere solare Energiequelle, vor allem, wenn man aus der gemessenen Spannung und dem Strom auch noch die elektrische Leistung N, die die Zelle abgibt, für jeden Meßpunkt berechnet. Da sie uns für die spätere Nutzung besonders interessiert, tragen wir sie in einem 2. Diagramm unterhalb der Kennlinie wieder gegen die Zellenspannung auf (Abb. 23).

Unsere Schlußfolgerungen aus den beiden Diagrammen:

* Strom, Spannung und Leistung der Solarzelle hängen ganz wesentlich vom Verbraucherwiderstand ab.
* Es gibt offenbar einen Verbraucherwiderstand, bei dem die erzielte Leistung ein Optimum erreicht (Punkt 3). Dieser Punkt wird daher oft als Punkt maximaler Leistung (englische Abkürzung: MPP = maximum power point) bezeichnet.
* Ist der Verbraucherwiderstand kleiner als der optimale Widerstand, wirkt die Solarzelle als Stromquelle: der Strom durch den Verbraucher ist relativ konstant, und zwar unabhängig von der Zellenspannung.
* Ist der Verbraucherwiderstand größer als der optimale Widerstand, wirkt die Solarzelle als Spannungsquelle: die Zellenspannung ändert sich kaum, der Strom durch den Verbraucher sinkt mit steigendem Verbraucherwiderstand.

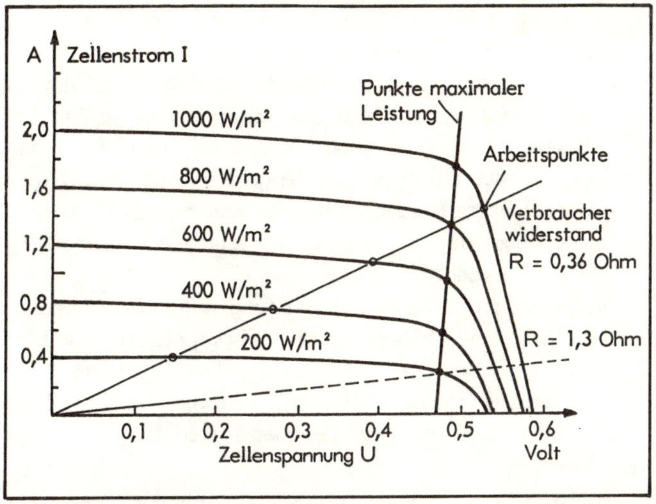

Abb. 24: Einfluß der Sonneneinstrahlung auf die Zellenkennlinie; eingetragen sind die Arbeitspunkte, die sich je nach Einstrahlung bei einem Verbraucherwiderstand von R = 0,36 Ohm einstellen

Der Einfluß der Beleuchtung

Um den Einfluß der Beleuchtung auf die Stromerzeugung zu untersuchen, können wir die Aufnahme der I-U-Kennlinie einfach bei verschiedenen Sonneneinstrahlungen wiederholen und die so gewonnenen Kennlinien für 4 oder 5 bekannte Einstrahlungen (z.B. 200, 400, 600, 800 und 1000 W/m^2) zusammen in das bekannte I-U-Diagramm eintragen (Abb. 24).

Aus den Kurven läßt sich folgendes ablesen:

- die Leerlaufspannung (Punkt 5) der Zelle ist nur wenig von der Beleuchtung abhängig; bei sehr geringer Einstrahlung sinkt die Leerlaufspannung langsam und geht bei Dunkelheit (keine Einstrahlung) auf 0 V zurück.

- der Kurzschlußstrom (Punkte 1), den die Zelle liefern kann, steigt proportional zur Einstrahlung: er ist bei 400 W/m² doppelt so groß wie bei 200 W/m² Einstrahlung, bei 800 W/m² doppelt so groß wie bei 400 W/m². Solarzellen im Kurzschlußbetrieb können daher bei entsprechender Eichung auch zur Messung der Einstrahlung benutzt werden.
- In den Punkten maximaler Leistung steigt die abgegebene elektrische Leistung annähernd proportional zur Einstrahlung.
- Die Zellenspannung im Punkt maximaler Leistung liegt bei 0,45-0,5 V und geht bei niedrigeren Einstrahlungen ein wenig zurück.

Man kann nun einen festen Verbraucherwiderstand R = U/I ebenfalls in das Kennlinien-Diagramm (Abb. 24) eintragen; er wird durch eine Gerade (mit der Steigung 1/R) dargestellt, da nach dem Ohm'schen Gesetz Strom und Spannung miteinander verknüpt sind gemäß I = U x 1/R. Wählt man R z.B. so, daß die Gerade bei 800 W/m² Einstrahlung gerade durch den Punkt maximaler Leistung geht, dann liefern die Schnittpunkte dieser Geraden mit den anderen Kennlinien für den gewählten Verbraucherwiderstand die "Arbeitspunkte" bei anderen Einstrahlungen.

Die Konsequenz ist erschreckend: bei kleineren Einstrahlungen wandert der Arbeitspunkt immer weiter von Punkt maximaler Leistung weg! Damit sinkt natürlich der Anteil der nutzbaren elektrischen Leistung bezogen auf die maximal mögliche. Nun kann man ja auch einen anderen, größeren Verbraucherwiderstand wählen, der z.B. bei 200 W/m² die optimale Leistung der Zelle nutzt; allerdings wird die Leistungsausbeute insgesamt dadurch auch nicht gerade besser, da sich nun bei höheren Einstrahlungen die Arbeitspunkte zunehmend vom Punkt maximaler Leistung entfernen: die Zelle liefert jetzt bei 800 W/m² Einstrahlung kaum mehr Leistung als bei 200 W/m².

Die Folgerung daraus: ein konstanter Verbraucherwiderstand nutzt das Leistungsangebot der Solarzelle schlecht; bei wechselnden Einstrahlungen tritt stets eine "Fehlanpassung" zwischen Generator (Solarzelle) und Verbraucher auf. Typisches Beispiel für einen fehlangepaßten Solargenerator ist der Taschenrechner mit Solarzellen: der Generator ist so großzügig bemessen, daß der Rechner noch mit dem Licht einer 60 Watt Glühbirne in 2 m Entfernung genug Strom erhält.

Um das Stromangebot der Solarzelle optimal zu nutzen, sollte die Widerstandskennlinie des Verbrauchers möglichst durch die Punkte maximaler Leistung gehen. Wir werden später sehen, daß die Akkumulatoren diese Anforderung glücklicherweise fast optimal erfüllen und daher in fast allen solaren Stromversorgungssystemen zu finden sind. Denn sie passen nicht nur wechselnde Verbraucherwiderstände an die Solarzellenkennlinie an, sondern wirken gleichzeitig als Stromspeicher und können Schwankungen in der Stromerzeugung infolge wechselnder Einstrahlung ausgleichen.

Der Einfluß der Zellengröße

Der Einfluß der Zellengröße läßt sich in unserem Experiment recht einfach dadurch studieren, indem man mit einem schwarzen Karton z.B. die Hälfte der Solarzellenfläche abdeckt; der Strom wird bei sonst gleichen Bedingungen auf die Hälfte zurückgehen. Würde man die Zelle genau in der Mitte brechen (was in der Praxis kaum perfekt gelingt), käme man zu demselben Ergebnis, vorausgesetzt alle Verbindungen des Kontaktgitters auf der Oberseite bleiben erhalten. Daher sind zerbrochene Zellen auch nicht unbedingt wertlos, die einzelnen Teile liefern eben nur weniger Strom und lassen sich zum Basteln durchaus weiter verwenden.

Der Einfluß der Temperatur

Erfaßt man die Solarzellenkennlinie bei konstanter Einstrahlung und verschiedenen Zellentemperaturen (was in unserem Experiment ohne Kühlvorrichtung für die Zelle kaum möglich ist), so kann man folgendes feststellen (Abb. 25/26):

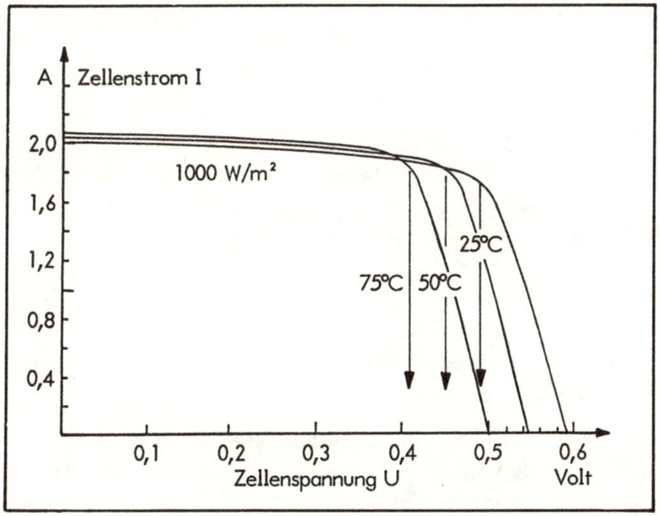

Abb. 25: Einfluß der Temperatur auf die Zellenkennlinie und die Punkte maximaler Leistung

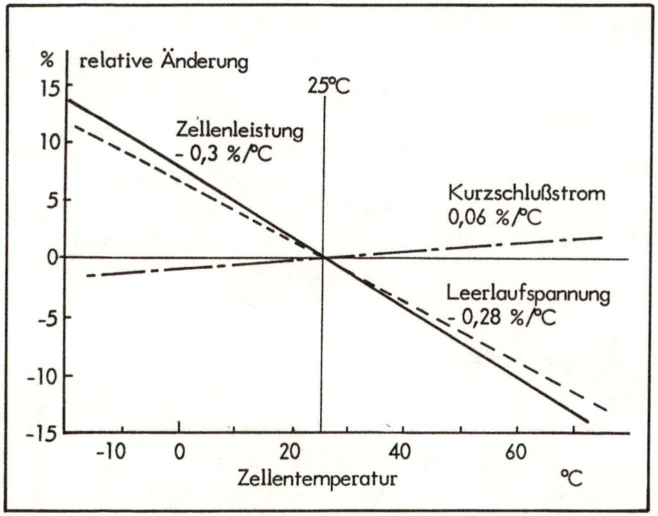

Abb. 26: Zellenleistung, Leerlaufspannung und Kurzschlußstrom in Abhängigkeit von der Zellentemperatur

- mit steigender Zellentemperatur sinkt die Leerlaufspannung der Zelle um etwa 2 mV/°C
- mit steigender Temperatur steigt der Kurzschlußstrom der Zelle geringfügig (um etwa 0,06%/°C)
- die Leistung, das Produkt aus Spannung mal Strom, sinkt mit steigender Zellentemperatur, u.z. um 0,45%/°C. Der Wirkungsgrad der Zelle wird schlechter. Bei 20°C Temperaturerhöhung macht das schon eine Leistungseinbuße von 9% aus.

Nun wandeln die Solarzellen ja den größten Teil (85% und mehr) der Sonneneinstrahlung in Wärme um und können daher recht heiß werden. Im Sommer bei warmem Wetter sind 70-80°C schnell erreicht. Deshalb ist es ratsam, durch entsprechende Montage der Zellen für gute Wärmeableitung zu sorgen, z.B. durch Eingießen in Silikonkautschuk o.ä..

Man kann die Wärme natürlich auch durch indirekte Wasserkühlung auf der Zellenrückseite abführen (wie beim Sonnenkollektor). Der Gedanke, diese Wärme z.B. zur Warmwasserbereitung zu nutzen, führt jedoch zum Zielkonflikt, da man für die Warmwasserbereitung möglichst hohe und für die Zellen möglichst niedrige Wassertemperaturen anstreben muß - sonst lohnt sich der ganze Aufwand nicht!

2.3 Von der Solarzelle zum Panel

Serien- und Parallelschaltung

Nun kann man sowohl mit der Spannung (0,5 V) als auch mit der Leistung einer Solarzelle (max. 0,5 - 1 W) meist wenig anfangen, da die meisten elektrische Geräte mehr Spannung und/oder Strom brauchen. Wie schon in Kap. 1 erwähnt, ist es ein besonderer Vorteil unserer kleinen "Solarkraftwerke", daß man durch Zusammenschalten vieler Einheiten Spannung, Strom und Leistung des Solargenerators den jeweiligen Bedürfnissen anpassen kann. Wir unterscheiden die Serienschaltung (Abb. 27) und die Parallelschaltung.

- Bei der **Serien- oder Reihenschaltung** wird jeweils der +-Anschluß der einen Zelle mit dem --Anschluß der nächsten Zelle verbunden (oder umgekehrt): die Gesamtspannung der Reihe ist gleich der Summe der einzelnen Zellenspannungen; z.B. ergeben 24 Zellen in Reihe eine Gesamtspannung von 24 x 0,5 V = 12 V. Welchen Strom diese Reihe liefern kann, hängt vom schwächsten Glied der Kette ab; daher ist es sinnvoll, nur Zellen gleicher Größe und mit möglichst gleicher Kennlinie (= gleicher Strom im Punkt maximaler Leistung bei gleicher Beleuchtung) für die Reihenschaltung auszusuchen.
- Bei der **Parallelschaltung** werden jeweils alle +- und alle --Anschlüsse miteinander verbunden: alle Zellen liefern den erzeugten Strom in eine gemeinsame Leitung ab, der entnehmbare Gesamtstrom ist gleich der Summe der Einzelströme. Die Spannung wird bei der Parallelschaltung nicht größer. Da die Leerlaufspannung von der Zellengröße unabhängig ist, bereitet die Parallelschaltung von Zellen verschiedener Größe und Leistung keine Probleme.

Um größere Leistungen bereitzustellen, kann man Serien- und Parallelschaltung miteinander kombinieren: die Parallelschaltung von 3 Reihen mit jeweils 3 gleichen Solarzellen bringt im Beispiel die 3-fache Spannung und den 3-fachen Strom einer einzelnen Zelle. Die elektrische Leistung dieser Zusammenschaltung von 9 Zellen beträgt daher das 9-fache einer Zelle (bei richtiger Anpassung des Verbrauchers). Mit unserer Meßschaltung (Abb. 22) können wir, ebenso wie wir es für eine einzelne Zelle getan haben, auch für die Solarzellengruppe die I-U-Kennlinie ermitteln; sind die Zellen

Abb. 27: Einfluß der Serien- und Parallelschaltung von Solarzellen auf den Verlauf der Kennlinie

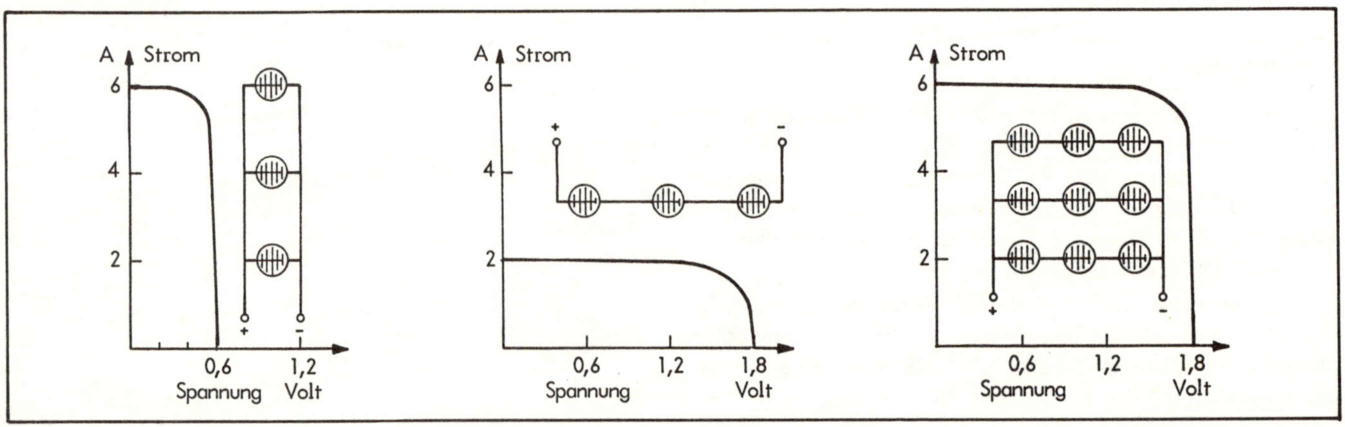

richtig geschaltet, sollte die Form der Kennlinie genauso aussehen wie bei einer Zelle, nur die Meßwerte für Strom und Spannung werden sich ändern.

Die Zusammenschaltung vieler Solarzellen zu mechanisch stabilen und praktisch nutzbaren Einheiten bezeichnet man als Solarpanel oder -modul. Zahl, Größe und Verschaltung der Solarzellen innerhalb eines Moduls bestimmen die Ausgangsspannung und den entnehmbaren Strom. Im Handel werden heute Module mit Leistungen von 4–120 W für verschiedene Ausgangsspannungen angeboten. Geschickte Bastler können sich aus einzelnen Solarzellen kleinere Solarpanele selbst herstellen, was für erste Versuche mit dieser neuen Energiequelle ganz sinnvoll und lehrreich sein kann.

Ebenso wie die einzelnen Solarzellen kann man auch (gleichartige) Solarpanele in Reihe oder parallel schalten, um die Ausgangsspannung bzw. den -strom zu erhöhen und die elektrische Leistung aufzustocken (Abb. 28). Die oben genannten Regeln für die Serien- und Parallelschaltung gelten hier gleichermaßen.

Die Möglichkeiten zur Erzeugung großer Leistungen nach diesem Baukastenprinzip sind nahezu unbegrenzt - es wurden ja in Amerika bereits Solarzellen-Kraftwerke mit Leistungen über 10 Mio. Watt = 10 MW gebaut. Nun kann es bei einer so großen Zahl von Bauelementen durchaus passieren, daß einige Zellen an Leistungsfähigkeit einbüßen oder gar ausfallen, z.B. durch vorzeitige Alterung oder durch Zellenbruch infolge thermischer oder mechanischer Spannungen, etc.. Damit solche Fehler einzelner Zellen in großen Anlagen nicht zu unvorhersehbaren Auswirkungen auf das übrige Kollektiv führen, bauen die Hersteller in die Solarmodule für größere Anlagen von vornherein entsprechende Schutzmaßnahmen (Schutzdioden) ein (vgl. Kasten). Bei kleineren Anlagen braucht man sich im allgemeinen um solche Sicherungsmaßnahmen nicht zu kümmern.

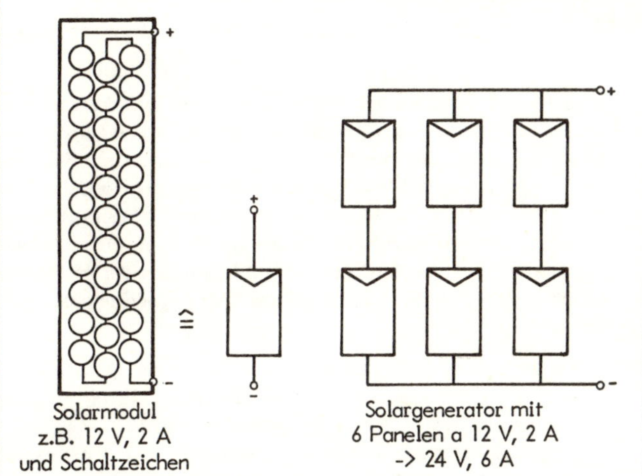

Abb. 28: Zusammenschaltung von Einzelzellen zu Modulen und von Modulen zu Solargeneratoren

Die Handhabung von Solarzellen

Neben fertigen Solarmodulen sind für eigene Versuche und Bastelzwecke auch einzelne Solarzellen im Handel (siehe Lieferverzeichnis); man sucht sich die gewünschten Zellen nach dem meist angegebenen Kurzschlußstrom und der Zellenfläche aus. Gelegentlich werden preiswerte Zellen 2. Wahl angeboten, mit niedrigerem Wirkungsgrad und geringerem Ausgangsstrom als normale Zellen gleicher Größe, für erste Experimente eine gute und preiswerte Gelegenheit; größere Solarmodule sollte man wegen der Exemplarstreuungen daraus nicht herstellen.

Solarzellen sind wegen des spröden und sehr dünnen Materials äußerst zerbrechlich. Man darf sie daher nicht auf Druck oder Biegung beanspruchen oder mit hartem Werkzeug bearbeiten (z.B. Festhalten mit einer Zange). Da der stromerzeugende p-n-Übergang direkt unter der oberflächlichen Anti-Reflexschicht liegt, sollte man die Oberfläche auch nicht durch Kratzer beschädigen - sie können die Leistungsfähigkeit ebenso verschlechtern wie Staub und

Schutzmaßnahmen beim Zusammenschalten von Solarzellen

Es gibt mehrere Ursachen, warum Solarzellen in industriell hergestellten Panelen ausfallen können. Der Hauptgrund liegt wohl darin, daß kaum ein Herstellungsverfahren so perfekt ist, daß nicht unter Tausenden von Solarzellen die eine oder andere Zelle im Laufe der Betriebszeit wegen Herstellungsmängeln nachlassen oder ausfallen könnte. Die Wahrscheinlichkeit, daß so etwas passiert, ist dank vielfältiger Qualitätskontrollen der Hersteller jedoch gering; dennoch können gelegentlich folgende Fehler auftreten:

- Fehler bei der Diffusion der Zellen führen zur Verschlechterung des Wirkungsgrades einzelner Zellen und damit zu einer geringeren Stromausbeute des gesamten Panels.
- Durch Zellenbruch infolge mechanischer oder thermischer Spannungen entsteht eine elektrische Unterbrechung im Panel, so daß der betroffene Zweig (d.h. die Serienschaltung der Zellen) keine Leistung mehr liefert.
- Kurzschlüsse einzelner Zellen z.B. durch die Verbindungsleitungen zwischen den Zellen bewirken eine niedrigere Ausgangsspannung des betreffenden Panels.

Daneben ist ein Fall von besonderer Bedeutung, bei dem unter ungünstigen Betriebsbedingungen einzelne Zellen eines Panels zerstört werden können, sofern man nicht besondere Schutzmaßnahmen vorsieht.Während man gegen die Ausfälle infolge von Herstellungsfehlern kaum etwas ausrichten kann, wollen wir im folgenden näher untersuchen, wie man sich gegen hausgemachte Schäden schützen kann.

Nehmen wir an, in einer Reihenschaltung von Zellen würde eine Zelle z.B. durch Blätter o.ä. ganz abgedeckt, so daß sie keinen Strom erzeugen kann, während die anderen Zellen (vgl. Beispiel in der Abb.) voll bestrahlt werden. Die abgedeckte Zelle wirkt nun nicht mehr als Stromerzeuger, sondern liegt elektrisch in Serie mit dem Verbraucherwiderstand. Die abgedeckte Zelle sieht die von den übrigen Zellen erzeugte Spannung, und zwar mit umgekehrter Polarität. Wegen des recht hohen Innenwiderstands der abgedeckten Zelle im Inversbetrieb fließt zunächst nur ein sehr geringer Strom im Verbraucherkreis. Übersteigt die Spannung an der abgedeckten Zelle aber einen Wert von etwa 15 V (die "Durchbruchspannung" der Zelle), wird die Zelle plötzlich elektrisch leitend. Natürlich müßten dazu anders als in der Abbildung mehr als 30 Zellen in Serie geschaltet sein. In diesem Fall wird ein unter Umständen sehr großer Teil der elektrischen Energie des Panels in dieser einen Zelle in Wärme umgewandelt. Die Zelle wird sehr heiß und beschädigt dabei u.U. auch die Kunststoffeinbettung in ihrer Umgebung.

Man vermeidet diese "Hot spots", indem man in einer Reihenschaltung von vielen Zellen Schutzdioden parallelschaltet (Abb c

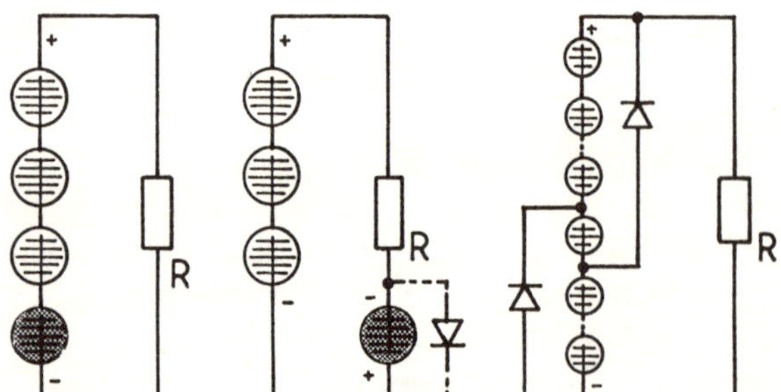

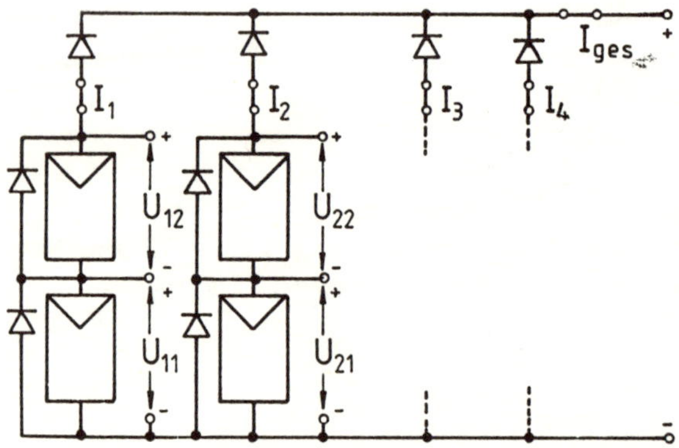

und d). Diese verhindern dann, daß die Rückwärts-Spannung an einzelnen Zellen irgendwo im Panel auf gefährliche Werte ansteigen kann.

Bei Panelen für 12 V Systemspannung ist das Problem "Hot spots" kaum von Bedeutung. Und Panele für höhere Systemspannungen werden in der Regel schon vom Hersteller mit entsprechenden Schutzdioden ausgestattet.

Bei Serienschaltungen von 12 V-Panelen sollte man für jedes Panel eine entsprechende Schutzdiode (normale Silizium-Leistungsdiode mit einem dem Panel entsprechenden Nennstrom) vorsehen, sofern sie nicht bereits vom Hersteller eingebaut sind. Damit ist man vor hausgemachten, elektrischen Schäden an Solarpanelen relativ sicher; fertigungsbedingte Ausfälle einzelner Zellen lassen sich dadurch jedoch nicht verhindern. Um solche Ausfälle (die ja 5 Jahre lang durch die Herstellergarantie abgedeckt sind) in größeren Anlagen schnell lokalisieren zu können und Rückwirkungen auf die intakten Teile der Anlage zu vermeiden, ist es bei der Parallelschaltung von mehreren Panelen sinnvoll, jeden Zweig durch eine Diode (Schottky-Diode, vgl. Kap. 3.2) zu entkoppeln. Fällt dann ein Panel in einem der Zweige aus (das z.B. bei Zellenkurzschluß nur noch eine geringere Spannung liefert), trägt dieser Zweig zwar nicht mehr zur Stromerzeugung bei, stört andererseits aber auch nicht die Funktion der übrigen Anlage.

Durch Messung der Spannung an den Panelen und der Ströme in jedem Zweig lassen sich Störungen und Schäden an der Anlage schnell und genau lokalisieren. Bei Kleinanlagen reicht dazu ein einfaches Vielfach-Meßgerät, mit dem man die Meßpunkte kontrolliert. In Großanlagen und Solarkraftwerken übernimmt heute ein Computer die laufende Überwachung aller Anlagenteile und liefert ggf. anhand der Meßdaten eine genaue Fehlerdiagnose.

Verschmutzung, z.B. durch Fingerabdrücke, und dauernde Einwirkung von Feuchtigkeit. Zum Reinigen von Fingerabdrücken benutzt man Watte und Spiritus! Für den dauerhaften Gebrauch müssen Solarzellen durch ein lichtdurchlässiges Gehäuse geschützt werden.

Löten

Für Bastelarbeiten mit Solarzellen eignen sich am besten solche mit vorverzinnten Leiterbahnen, sie lassen sich nämlich gut löten. Wie alle Halbleiter sind Solarzellen gegen hohe Temperaturen empfindlich; der Lötvorgang muß daher schnell gehen, um nicht die ganze Zelle zu "verbraten". Zum Anlöten der Anschlußdrähte (im allgemeinen + unten und - oben auf der Zelle) legt man die Zelle auf eine glatte, harte Oberfläche und benutzt einen starken Lötkolben (mindestens 50 W) sowie niedrig schmelzendes Radiolot mit Flußmittel. Mit ein bißchen Übung dauert der Lötvorgang eines Anschlusses weniger als 5 sek., was für die Zelle nicht weiter schädlich ist. Das Zinn muß beim Löten gut fließen und zu einem glatten, dünnen Wulst erstarren. Aber nicht zuviel Zinn zuführen, sonst bereitet die spätere Einbettung Schwierigkeiten!

Als Anschlußdraht zum Verbinden der Zellen untereinander eignet sich am besten flexibles, verzinntes Kupferband (z.B. 2 mm breit, 0,1 mm dick), das meist auch vom Lieferanten der Solarzellen bezogen werden kann. Für die Zuleitung zum Solargenerator in experimentellen Aufbauten ist flexible Litze günstig, um die Anschlüsse mechanisch nicht zu belasten. Beim Löten in der Nähe des Zellenrandes sollte man darauf achten, daß kein Lot über den Rand der Zelle gelangt und dort den p-n-Übergang kurzschließt. Zwar schadet ein Kurzschluß hier oder an anderer Stelle in der elektrischen Schaltung den Solarzellen nicht (auch nicht bei voller Sonneneinstrahlung), aber die kurzgeschlossene Zelle liefert auch keinen Strom mehr!

Mechanische Einbettung

Für erste Experimente mit Solarzellen kann man in geschlossenen Räumen auf eine aufwendige Kapselung der Zelle(n) verzichten, wenn man sie z.B. mit beidseitig klebenden Haftpunkten aus Acryl oder Silikontupfern auf einer glatten und elektrisch nichtleitenden Grundplatte (Pertinax, Plexiglas, Glas, u.ä.) fixiert und vorsichtig damit umgeht.

Für dauerhafte Anwendungen empfiehlt sich der Einbau in ein Gehäuse, das folgenden Ansprüchen genügen sollte:

Abb. 29: Möglichkeiten der mechanischen Einbettung von Solarzellen *Quelle: (4)*

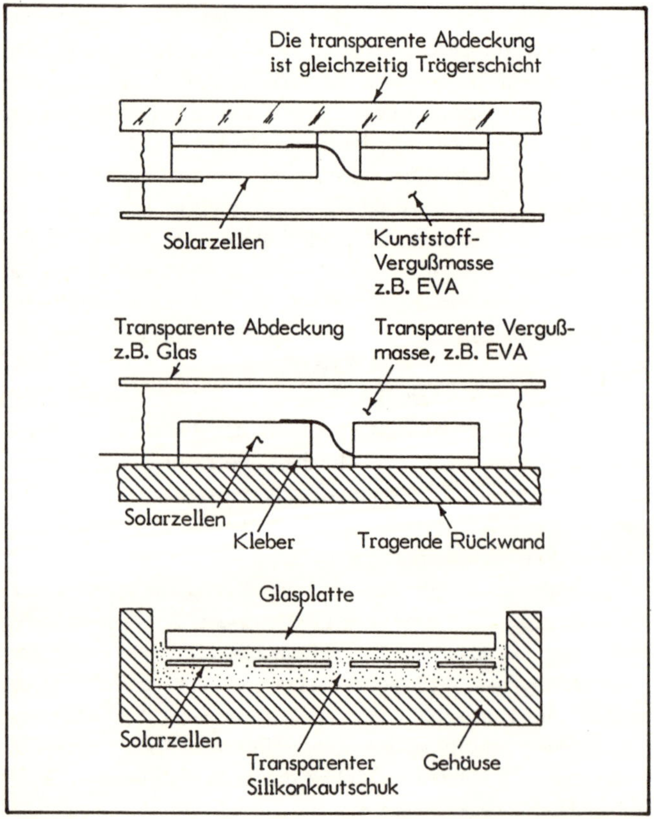

- hochlichtdurchlässige Abdeckung (Plexiglas oder Glas, am besten sogenanntes "Solarglas" mit optimaler Lichtdurchlässigkeit)
- mechanische Stabilität und Wetterfestigkeit
- elektrisch isolierte Montage der Zellen
- bei transportablen Anwendungen geringes Gewicht
- gute Wärmeableitung zur Kühlung der Zellen

Einfache Gehäuse lassen sich z.B. aus einer transparenten Glas- oder Plexiglasplatte als Vorderseite, einer Rückwand aus Epoxyd oder Pertinax und Seitenwänden aus schmalen Plexiglasstreifen mit Silikonkautschuk oder 2-Komponenten-Kleber zusammenkleben. Silikonkautschuk hat den Vorteil, daß sich die Teile später mit dem Messer wieder auseinander schneiden lassen. Auf jeden Fall sollte man darauf achten, daß Zellen und Verdrahtung im Gehäuse rüttelsicher fixiert sind und das Gehäuse dicht verschlossen wird. An der Durchführung der Anschlußleitungen sollte man eine Zugentlastung vorsehen, damit die Kabel nicht im Gehäuse abreißen können!

Wer es professioneller machen will, kann die Zellen auch in spezielle, glasklare Silikonkautschukmasse eingießen, die von einigen Zellenlieferanten zusammen mit einer detaillierten Anleitung angeboten wird. Den Vorteilen wie wasser- und staubdichte Kapselung, gute Lichtdurchlässigkeit und Wärmeableitung stehen aber auch einige Nachteile gegenüber: die gummiartige Oberfläche bleibt mechanisch empfindlich und durchlässig für Wasserdampf, Einschlüsse von Luftblasen sind fast kaum zu vermeiden und das Verfahren ist wegen des hohen Preises für den speziellen Kautschuk recht teuer.

Mutige Bastler, die aus "preiswerten" Solarzellen größere Panele selbst bauen wollen, da sie scheinbar billiger sind als fertige Produkte, sollten ihr Vorhaben vor dem Kauf des Zubehörs reiflich überdenken und die Kosten für Gehäuse, Vergußmasse und Kleinteile in die Kostenrechnung mit einbeziehen: denn meistens kann man für ein paar Mark mehr schon ein fertiges Panel kaufen, geprüft und mit Garantie! Qualitativ sind die industriell gefertigten Module mit Glasabdeckung, Alurahmen, Befestigungsmöglichkeit und Anschlußkasten den Selbstbauvarianten allemal überlegen.

Käufliche Solarmodule

Heute werden qualitativ hochwertige Solarmodule in verschiedenen Ausführungen und Leistungsklassen von einer ganzen Reihe von Herstellern angeboten, so daß der Überblick oft schwerfällt.

Betrachten wir zunächst einmal einige mechanische Ausführungsdetails: Standard-Module für normale Anwendungen besitzen in der Regel eine äußere Abdeckung aus hochlichtdurchlässigem, getempertem Solarglas, das auch stärkere Hagelstürme ohne weiteres übersteht. Die Zellen zwischen Glasplatte und Rückwand (aus Glas, Fiberglas, Metall oder Kunststoff) sind luft- und wasserdicht in eine Kunstoffmasse eingeschlossen, die licht-, temperatur- und alterungsbeständig sein muß. Nach anfänglichen Fehlschlägen mit frühzeitiger Eintrübung des Materials bei Lichteinwirkung scheint dieses Problem heute gelöst. Das Ganze ist in einen Alurahmen gefaßt, der zusätzliche mechanische Stabilität bringt und gleichzeitig die Montage der Panele auch in größeren Gruppen auf einem Rahmen oder Untergestell ermöglicht. Schließlich sollte man auch der Ausführung der elektrischen Anschlüsse Beachtung schenken: Module mit herausgeführten Anschlußdrähten sind eher für die feste Montage im Dach geeignet, wo die Leitungen stets im Trockenen liegen. Für die Montage im Freien sind spritzwassergeschützte Anschlußdosen oder Steckverbinder unbedingt zu empfehlen.

Für besondere Anwendungen werden von einzelnen Firmen auch Spezialausführungen gegen Aufpreis geliefert: z.B. Marine-Typen aus seewasserbeständigen Materialien und wegen des häufig geringen Platzangebots in besonders kompakter Bauweise, oder besonders leichte Module für die Stromversorgung in Segelflugzeugen, Solarmobilen u.ä., sowie faltbare Module für transportable Ausrüstungen, usw..

Besonders vielfältig wird das Typenangebot durch die unterschiedlichen elektrischen Eigenschaften der Panele; die meisten Standard-Module sind für eine Verbraucherspannung von 12 V ausgelegt, um z.B. 12 V-Akkus laden und die Vielzahl der für 12 V vorhandenen Elektrogeräte betreiben zu können. Außerdem lassen sich ja die höheren Normspannungen im Niedervoltbereich 24, 36 und 48 V ohne weiteres durch Serienschaltung von 2, 3 oder 4 12 V-Modulen erzeugen. Aber schon die Zahl der Solarzellen in 12 V-Modulen ist sehr unterschiedlich; so gibt es:

- Module mit 30 Zellen in Serie und einer Nennspannung von 13,5 - 15 V (im Punkt maximaler Leistung), die man unter bestimmten Voraussetzungen ohne Zwischenschalten von Reglern direkt an Akkus anschließen kann (vgl. Kap. 3.2); man bezeichnet diese Module auch als selbstregulierend.
- Module mit 33-36 Zellen in Serie, und Nennspannungen von 16 - 18 V; hier handelt es sich um Standard-Module zum Laden von 12 V-Akkus unter Zwischenschaltung von Spannungsreglern; die höhere Zellenzahl wird gebraucht, um einerseits auch bei höheren Zellentemperaturen (und dadurch sinkender Modulspannung) den Akku noch sicher laden zu können, und andererseits, um ggf.

Abb. 30: Industriell gefertigtes Solarmodul mit monokristallinen, rechteckigen 10 cm-Zellen
Photo: Fa. Atec, Schondorf (Modul der Fa. Arco)

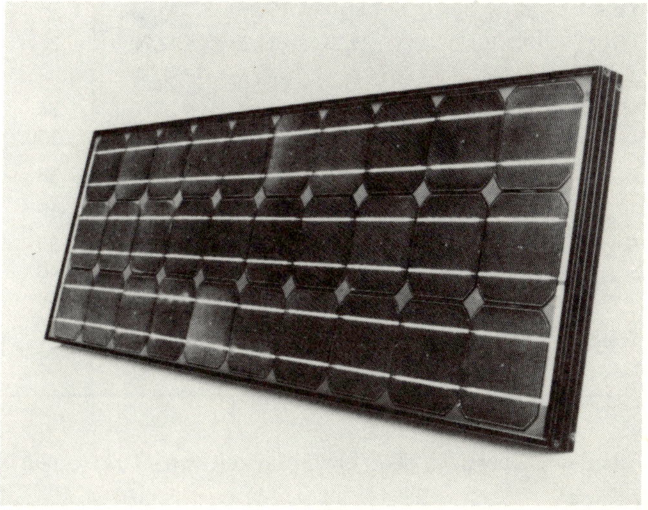

Hersteller	Typ	Nenn-leistung Watt	Leerlauf-spannung Volt	Nenn-strom Ampere	Zellen-zahl	Maße cm x cm	Gewicht kg	Technik	U_S Volt	Bemerkung
1. Kleinstmodule mit 0,4 - 2 Watt, zum Betrieb von Kleingeräten und zum Laden von Kleinakkus										
AEG	SP 1/4	1	5,5	0,200	2 x 10	12 x 14		polykr.	3-4,5	2-3 NC-Akkus laden
	SP 1/6	1	11	0,125	20	12 x 14		polykr.	6	4 NC-Akkus laden (Mignon)
	SP 2/6	2	11	0,250	2 x 20	12 x 24		polykr.	6	4 NC-Akkus laden (Baby)
	SP 2/9	2		0,175		12 x 24		polykr.	9	6 NC-Akkus lad. (Mignon/Baby)
	SP 2/12	2	22	0,100	40	12 x 24		polykr.	12	8 x Mignon/Baby, 12V-Bleiakkus
Arco	Genesis	1,5	20,8/10,4	0,11/0,21	25	11 x 34		amorph	12/6	Bleiakkus laden
	Amorphe Kleinpanele mit anderen Leistungen, Spannungen und Abmessungen können auf Kundenwunsch gefertigt werden.									
Solaris	M1,5/300	0,40	1,6	0,300	3	7 x 10		polykr.	1	für Meßgeräte, Transistorgeräte
	M2,5/150	0,35	2,7	0,150	5	7 x 10		polykr.	1,5-2	u.a. Kleingeräte sowie
	M2,5/300	0,70	2,7	0,300	5	7 x 15		polykr.	1,5-2	Bastelbedarf
	M 5/300	1,40	5,5	0,300	10	13 x 18		polykr.	3-4,5	
2. Faltmodule mit 10 - 20 Watt, für die tragbare Stromversorgung von größeren Geräten mit Blei- und NC-Akkus										
AEG	FSG 10/12	9,5	21,7	0,54	40	27 x 45	0,67	polykr.	12	zusammenfaltbar, leicht, robust
	FSG 20/12	19	21,7	1,14	2 x 40	27 x 91	1,25	polykr.	12	im Metallgehäuse
	FSG 20/24	19	43,4	0,54	80	27 x 91	1,25	polykr.	24	
Arco	M 85	10,8	20,8/41,6	0,64/0,32	2 x 35	23 x 85	1,25	monokr.	12/24	
	Z 10	10	20,8	0,700	25	35 x 78	1,90	amorph	12	neue Technik
3. Kleinmodule bis 20 Watt, für (mobile) Kleinanlagen mit Speicherung in Bleiakkus										
AEG	PQ 05/40	9,4	21,7	0,54	40	24 x 56	2,5	polykr.	12	Ausführung TS ist trittfest und
	PQ 10/20	19,2	11,2	2,20	20	46 x 56	3,9	polykr.	6/9	seewasserbeständig
Arco	G100	5	20,8	0,39	25	33 x 33	0,44	amorph	12	Ausführung G 100B für Boote
	M 86	9,6	19,9	0,60	34	32 x 35		monokr.	12	
	M 25	22	18,2	1,50	30	33 x 57	2,5	monokr.	12	selbstregulierend
Kyocera	SM-A-12-10-36	10	20,0	0,61	36	24 x 51	2,0	polykr.	12	
	SM-A-12-22-36	22	20,0	1,33	36	44 x 51	3,2	polykr.	12	
Solarex	SX 5	5	11/22	0,59/0,29	40	26 x 34	1,8	polykr.	6/12	
	SX 10	10	11/22	1,22/0,61	40	30 x 45	2,7	polykr.	6/12	
	SX 20	20	11/22	2,56/1,28	40	45 x 56	5,9	polykr.	6/12	
Solec	S 1136	10	20,2	0,64	36	32 x 40	1,6	monokr.	12	
	S 3136	20	19,6	1,29	36	33 x 78	3,1	monokr.	12	

Tab. 2a: Übersicht über einige derzeit am Markt erhältliche Solarmodule und ihre Daten

Hersteller	Typ	Nenn-leistung Watt	Leerlauf-spannung Volt	Nenn-strom Ampere	Zellen-zahl	Maße cm x cm	Gewicht kg	Technik	U_S Volt	Bemerkung
4. Standardmodule mit 30 - 70 Watt, für mittlere bis große Anlagen aller Art										
AEG	PQ 10/40	38,4	22,4	2,20	40	46 x 108	6,6	polykr.	12	mit & ohne Shuntdiode lieferbar
Arco	G 4000	30	22	1,9	27	43 x 122	7,7	amorph	12	neue Technologie
	M 55UL	55	21,8	3,13	36	33 x 129	5,7	monokr.	12	m. MPP-Tracker f. Großanlagen
	M 63	30	17,9	2,03	30	31 x 102	4,8	monokr.	12	selbstregulierend
	M 65UL	45	18,0	3,11	30	33 x 108	4,8	monokr.	12	selbstregulierend
	M 75UL	50	19,9	3,11	33	33 x 122	5,2	monokr.	12	Standard
Kyocera	SM 12-45-36	45	20,0	2,73	36	44 x 96	5,7	polykr.	12	Standard
Solarex	SX 38	38	10,1/20,2	5,06/2,53	36	45 x 97	7,3	polykr.	6/12	Standard
	SX 42	42	10,3/20,6	5,34/2,67	36	45 x 97	7,3	polykr.	6/12	(höherer Wirkungsgrad)
	SX 146	46	11,0/22,0	5,34/2,67	40	45 x 107	7,9	polykr.	6/12	f. hohe Temp. + MPP-Tracker
Solec	S 4134	38	20,5	2,4	34	40 x 95	5,2	monokr.	12	Standard
	S 4233	70	20,2/40,4	4,4/2,2	2 x 33	60 x 122	10,5	monokr.	12/24	Großmodul

Bei den elektrischen Daten werden die vom Hersteller angegebene
- **Nennleistung** (bei 1000 W/m² Einstrahlung und 25°C Zellentemperatur) im optimalen Arbeitspunkt,
- die **Leerlaufspannung** und
- der **Nennstrom** der Panle im Punkt maximaler Leistung angegeben.

Die **Nennspannung** U_n im Punkt maximaler Leistung kann mit der Formel $U_n = N_n/I_n$ berechnet werden.

Neben den Angaben zu Abmessung und Gewicht ist auch die Zahl der Zellen im Panel angeben. Aufgrund der höheren Zellenspannung der amorphen Zellen ergeben sich gegenüber den mono- und polykristallinen Zellen auffallend andere Werte. In der Rubrik "U_S" sind die Systemspannungen angegeben, für die die Module hauptsächlich eingesetzt werden.

Tab. 2b: Übersicht über einige derzeit am Markt erhältliche Solarmodule und ihre Daten

Spannungsverluste im Regler und in den Zuleitungen auszugleichen.
- Module mit 38 und 40 Zellen sind für den Einsatz in heißeren, südlichen Ländern konzipiert, da dort mit noch höheren Zellentemperaturen und niedrigeren Ausgangsspannungen zu rechnen ist.

Die Werbeprospekte der Hersteller rücken bei den technischen Daten ihrer Module häufig die Ausgangsleistung (in Watt) in den Vordergrund; zwar ist die Leistung ein allgemein geläufiger Begriff, doch wenig geeignet, Panele mit unterschiedlicher Zellenzahl zu vergleichen: denn ein Panel mit 33 Zellen (Nennspannung 15 V) liefert bei einem Nennstrom von 2 A z.B. 33 Watt Leistung, ein Panel mit 36 Zellen (Nennspannung 18 V) und dem gleichen Nennstrom jedoch 36 Watt; wird der Strom zum Laden eines 12 V-Akkus benutzt, so stehen dem Verbraucher in beiden Fällen nur 12 - 14 V zur Verfügung, die 10% höhere Leistung des 36-Zellen-Moduls kommt dem Verbraucher jedoch nicht zugute, obwohl sie installiert ist und bezahlt werden muß. Sie geht vielmehr durch die Fehlanpassung zwischen Modul und Akku bzw. durch Abregeln des Ladereglers weitgehend verloren, sofern man die höhere Spannung nicht dazu nutzt, um bei hohen Zellentemperaturen und entsprechend starker Sonneneinstrahlung noch Ladung in den Akku zu bringen.

Die Leistungsangabe in Datenblättern ist daher immer nur im Zusammenhang mit dem Nennstrom (im Punkt maximaler Leistung) oder dem Kurzschlußstrom eines Moduls aussagekräftig (gemessen bei 1000 W/m² Einstrahlung und 25°C Zellentemperatur).

Für genauere Systemdimensionierungen werden wir später stets mit dem Ausgangsstrom als Kenngröße rechnen, denn Leistungsbetrachtungen sind zwar recht anschaulich, aber, wie das obige Beispiel zeigt, für die Systemdimensionierung zu ungenau. Der Nenn-Ausgangsstrom wird ebenfalls in den Datenblättern der Hersteller angegeben oder kann der Kennlinie des Panels entnommen werden.

Der Ausgangsstrom ist, wie wir in unserem Experiment festgestellt haben, bei konstanter Einstrahlung in erster Linie von der Zellengröße abhängig. So liefern runde, monokristalline Zellen mit 10 cm Ø einen Strom von max. 2,1 - 2,3 A, rechteckige Zellen mit 10 cm Kantenlänge bringen wegen der um 25% größeren Zellenfläche entsprechend mehr, und zwar fast 3 A bei monokristallinem Material und 2,3 - 2,7 A bei polykristallinem Material. Wegen der kompakten Bauweise (bei gleicher Größe mehr Strom) und auch wegen des Aussehens finden rechteckige Zellen in den neuen Paneltypen zunehmend Verwendung. Der Abfall beim Schneiden der Rechteckzellen aus rundem Material kann wiederverwendet werden.

Panele kleiner Leistung (5-20 W bei 14-17 V) werden aus entsprechend kleineren Zellen gefertigt, z.B. Zellen mit 7,5 cm Ø bzw. halbe oder Viertel-Zellen. Sie sind bezogen auf die abgegebene Leistung zum Teil deutlich teurer als Standardpanele, da die Fertigungskosten für das Modul zunehmend den Preis bestimmen.

Inzwischen finden sich in den Katalogen der Hersteller auch Großpanele mit Leistungen von 60 - 400 W, bei denen mehrere Reihen von Solarzellen parallel geschaltet sind. Da die Kosten für das Gehäuse und die Fertigung bei größeren Einheiten im Vergleich zu Standardmodulen niedriger sind, können sie bezogen auf die Leistung auch preiswerter angeboten werden. In kleinen Stromversorgungsanlagen kann die grobe Leistungsabstufung jedoch störend sein.

Eine Übersicht über die derzeit erhältlichen Panel-Typen (ohne Anspruch auf Vollständigkeit) mit technischen Daten gibt Tab. 2a/b. Durch die technische Weiterentwicklung ist der Markt zur Zeit starken Veränderungen unterworfen, so daß einige Typen unter Umständen bald nicht mehr lieferbar oder durch Neuentwicklungen ersetzt sein werden. Preise wurden in diese Tabelle bewußt nicht aufgenommen, da

- sie einerseits durch Wechselkursänderungen häufigen Schwankungen unterliegen,
- die Preisentwicklung der nächsten Jahre schwer absehbar ist,
- die Module wegen unterschiedlicher Ausstattung nicht immer direkt vergleichbar sind,
- die Abnahmemenge einen großen Einfluß auf die Preisgestaltung hat.

Es empfiehlt sich daher, vor dem Kauf von Solarmodulen die aktuellen Kataloge der Lieferanten zu studieren und für größere Anlagen auch Empfehlungen und Angebote einzuholen.

2.4 Der Energie-Ertrag

Wir haben uns bisher eingehend mit den elektrischen Eigenschaften von Solarzellen und -modulen befaßt und festgestellt, daß die Ausgangsleistung, d.h. das Produkt aus Spannung und Ausgangsstrom, stets für die "normierte" Einstrahlung von 1000 W/m² bei 25°C Zellentemperatur angegeben wird. Von unserem ersten Experiment mit Solarzellen (in Kap. 2.2) wissen wir andererseits, daß der Ausgangsstrom von Solarzellen linear mit der eingestrahlten Sonnenenergie zusammenhängt: hohe Einstrahlung liefert hohe Ausgangsströme, geringe Einstrahlung entsprechend weniger Strom.

Mit welchem Energieertrag können wir aber bei gegebener Solarzellenfläche zu einer bestimmten Jahreszeit an unserem Standort rechnen? Für die Dimensionierung einer solaren Stromversorgung ist diese Frage natürlich von besonderem Interesse.

Es ist leicht einzusehen und wird vielen von den thermischen Sonnenkollektoren her bekannt sein, daß neben Standort und Jahreszeit auch die Orientierung und Neigung der Empfängerfläche einen Einfluß auf den Energieertrag haben. Aber die Zusammenhänge zwischen all diesen Einflüssen sind hier weit weniger kompliziert, als bei den Sonnenkollektoren, und leicht nachzuvollziehen.

Die Sonneneinstrahlung wird von den meteorologischen Stationen auf der ganzen Welt gemessen; die Meßwerte für den deutschsprachigen Raum sind als langjährige Tagesmittelwerte für jeden Monat des Jahres in Tab. 3 angegeben, und zwar in kWh/m²d auf eine **waagerechte** Fläche. Durch Neigung der bestrahlten Fläche zur Sonne hin und Orientierung nach Süden kann der Ernergieertrag noch erhöht werden. Tab. 4 gibt für verschiedene Neigungen und Orientierungen und für jeden Monat des Jahres den Faktor an (für das Gebiet der Bundesrepublik Deutschland, 50. Breitengrad), mit dem die Einstrahlung auf horizontale Flächen für den betreffenden Monat multipliziert werden muß, um die Einstrahlung auf die geneigte Fläche zu bekommen. Mit Hilfe dieser beiden Tabellen läßt sich also für jeden Standort in Deutschland und sinnvolle Neigungen und Orientierungen die eingestrahlte Sonnenenergie berechnen. Für andere Länder muß man die entsprechenden Einstrahlungstabellen zurate ziehen und die Korrekturfaktoren anhand der angegebenen Formeln berechnen.

Für eine optimale Einstrahlung auf fest montierte Solarpanele ist in unseren Breiten bei Südorientierung ein Neigungswinkel von 35-45° günstig, wenn man das ganze Jahr über möglichst viel Solarenergie ernten will. Um den Ertrag im Winterhalbjahr zu optimieren, ist ein steilerer Neigungswinkel von 60-70° günstig. Geringfügige Abweichungen von der reinen Südorientierung sind nicht tragisch, bei 30° Abweichung aus der Südrichtung beträgt die Leistungseinbuße weniger als 10%. Bei der Montage von Solarpanelen, z.B. auf einem Hausdach, kann man sich daher in den meisten Fällen durchaus nach den baulichen Gegebenheiten richten.

Die Umrechnung von der eingestrahlten Sonnenenergie auf den Strom, den unser Solarpanel liefern kann, ist nun recht einfach:

Gehen wir zunächst von einem "Einheits"-Panel aus, das bei 1000 W/m² einen Ausgangsstrom von 1 A liefert:

bei 1000 W/m² = 1 kW/m² liefert es 1 A Strom;

bei einer Tagessumme von z.B.
6 h x 1 kW/m² = 6 kWh/m² liefert es 6 Ah,
also 6 Stunden lang 1 A.

Die Tagessumme von 6 kWh/m² könnte auch durch 10 Stunden Einstrahlung mit 0,6 kW/m² zustande kommen, denn
10 h x 0,6 kW/m² = 6 kWh/m².

Die Stromausbeute des 1 A-Einheitspanels ist dann insgesamt die gleiche wie vorher, nur liefert es jetzt
10 h lang 0,6 A = 6 Ah.

Die Maßeinheit für die Strommenge ist Ah (Amperestunden), also das Produkt: Strom mal Zeit.

Station / Monat	Jan.	Feb.	März	Apr.	Mai	Juni	Juli	Aug.	Sep.	Okt.	Nov.	Dez.	Jahr
Norderney	0,56	1,30	2,60	4,27	5,13	6,02	5,45	4,75	3,06	1,66	0,74	0,44	3,00
Hamburg	0,52	1,13	2,23	3,55	4,67	5,44	4,82	4,34	2,79	1,49	0,67	0,40	2,67
Braunschweig	0,63	1,16	2,24	3,43	4,65	5,20	4,77	4,21	2,79	1,50	0,70	0,42	2,64
Braunlage	0,74	1,34	2,40	3,51	4,42	4,95	4,79	4,16	2,78	1,67	0,76	0,51	2,67
Berlin	0,61	1,14	2,44	3,49	4,77	5,44	5,26	4,58	3,05	1,59	0,76	0,46	2,80
Bocholt	0,64	1,20	2,18	3,78	4,89	4,75	4,14	3,52	2,71	1,63	0,79	0,44	2,56
Gelsenkirchen	0,60	1,23	2,10	3,45	4,69	4,44	4,31	3,78	2,68	1,65	0,78	0,48	2,52
Aachen	0,69	1,34	2,29	3,61	4,75	5,00	4,82	4,26	3,06	1,76	0,88	0,54	2,75
Bonn	0,72	1,33	1,79	3,33	4,82	4,38	4,15	3,63	2,76	1,67	0,84	0,53	2,49
Trier	0,72	1,47	2,52	3,88	4,88	5,25	5,27	4,43	3,31	1,79	0,84	0,56	2,91
Geisenheim	0,70	1,22	2,07	3,59	4,72	4,85	4,52	4,07	2,87	1,52	0,77	0,54	2,62
Freiburg	0,76	1,34	2,51	3,59	4,71	5,20	4,83	4,55	3,46	1,92	0,97	0,72	2,88
Nürnberg	0,70	1,42	2,27	3,07	5,66	5,84	5,03	4,52	2,99	1,90	0,87	0,65	2,91
Würzburg	0,82	1,60	2,68	4,04	5,03	5,54	5,34	4,49	3,53	1,94	0,92	0,65	3,05
Weihenstephan	1,07	1,83	2,96	4,11	5,08	5,39	5,46	4,60	3,70	2,23	1,18	0,83	3,20
Hohenpeissenberg	1,38	2,05	3,17	4,15	4,89	5,13	5,40	4,62	3,85	2,62	1,43	1,12	3,32

Mittlere monatliche **Tagessummen** der Globalstrahlung auf waagerechte Flächen in kWh/m²d aus langjährigen Messungen von 16 deutschen Wetterstationen.
Die Globalstrahlung ist die Summe aus der direkten und diffusen Sonneneinstrahlung und wird hier als mittlere Tagessumme der Strahlung in Kilowattstunden pro m² angegeben.

Tab. 3: Monatliche Tagessummen der Globalstrahlung für die Meßstationen des Wetteramtes in Deutschland Quelle: (5)

Tab. 4: Korrekturfaktoren für die Berechnung der Sonneneinstrahlung auf geneigte Flächen unterschiedlicher Orientierung für den 50. Breitengrad Quellen: (3),(6)

Bei einer Systemspannung von 12 V steht dem Verbraucher im Beispiel an diesem Tag die elektrische Energie von

$N_{elektr} = U \times I \times t = 12\ V \times 6\ Ah = 72\ VAh = 72\ Wh$ zur Verfügung.

Der Vorteil der Rechnung mit Strommengen liegt darin, daß der Ertrag des Solargenerators unabhängig von der Systemspannung und der temperaturabhängigen Solarzellenspannung berechnet werden kann. Die eingestrahlte Energie in kWh/m² entspricht für unser 1 A-Einheitspanel genau der erzeugten Strommenge in Amperestunden.

Für Panele mit anderen Nennströmen ergibt sich die Stromausbeute durch einfache Multiplikation des im Datenblatt angegebenen Nennstroms mit dem Ertrag des 1 A-Panels.

Beispiel:
Ein Solarpanel mit 2,3 A Nennstrom bei 1000 W/m² liefert bei einer Einstrahlung von 6 kWh/m²d, d.h. im Sommer, am Tag eine Strommenge von 6 x 2,3 Ah = 13,8 Ah. Im Winter geht der Stromertrag mangels Einstrahlung in unseren Breiten erheblich zurück (Abb. 31).

Orientierung		Süd				Südwest/Südost			West/Ost		
	Neigung	30°	45°	60°	70°	30°	45°	60°	30°	45°	60°
Monat	Anteil Diffusstrahlung										
Januar	73%	1,44	1,57	1,63	1,63	1,37	1,48	1,52	1,01	0,99	0,95
Februar	61%	1,40	1,50	1,54	1,52	1,33	1,42	1,43	1,01	1,00	0,96
März	64%	1,17	1,19	1,15	1,10	1,15	1,16	1,12	0,99	0,96	0,91
April	54%	1,08	1,05	0,98	0,92	1,07	1,05	0,99	0,98	0,95	0,89
Mai	50%	1,00	0,94	0,85	0,78	1,00	0,95	0,88	0,97	0,93	0,88
Juni	59%	0,96	0,90	0,81	0,73	0,97	0,91	0,82	0,96	0,92	0,86
Juli	61%	0,97	0,91	0,83	0,75	0,98	0,92	0,84	0,96	0,92	0,86
August	57%	1,03	1,00	0,92	0,85	1,03	1,00	0,93	0,97	0,94	0,88
September	53%	1,17	1,18	1,14	1,08	1,15	1,16	1,12	0,99	0,96	0,92
Oktober	63%	1,30	1,37	1,38	1,35	1,25	1,31	1,30	1,00	0,98	0,94
November	68%	1,47	1,61	1,68	1,67	1,40	1,51	1,55	1,01	1,00	0,96
Dezember	78%	1,42	1,55	1,61	1,61	1,36	1,46	1,49	1,00	0,98	0,94
Jahres-Ø	62%	1,12	1,11	1,06	1,01	1,10	1,09	1,05	0,98	0,95	0,89

Die angegebenen Korrekturfaktoren wurden für 50° nördlicher Breite (Bundesgebiet) unter Berücksichtigung des Anteils diffuser Strahlung berechnet. Die Abweichungen im Bundesgebiet (48-52°) sind minimal. Die Reflektion des Bodens wurde mit einem Reflektionsfaktor von 0,3 berücksichtigt. Für südorientierte Flächen an anderen Standorten können die Korrekturfaktoren gemäß den untenstehenden Formeln berechnet werden, wenn der Anteil der diffusen Strahlung bekannt ist.

$$\text{Korrekturfaktor } K = (1 - D)\cdot R + D\cdot(0{,}5 + 0{,}5\cdot\cos b) + r\,(0{,}5 - 0{,}5\cdot\cos b)$$

mit $R = (\cos(B-b)\cdot\cos d\cdot\sin w + (3{,}14/180)\cdot w\cdot\sin(B-b)\cdot\sin d) / (\cos B\cdot\cos d\cdot\sin W + (3{,}14/180)\cdot W\cdot\sin B\cdot\sin d)$

und $w = \text{Minimum}\,(\arccos(-\tan B\cdot\tan d),\ \arccos(-\tan(B-b)\cdot\tan d))$

$W = \arccos(-\tan B\cdot\tan d)$

$d = 23{,}45\ \sin((284 + n)\ 360 / 365)$

Zeichenerklärung:

d = Deklinationswinkel der Sonne (-23,45° bis 23,45° im Jahresverlauf)
B = Breitengrad des Standortes (nördliche Breite)
b = Neigungswinkel der Empfängerfläche gegen die Waagerechte (0° = waagerecht, 90° = senkrecht)
W = Stundenwinkel der Sonne auf eine waagerechte Fläche
w = Stundenwinkel der Sonne auf die geneigte Fläche
R = Verhältnis der monatlichen, direkten Einstrahlungen:
R = Einstrahlung auf die geneigte Fläche / Einstrahlung auf die waagerechte Fläche
D = Anteil der Diffusstrahlung an der Globalstrahlung (muß den örtlichen Wetterdaten entnommen werden)
r = Reflektionskoeffizient des Bodens (zwischen 0 und 1)

Nachführung nach der Sonne

Für die meisten Anwendungen in unseren Breiten bietet die feste Montage der Solarpanele, nach Süden orientiert und unter optimalem Neigungswinkel angebracht, eine Reihe von Vorteilen:

- gute mechanische Stabilität der Anlage auch bei starken Windbelastungen
- einfache und preiswerte Montage
- leichte Integration in vorhandene Gebäudestrukturen
- keine Elektronik und kein zusätzlicher Stromverbrauch für mechanische Nachführung erforderlich

Andererseits läßt sich der Energieertrag von Solarpanelen durch stets optimierte Ausrichtung zur Sonne spürbar verbessern, und zwar umso mehr, je höher der Anteil der direkten Strahlung an der Gesamteinstrahlung ist. Abb. 32 zeigt denn auch, daß die 2-achsige Nachführung (Orientierung und Neigung) insbesondere in südlichen Klimazonen gegenüber stationär montierten Modulen einen 30-50% höheren Energieertrag liefert. In unserem Klima vergrößert die Nachführung den Unterschied zwischen dem Energieertrag im Sommer und im Winter: das führt häufig zum Stromüberangebot im Sommer, während sich die Mangelsituation im Winter nur wenig verbessern läßt.

Einige Lieferanten von Solarmodulen und Zubehör versprechen auch für unsere Klimaverhältnisse mit hohem diffusen Strahlungsanteil um bis zu 50% höhere Gesamtenergieerträge durch Nachführung, was jedoch nur für spezielle Anlagenkonzeptionen zutreffen kann.

Die Nachführung erfordert in der Praxis einigen Aufwand: zunächst einmal muß die Solarzellenfläche drehbar gelagert sein; die Bewegung der Fläche erfolgt im allgemeinen über einen Getriebemotor; Selbstbaukonstruktionen mit einem "Antennenrotor" (wie er für die Ausrichtung größerer Funk- oder Fernsehantennen gebräuchlich ist) wurden mehrfach, allerdings mit zweifelhaftem Erfolg praktiziert (durch die Windbelastungen verschleißen die Zahnräder im Getriebe des Antennenrotors in wenigen Jahren). Eine elektronische Steuerung betätigt den Motor solange, bis der optische Sensor der Steuerung (Photodiode, o.ä.), der in einer Ebene mit dem Solargenerator montiert ist, den hellsten Flecken am Himmel gefunden hat. Nach Sonnenuntergang muß die Steuerung dafür sorgen, daß der Solargenerator am Morgen wieder zur aufgehenden Sonne ausgerichtet wird. In den USA werden jetzt einfache Nachführungssysteme für kleine Anlagen angeboten, die ohne Strom und Elektronik arbeiten; sie nutzen den Dampfdruck von solar erwärmten Flüssigkeiten zur Steuerung durch zwei Hydraulikzylinder.

Die Nachführung von Solargeneratoren verlangt freistehende Gerüste und ausreichend Platz für die sich drehende Fläche; gleichzeitig muß die Konstruktion mechanisch so stabil sein, daß sie auch stärkere Stürme schadlos übersteht. Anderenfalls setzt man das kleine Vermögen auf dem Dach leichtfertig aufs Spiel.

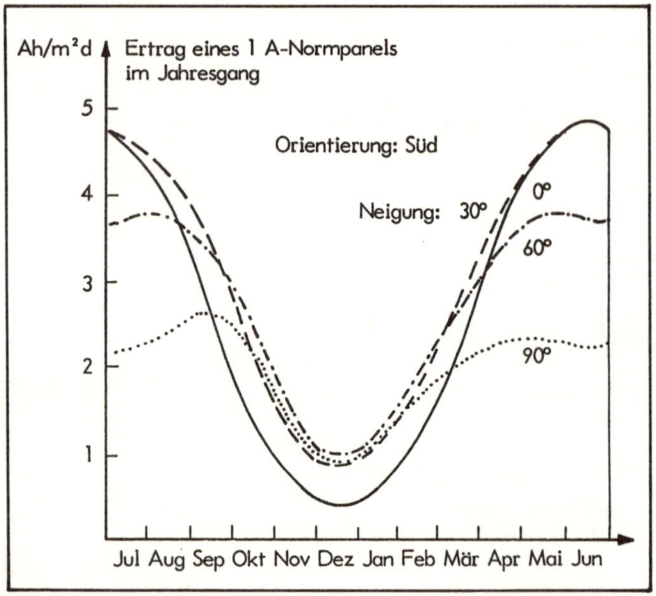

Abb. 31: Amperestunden-Ertrag eines 1 A-Normpanels im Jahresgang

Auf jeden Fall ist die Nachführung um eine Drehachse einfacher und mechanisch solider auszuführen als die zweiachsige; daher sollte man sich, wenn schon eine Nachführung gewünscht wird, darauf beschränken, die Panele dem Tagesgang der Sonne nachzuführen: entweder durch Drehung um eine senkrechte Achse oder besser noch durch Drehung um eine geneigte (polare) Achse (vgl. Abb. 33). Auf die Anpassung der Neigung an die Sonnenhöhe im Wechsel der Jahreszeiten kann man dann entweder verzichten oder sie gegebenenfalls alle paar Monate manuell vornehmen.

Abb. 32: Relativer Mehrertrag von Solargeneratoren bei Nachführung um 2 Achsen (Neigung und Orientierung) Quelle: (7)

Abb. 33: Nachführung von 2 Solarpanelen um eine polare Achse

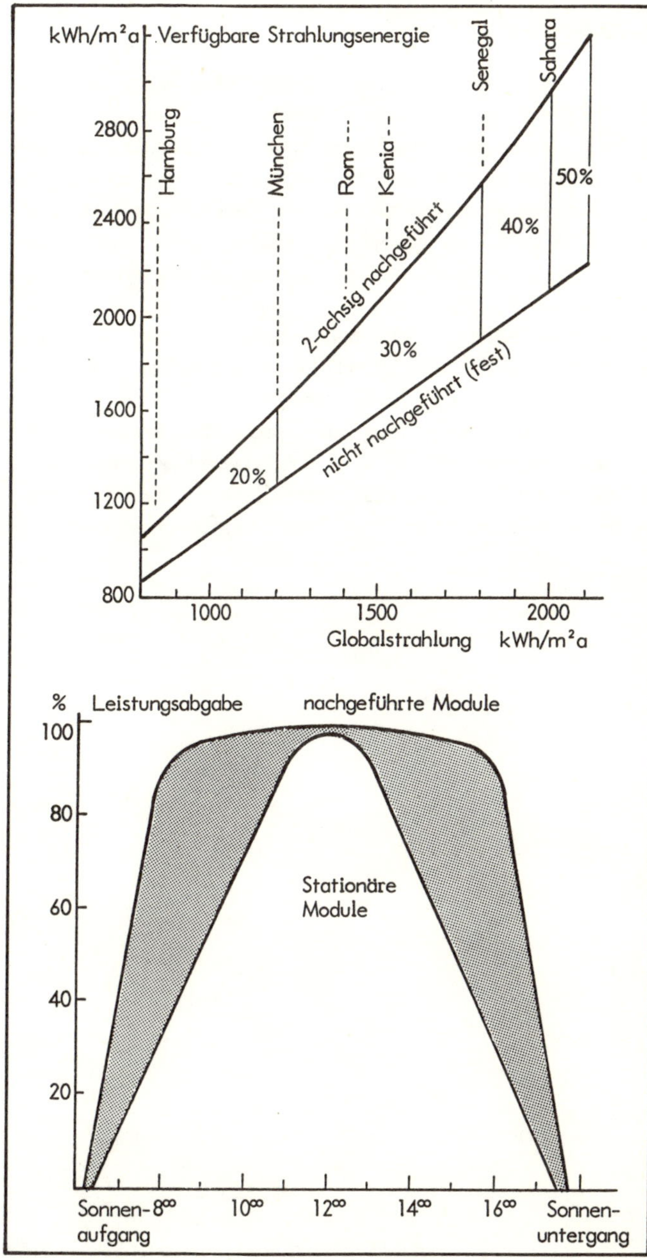

Reflektoren

Grundsätzlich kann man die Sonneneinstrahlung auf den Solargenerator natürlich auch durch Spiegel erhöhen, d.h. durch Konzentration des Sonnenlichts. Angesichts des derzeit noch hohen Preises für Solarzellen und -module erscheint diese Idee verlockend. Die Realisierung macht in der Praxis jedoch einige Schwierigkeiten, so daß sich diese Variante in unseren Breiten bisher nicht durchsetzen konnte:

- Die Konzentration des Sonnenlichts erfordert nachgeführte Systeme und ist nur bei einem hohen Anteil an direkter Strahlung wirklich lohnend.
- Die Siliziumzellen werden durch die konzentrierte Strahlung stark erwärmt, so daß höhere Konzentrationsfaktoren als 2 ohne zusätzliche Zellenkühlung zu Schäden an den Zellen und der Einbettung führen können.
- Spiegel sind zwar in der Herstellung billiger als Solarpanele, bringen aber auch nicht soviel Mehrleistung; außerdem beanspruchen sie auf dem nachgeführten Montagerahmen auch Platz und erhöhen die Windlast der Anordnung.

Zugleich wird ein Nachteil des nachgeführten Solargenerators noch verstärkt: wenn das Angebot an direkter Strahlung hoch ist (meistens im Sommer), wird verstärkt Strom erzeugt, während bei niedriger Einstrahlung mit hohem Anteil von diffuser Strahlung (im Winter) kaum ein Mehrertrag erzielt wird.

3. Bausteine solarer Stromversorgungssysteme

Solarzellen erzeugen Elektrizität im "Rohzustand", Strom und Spannung an den Anschlußklemmen sind nicht nur von der Sonneneinstrahlung sondern auch von der Anpassung des Verbraucherwiderstands an den Generator abhängig. Für viele Anwendungsfälle werden wir daher neben dem Solargenerator noch weitere Bausteine wie Stromspeicher, Regler und Spannungswandler benötigen, um den Strom in eine praktisch nutzbare Form umzuwandeln.

Welche Anforderungen stellen unsere gebräuchlichen Elektrogeräte?

1. **Ständige Verfügbarkeit des elektrischen Stroms:** die meisten Elektrogeräte werden wir auch in Zukunft dann benutzen wollen, wenn wir sie brauchen, also unabhängig von Sonnenstand und Witterung, egal ob die Solarzellen nun Strom liefern oder nicht. Bestimmte Verbraucher wie z.B. Beleuchtung werden gerade eingeschaltet, wenn keine oder nur sehr wenig Sonne scheint. Andere Verbraucher wie Uhren, Kühlschrank u.ä. erfordern für einen zuverlässigen Betrieb ständig verfügbare Elektrizität. Die meisten Solarstrom-Systeme brauchen daher einen Stromspeicher, also entweder Akkus oder das öffentliche Netz als Stromspeicher. Nur dort, wo der Energieverbrauch mit der Sonneneinstrahlung zeitlich übereinstimmt, kommt man ohne Speicher aus, z.B. beim Wasserpumpen für Bewässerungszwecke, bei der Kühlung von Räumen etc.
2. **konstante Spannung:** die meisten Elektrogeräte arbeiten nur störungsfrei bei einer relativ konstanten Spannung, die nicht mehr als ± 15% von der Nennspannung abweichen sollte. Da die Ausgangsspannung von Solargeneratoren aber, wie wir gesehen haben, sehr viel stärkere Schwankungen aufweisen kann (je nach Anpassung zwischen Generator und Verbraucher), ist in vielen Fällen eine Regelung der Ausgangsspannung erforderlich.
3. **Gleich- und Wechselspannung:** die Haushaltselektrogeräte sind heute überwiegend für 220 V Wechselstrom ausgelegt, wie er aus der Steckdose kommt. Andererseits liefern Solarzellen und Akkus Gleichspannung, was für die Versorgung von tragbaren, batteriebetriebenen Geräte gerade erwünscht ist. Aber nur wenige der Wechselstromgeräte (z.B. Beleuchtung, Universalmotoren) können auch mit Gleichstrom betrieben werden (sofern die Spannung stimmt) oder lassen sich leicht auf Gleichstrom umrüsten. Alle Geräte, die Transforma-

Abb. 34: Baugruppen in solaren Stromversorgungssystemen für verschiedene Anwendungen

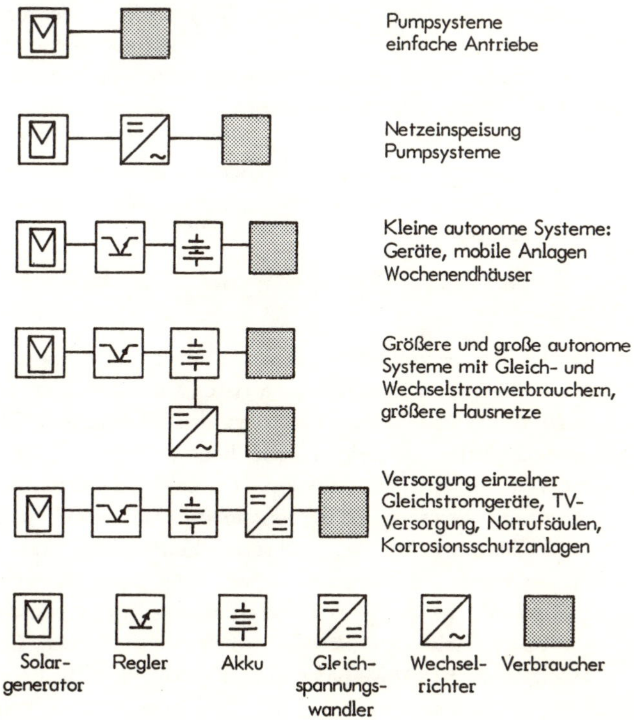

toren oder reine Wechselstrommotoren (Induktionsmotoren) enthalten, dürfen dagegen nicht mit Gleichstrom betrieben werden, die Wicklungen würden durchbrennen! Einige Geräte mit Transformatoren lassen sich jedoch vom Fachmann entsprechend umbauen. Um Wechselstromgeräte in solarelektrischen Anlagen betreiben zu können, brauchen wir sogenannte "Wechselrichter", manchmal auch "Spannungswandler" genannt, die Gleich- in Wechselstrom umwandeln und gleichzeitig für die richtige Betriebsspannung (220 V) sorgen.

Abb. 34 zeigt einige Systemschaltungen solarer Stromversorgungsanlagen mit den verschiedenen Bausteinen für die Aufbereitung der elektrischen Energie. In den folgenden Kapiteln sollen diese Bausteine nun im einzelnen beschrieben werden.

3.1 Stromspeicher: wiederafladbare Batterien

Durch die zunehmende Verbreitung tragbarer und im Stromverbrauch sparsamer Elektrogeräte (Radio, Kasettenrecorder, Uhren, Taschenrechner, u.ä.) hat die Bedeutung der Batterien in den letzten Jahren erheblich zugenommen: jeder bundesdeutsche Haushalt verfügt heute durchschnittlich über 4 batteriebetriebene Geräte, der Gesamtverbrauch an Trockenbatterien in der Bundesrepublik beträgt ca. 400 Mio. Stück/Jahr - in Zukunft sicherlich ein lohnender Markt für die Nutzung von Solarstrom zusammen mit wiederaufladbaren Akkus!

Wir unterscheiden "Batterien" und "Akkumulatoren" (Akkus):

- **Batterien**, genauer "Primärzellen", sind nicht wiederaufladbar, die Stromerzeugung geschieht durch irreversible chemische Umwandlung an den Elektroden. Die Spannung einer einzelnen Zelle liegt zwischen 1,3 und 1,8 Volt je nach Batterietyp. Durch Hintereinanderschalten mehrerer Zellen entstehen "Batterien" (d.h. eine Zusammenfassung mehrerer Zellen) für höhere Spannungen. Die Kapazität einer Zelle oder Batterie, d.h. die Menge des gespeicherten Stroms, hängt von der Größe der Zellen und den Elektrodenmaterialien ab. Die bekanntesten Batterietypen sind: Kohle-Zink- (für Lampen), Mangandioxyd-Zink- (für Elektrogeräte), Alkali-Mangan- (Hochleistungsbatterien mit erhöhter Kapazität für Elektrogeräte), Quecksilberoxyd- (z.B. für Kameras), und Silberoxyd-Batterien (Knopfzellen für Uhren, Hörgeräte, u.ä.). Einmal entladen können sie nicht wiederaufgeladen werden und landen nach dem Ex- und Hopp-Prinzip als Giftmüll in unserer Umwelt. Die Energie aus Batterien ist relativ teuer (vgl. Kasten auf Seite 12); es kann daher bei vielen Anwendungen durchaus lohnend sein, die Umstellung auf Solarstrom zu erwägen.
- Bei **Akkumulatoren**, auch Sekundärzellen genannt, läßt sich die chemische Reaktion an den Elektroden beim Entladen durch Zufuhr von elektrischem Strom (Ladung) rückgängig machen, sie können wiederaufgeladen werden. Aus diesem Grund sind sie für die Solarstromversorgung von besonderer Bedeutung, können sie doch die zeitlichen Unterschiede zwischen Stromerzeugung und -verbrauch überbrücken und bei entsprechender Größe genug Strom für den Verbrauch einiger Tage oder Wochen speichern. Auch Akkus werden häufig als (wiederaufladbare) "Batterien" bezeichnet, da in den meisten Fällen mehrere Zellen zu einer "Batterie" zusammengeschaltet werden.

Die gebräuchlichen Akku-Typen sind heute Bleiakkus und Nickel-Cadmium-Akkus. Da die Speicherung von elektrischem Strom bei zahlreichen technischen Anwendungen eine Rolle spielt, ist schon viel Mühe und Geld aufgewendet worden, um die bekannten Akkus zu verbessern und neue, noch leistungsfähigere Systeme zu entwickeln. Denn die Speicherfähigkeit pro Volumen oder Gewicht ist verglichen mit anderen Formen gespeicherter chemischer Energie gering, wie Tab. 5 zeigt, auch wenn sich der Energieinhalt von Benzin oder Wasserstoff nur mit mäßigem Wirkungsgrad in elektrischen Strom oder Bewegungsenergie umwandeln läßt. Akkus sind schwer und teuer!

Hin und wieder wird in der Presse vom "Durchbruch" bei der Entwicklung neuer, leichter und besserer Stromspeicher berichtet, wie sie vor allem für die Entwicklung des Elektro-Automobils benötigt werden. Solche Neuentwicklungen können natürlich auch für die solare Stromversorgung interessant sein: braucht man für Elektrofahrzeuge in erster Linie leichte Akkus mit hohem Energieinhalt, wird man für stationäre, solare Stromversorgungssysteme vor allem auf preiswerte Akkus mit hohem Energieinhalt Wert legen. In den nächsten Jahren wird jedoch voraussichtlich keines dieser neuen Systeme anwendungsreif sein, so daß es derzeit keine brauchbare Alternative zu Blei- und Nickel-Cadmium-Akkus gibt!

Das Prinzip des Akkus ist ganz einfach und leicht verständlich: man kann ihm Strom entnehmen, ihn also entladen und anschließend wieder aufladen. Für den technischen Laien und alle, die nur an der Anwendung interessiert sind, mag diese Beschreibung seiner Funktion ausreichen. Wer jedoch solare Stromversorgungssysteme entwerfen und selbst aufbauen will, sollte schon etwas mehr über ihre Funktion und Eigenschaften wissen. Aber dann wird die Angelegenheit gleich einigermaßen verwickelt: es gibt nicht nur verschiedene Akku-Typen, sondern es sind auch eine ganze Reihe von Begriffen nötig, um die elektrischen Eigenschaften von Akkus zu beschreiben.

Abb. 35: 2 Volt-Zelle eines stationären Bleiakkus
Quelle: Varta-Firmenschrift

Tab. 5: Spezifischer Energieinhalt verschiedener Energiespeicher und elektrochemischer Zukunftssysteme

Energiespeicher	Energiedichte Praxis Wh/kg	Energiedichte Theorie Wh/kg	Zellenspannung Volt	Zyklenzahl
Bleiakku	12 - 40	160	2,0	1000-1500
Nickel-Cadmium-Akku	24 - 40	217	1,2	> 1200
Nickel-Eisen-Akku	- 60	260	1,2	> 1000
Natrium-Schwefel-A. (bei 300°C)	100	760	2,08	300
Lithium-Eisensulfid-A. (bei 450°C)	100	577	1,65	300
Silber-Zink-Akku	55-120	460	1,5	100
Zum Vergleich:				Wirkungsgrad
Dieselöl	12000			25 - 30%
Wasserstoff (Hydrid)	600			21 - 50%
Wasserstoff (flüssig)	33000			18 - 43%

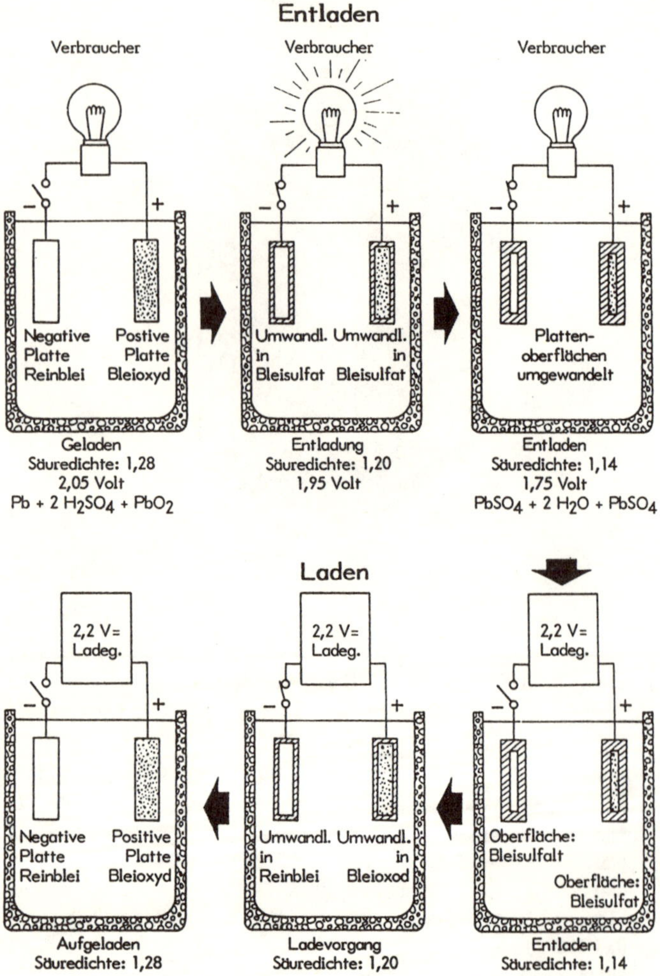

Abb. 36: Vorgänge im Bleiakku beim Laden und Entladen

Quelle: (8)

Mit folgenden Begriffen und Eigenschaften müssen wir uns näher vertraut machen:

- die Akku-Spannung
- die Kapazität des Akkus
- der Wirkungsgrad des Akkus, der häufig auch als Ladefaktor angegeben wird
- der Ladezustand
- geeignete Ladeverfahren

Man muß ja nicht alles an einem Tag lernen. Fangen wir mit dem allgemein gebräuchlichen Blei-Akku an.

3.1.1 Der Blei-Akku

Abb. 36 zeigt die Vorgänge beim Entladen und Laden einer Blei-Säure-Zelle, kurz Bleiakku genannt. Die Zelle besteht aus einem Gefäß mit verdünnter Schwefelsäure als Elektrolyten, in dem die beiden Bleielektroden hängen. Im geladenen Zustand besteht die positive Platte (Kathode) aus porösem Bleioxyd PbO_2 (porös wegen der möglichst großen Oberfläche), die negative Platte (Anode) aus reinem Blei. Beim Entladen reagieren die beiden Platten an der Oberfläche mit der Schwefelsäure nach der Reaktionsgleichung:

$$PbO_2 + 2\,H_2SO_4 + Pb \underset{\text{laden}}{\overset{\text{entladen}}{\rightleftharpoons}} 2\,PbSO_4 + H_2O$$

Dabei scheidet sich an beiden Platten das in der Säure unlösliche Bleisulfat $PbSO_4$ als dünne Schicht ab. Durch Stromzufuhr beim Laden kann diese Reaktionsgleichung umgekehrt werden.

Die **Nennspannung** einer Blei-Zelle beträgt 2 Volt; tatsächlich schwankt die Spannung an den Elektroden jedoch je nach Betriebszustand (Abb. 37):

- im Leerlauf, d.h. ohne angeschlossenen Verbraucher liegt die Spannung je nach Ladezustand zwischen 2,12 und 2,0 V,
- beim Entladen sinkt sie von 2 V auf 1,7 - 1,8 V, je nach Entladestrom und Ladezustand.

Bei der **Entladeschlußspannung** von 1,7 - 1,8 V gilt der Akku als entladen.

Als **Tiefentladung** bezeichnet man die Unterschreitung der für den jeweiligen Entladestrom angegebenen Entladeschlußspannung (sie wird in den Datenblättern der Hersteller angegeben). Bei Tiefentladung und längerem Stehen des Akkus im entladenen Zustand bildet sich an den Platten Bleisulfat in grobkristalliner Form, das beim Laden nur noch schlecht oder gar nicht wieder umgewandelt werden kann: der Akku verliert einen Teil seiner Speicherkapazität. Schädliche Tiefentladungen lassen sich in der Praxis z.B. dadurch vermeiden, daß man beim Erreichen der Entladeschlußspannung mittels eines Spannungswächters die Verbraucher zwangsweise vom Akku trennt.

Um den Akku zu **laden**, muß eine etwas höhere Spannung angelegt werden (um den Strom in den Akku "hineinzudrükken"), die zwischen 2,0 und 2,4 V beträgt und mit zunehmender Ladung im Akku ansteigt. Bei einer Spannung von 2,3 - 2,7 V (je nach Bauart), der **Gasungsspannung**, setzt an den Elektroden Gasentwicklung ein; das Wasser wird durch Elektrolyse in Wasserstoff- und Sauerstoffgas zerlegt, die sich im Akku zu Knallgas (explosiv) vermischen und über die Verschlußstopfen aus dem Akku entweichen. Durch die Gasung verliert der Akku also Wasser, das bei der Wartung in regelmäßigen Abständen ersetzt werden muß. Das Gasen ist eine unerwünschte Nebenreaktion zur chemischen Umwandlung beim Laden, die Strom verbraucht und damit den Speicherwirkungsgrad des Akkus verschlechtert. Gleichzeitig schadet fortgesetztes, starkes Gasen dem Akku, so daß die Hersteller eine sogenannte **Ladeschlußspannung** angeben, die beim Aufladen nicht überschritten werden darf. Die Ladeschlußspannung liegt im allgemeinen bei 2,3 - 2,4 Volt (bei 20°C). Leichte Gasentwicklung ist dagegen (bei manchen Akkutypen) sogar erwünscht, um eine gute Durchmischung des Elektrolyten zu erreichen.

Das Erreichen der Ladeschlußspannung ist aber nicht gleichbedeutend mit der Volladung des Akkus; die wird erst erreicht, wenn das gesamte Bleisulfat wieder in Bleioxyd und Blei umgewandelt ist. Und dazu muß dem Akku bei der

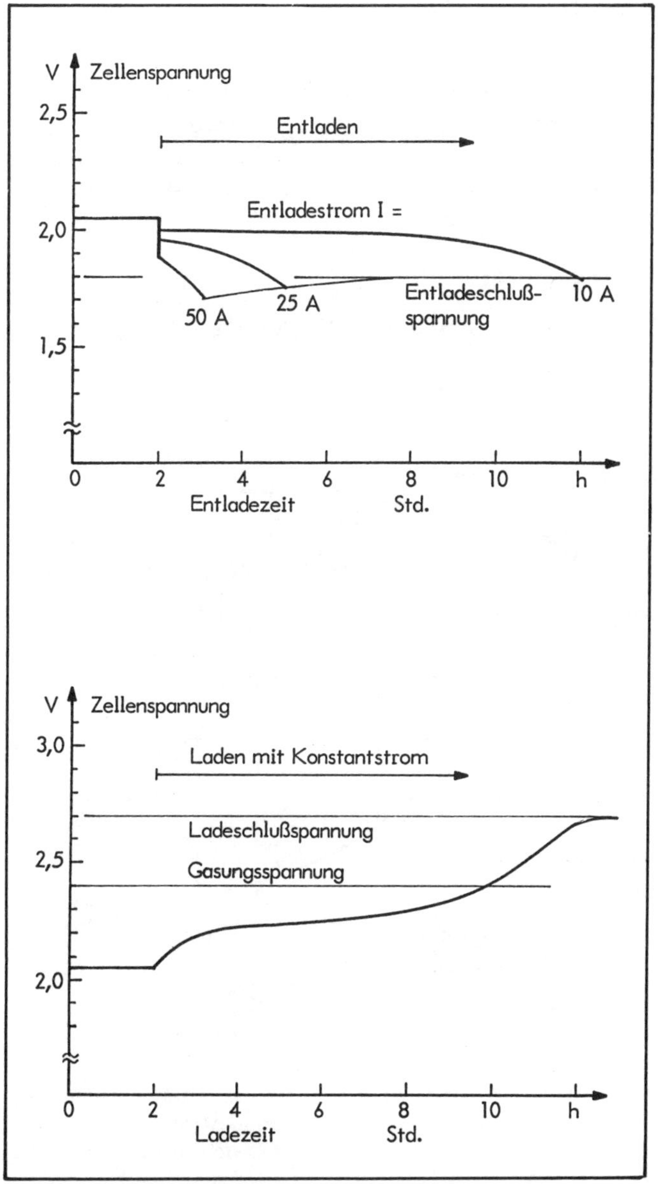

Abb. 37: Entlade- und Ladespannungsverlauf bei einem stationären Akku mit 100 Ah Nennkapazität

Ladeschlußspannung noch für längere Zeit Strom zugeführt werden.

Wie bei den Solarzellen können durch Hintereinanderschalten mehrerer Zellen höhere Spannungen erreicht werden; der typische 12 V Akku besteht aus 6 in Serie geschalteten Zellen. Entsprechend liefern 2 hintereinander geschaltete 12 V-Akkus eine Spannung von 24 V.

Die Kapazität

Die Kapazität, gemessen in Ah (Amperestunden), gibt an, wieviel Strom dem geladenen Akku entnommen werden kann, bis er "leer", d.h. entladen ist. Leider ist diese Kapazität keine konstante Größe für einen bestimmten Akku, sondern ist abhängig von der Höhe des Entladestroms. Die Hersteller geben die Nennkapazität daher immer zusammen mit einem Nennentladestrom an: gebräuchlich sind Nennentladeströme I_5, I_{10} und I_{20}, d.h. der Nennstrom entlädt den Akku in 5, 10 oder 20 Stunden bis zur Entladeschlußspannung. I_{10} entspricht also 1/10 der Akku-Kapazität, gemessen in Ampere.

Beispiel:

Ein 12 V-Akku mit 100 Ah Nennkapazität bei I_{10} (d.h. bei 10 stündiger Entladung) kann also 10 Stunden lang 10 A (= I_{10}) abgeben und ist dann entladen.

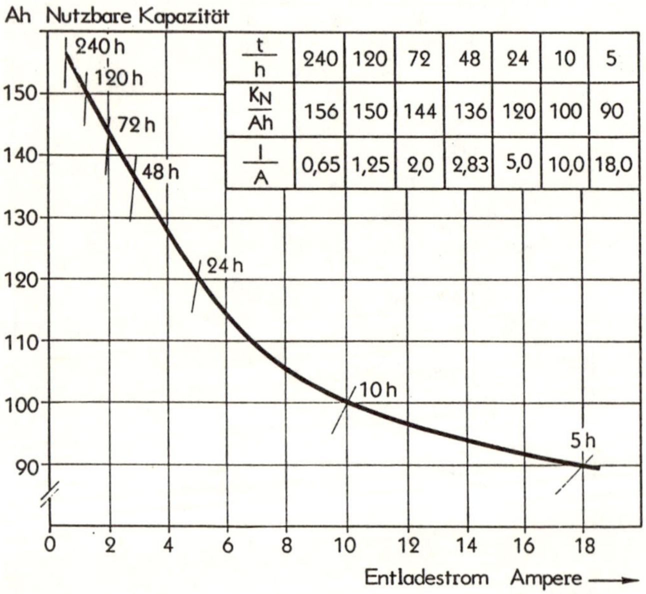

t/h	240	120	72	48	24	10	5
K_N/Ah	156	150	144	136	120	100	90
I/A	0,65	1,25	2,0	2,83	5,0	10,0	18,0

Abb. 38: Kapazität eines Akkus mit 100 Ah Nennkapazität in Abhängigkeit vom Entladestrom (Varta-bloc) Quelle: Varta-Datenblatt

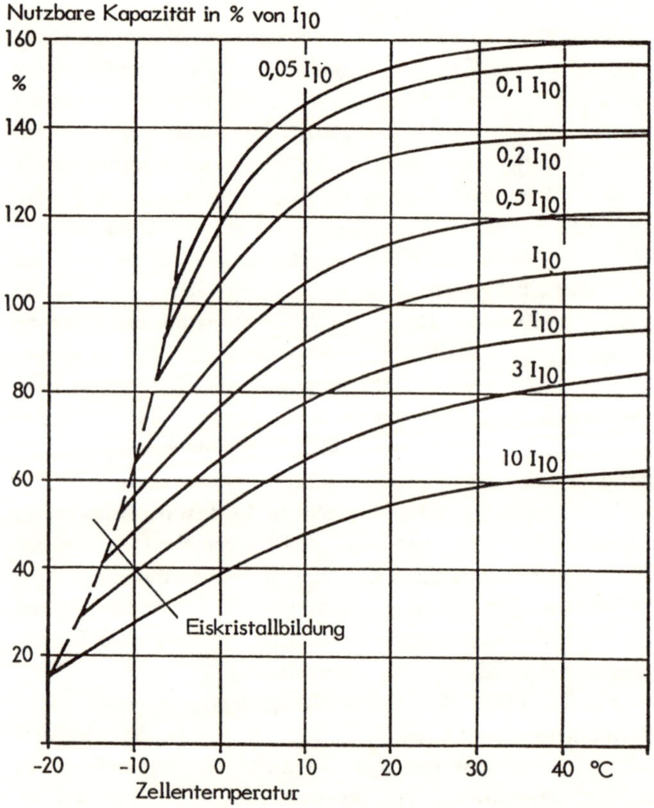

Abb. 39: Kapazität eines Akkus als Funktion der Akku-Temperatur Quelle: (9)

Entlädt man mit einem höheren Strom, so steht weniger Kapazität zur Verfügung: die Nennkapazität bei I_5 beträgt z.B. nur noch 90 Ah, der Akku kann also 5 Std. lang 18 A liefern; bei einem Entladestrom von 100 Ah könnte die Kapazität sogar auf ca. 60 Ah sinken, so daß der Akku dann in etwa 35 min. leer wäre. Umgekehrt ist die Kapazität bei I_{20} größer als bei I_{10}, d.h. bei kleineren Entladeströmen gibt der Akku mehr her.

Die beim Entladen entnommene Energie ist das Produkt aus der mittleren Entladespannung, dem Entladestrom und der Dauer der Entladung,
im obrigen Beispiel also bei Entladung mit I_{10}

12 V x 10 A x 10 h = 1200 Wh = 1,2 kWh

bei Entladung mit I_5 nur

12 V x 18 A x 5 h = 1080 Wh = 1,08 kWh, also 12 % weniger.

Bei Entladung mit höheren Strömen geht also die nutzbare Energie und damit auch der "Speicherwirkungsgrad" zurück.

Neben dem Entladestrom ist die Kapazität ganz klar von der Größe und Bauart des Akkus abhängig, außerdem von der Temperatur und Säurekonzentration des Elektrolyten sowie vom Alter der Platten. Abb. 39 zeigt den Zusammenhang zwischen Batteriekapazität und -temperatur. Wie viele Autofahrer von Startschwierigkeiten im Winter wissen, verlieren Akkus bei niedrigen Temperaturen erheblich an Kapazität, die bei Erwärmung allerdings wieder zur Verfügung steht. Auf der anderen Seite ist es nicht sinnvoll, Akkus bei höheren Temperaturen als 20-30°C zu betreiben, weil dadurch ihre Lebensdauer sinkt und die Selbstentladung größer wird.

Die Gefahr des Einfrierens des Elektrolyten besteht nur, wenn der Akku ganz oder fast ganz entladen ist (Erstarrungstemperatur -5°C). Bei dauerhaft niedrigen Betriebstemperaturen (z.B. auf Berggipfeln) kann man durch höhere Säurekonzentration einen Teil des Kapazitätsverlustes ausgleichen und die Gefahr des Einfrierens vermindern. Umgekehrt wählt man bei höheren Umgebungstemperaturen (z.B. in tropischen Gegenden) niedrigere Säurekonzentrationen, um die Selbstentladung klein zu halten.

Selbstentladung

Als Selbstentladung bezeichnet man den Effekt, daß sich der Akku auch ohne angeschlossene Verbraucher langsam von selbst entlädt, und zwar umso schneller, je höher die Temperatur des Elektrolyten ist. Außerdem ist die Selbstentladungsrate noch bauartabhängig: die Verluste (bei 25°C) liegen bei 2 - 10% der Nennkapazität pro Monat. Für solarelektrische Anlagen sollte man Akkutypen mit niedriger Selbstentladung auswählen.

Laden des Akkus

Das Aufladen von Akkus kann je nach Anwendung auf sehr unterschiedliche Art und Weise und aus allen nur denkbaren Stromquellen (Solarstrom, Windenergie, Notstromaggregat, Ladegerät am Netz) erfolgen. Während die Herkunft des Stroms zunächst einmal keine Rolle spielt, verdient die Höhe des Ladestroms und ihr zeitlicher Verlauf besondere Beachtung.

Grundsätzlich vertragen Bleiakkus umso höhere Ladeströme, je tiefer sie entladen sind. Im wesentlichen sind es 2 Faktoren, die den maximal zulässigen Ladestrom begrenzen:

- der Temperaturanstieg im Akku, da ein Teil des Ladestroms am Innenwiderstand der Zelle in Wärme umgewandelt wird,
- die Gasentwicklung: beim Überschreiten der Gasungsspannung gegen Ende des Ladevorgangs; durch zu heftige Gasentwicklung können die Elektroden mechanisch beschädigt oder gar zerstört werden.

So kann man z.B. einen entladenen 100 Ah-Akku mit einem Ladestrom von 25 A in etwa 3 h auf 75% seiner Kapazität aufladen. Wird allerdings die Gasungsspannung von 2,3 - 2,4 V/Zelle erreicht, muß man den Ladestrom zurücknehmen (vgl. Abb. 40). In einer weiteren Stunde kann man den Akku dann bei zurückgehendem Ladestrom auf etwa 90% seiner Nennkapazität bringen, während man für die restlichen 10% noch etwa 8-10 h lang mit einem Strom von 3-1 A weiterladen muß, bis der Akku vollständig geladen ist, wobei die Gasungsspannung von 2,3 - 2,4 V/Zelle (entsprechend 13,8 - 14,4 V beim 12 V-Akku) nicht überschritten werden darf. Man bezeichnet dieses Ladeverfahren auch als "I-U-Laden", weil zunächst mit konstantem, relativ hohem Strom und nach Erreichen der Gasungsspannung mit konstanter Spannung geladen wird. Es wird in etwas modifizierter Form in solarelektrischen Systemen häufig angewendet, da sich der Speicher in recht kurzer Zeit wieder auf 70-80% seiner Kapazität aufladen läßt; denn der meiste Solarstrom wird ja in den Stunden gegen Mittag produziert.

Es gibt noch einige andere Ladeverfahren, wie z.B. das "I-Laden" (Laden mit konstantem Strom) oder das "W-Laden" (Laden aus einem Netzgerät mit langsam zurückgehendem Strom), die hier nicht näher erläutert werden sollen. In jedem Fall sind für den verwendeten Batterietyp die Angaben des Herstellers über den maximal zulässigen Ladestrom und die Ladedauer zu beachten, vor allem, wenn beim Laden die Gasungsspannung überschritten wird.

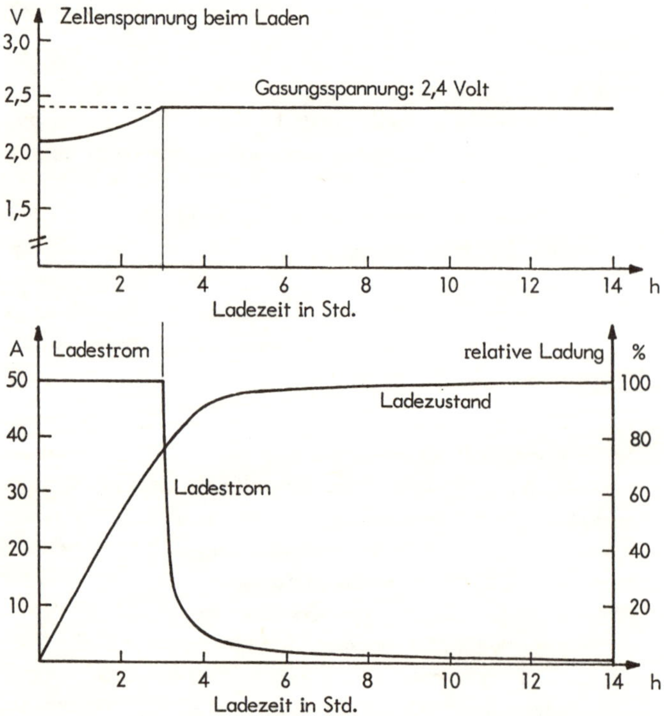

In solarelektrischen Anlagen (aber auch z.B. bei Windenergieanlagen) wird man in der Regel durch Einbau eines Spannungsreglers ein unkontrolliertes Überschreiten der Ladeschlußspannung von 13,8 - 14,4 V (beim 12 V-Akku) verhindern: Ist der Akku nahezu geladen und wird die Ladeschlußspannung überschritten, schaltet der Laderegler den Solargenerator ab; die Akkuspannung geht dann langsam auf die Leerlaufspannung zurück, so daß unterhalb einer bestimmten (einzustellenden) Schwellenspannung der Solargenerator wieder zugeschaltet werden kann (impulsförmiges Laden), solange bis die Volladung erreicht ist. Da auch die Ladeschlußspannung temperaturabhängig ist, verwenden manche Spannungsregler einen Temperaturfühler, der am Akku montiert wird und die Schwellenspannung im Regler anpaßt.

Beim Laden ist noch eine weitere Besonderheit zu berücksichtigen: Ladeströme unterhalb einer gewissen Schwelle, die für Blei-Akkus bei 0,01 - 0,1 I_{10} liegt (wird in den Datenblättern angegeben), "bemerken" die Akkus gar nicht mehr, d.h. sie werden nicht mehr zum Laden genutzt. Zwar verhindern sehr kleine Ladeströme das Fortschreiten der Selbstentladung und sind somit als Ladungserhaltungsstrom nicht ganz sinnlos vergeudet, es ist aber nicht möglich, einen "dicken" Akku mit einem allzu kleinen Solargenerator aufzuladen, auch wenn man beliebig lange Ladezeiten vorsieht.

Überladen tritt auf, wenn man einem Akku oberhalb der Ladeschlußspannung bzw. der Gasungsspannung höhere Ströme zuführt, als dies der Hersteller erlaubt; dies ist nicht nur reine Stromverschwendung, sondern führt neben dem Verlust von Wasser auch zur Korrosion und Zerstörung der Platten.

Auf der anderen Seite kann gelegentliches leichtes Überladen für ein paar Stunden in den Grenzen, in denen es die

Abb. 40: Verlauf von Ladespannung, Ladestrom und Energieinhalt bei I-U-Laden (für Bleiakkus)

Hersteller gestatten, durchaus sinnvoll sein: eine eventuell vorhandene Schichtung der Säure im Akku (unterschiedliche Säuredichte = unterschiedlicher Ladezustand) wird durch die aufsteigenden Gasblasen zerstört. Außerdem wird durch dieses kurzfristige und geringfügige Überladen erreicht, daß einzelne Zellen, die infolge von Alterung weniger Ladung aufgenommen haben als die anderen, neu "formiert" werden. Ein Akku bzw. einzelne Zellen, die nicht hin und wieder voll aufgeladen werden, verlieren an Kapazität: an den Platten bildet sich Bleisulfat in einer Form, das nach einiger Zeit nicht mehr in Lösung geht und zu irreversiblem Kapazitätsverlust führt. Man kann dies verhindern, indem man in regelmäßigen Abständen mit kleinen Strömen (0,05 - 0,1 I_{10}) für einige Stunden mit einer Spannung von 2,4 - 2,5 V lädt. In solarelektrischen Systemen kann man dafür die hin und wieder auftretenden Spitzen im Sonnenenergieangebot nutzen, wenn dieser "vergeudete" Strom nicht unbedingt gebraucht wird.

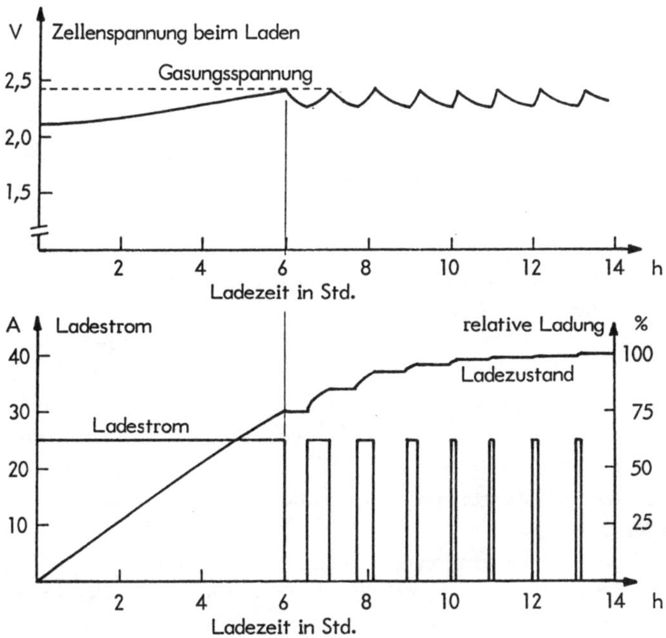

Abb. 41: Verlauf von Spannung, Strom und Energieinhalt beim impulsförmigen Laden eines Bleiakkus; beim Laden mit einem Solargenerator wird der Ladestrom nicht immer konstant sein, sondern je nach Sonneneinstrahlung schwanken.

Die Messung des Ladezustands

In autonomen Stromversorgungssystemen ist es im allgemeinen wichtig zu wissen, wieviel elektrische Energie noch im Akku vorrätig ist. Der Ladezustand von Bleiakkus läßt sich nun auf zwei Arten messen:

Die erste Möglichkeit ist die Messung der Säuredichte, die bei den dicht verschlossenen Akkus allerdings versagt.Die Schwefelsäure im Bleiakku ist als Elektrolyt an der chemischen Reaktion beim Laden und Entladen beteiligt. Beim Entladen werden SO_4^{--} Ionen aus der Säure an den Platten abgeschieden, die Säurekonzentration sinkt; umgekehrt gehen beim Laden diese Ionen wieder in Lösung, die Säurekonzentration steigt. Mit einem Säureprüfer kann die Säurekonzentration bzw. das spezifische Gewicht der Säure leicht und schnell bestimmt werden. Bei geladenem Akku hat der Elektrolyt im allgemeinen ein spezifisches Gewicht von 1,28 g/cm³; beim Entladen sinkt das spezifische Gewicht linear auf 1,12 - 1,14 g/cm³ ab (Abb. 42). Die Messung des spezifischen Gewichts ist daher (bei guter Durchmischung der Säure) eine einfache und relativ genaue Möglichkeit zur Bestimmung des Ladezustands, wenn man die vom Hersteller festgelegten Anfangs- und Endwerte der Säuredichte kennt. Für die tägliche Kontrolle ist sie jedoch wenig komfortabel.

Außerdem kann man durch genaue Messung der Zellenspannung versuchen, auf den Ladezustand zu schließen: da die Akku-Spannung aber erheblich von der Höhe des Entladestroms abhängt (vgl. Abb. 37), funktioniert diese Methode nur bei genau definierten Entladeströmen (z.B. I_5 oder I_{10}) oder im Leerlauf (d.h. ganz ohne Belastung) einigermaßen gut. Will man den Ladezustand aus der Leerlaufspannung bestimmen, muß man nach vorangegangener Ladephase einige Zeit (1-2 h) warten, bis sich die richtige

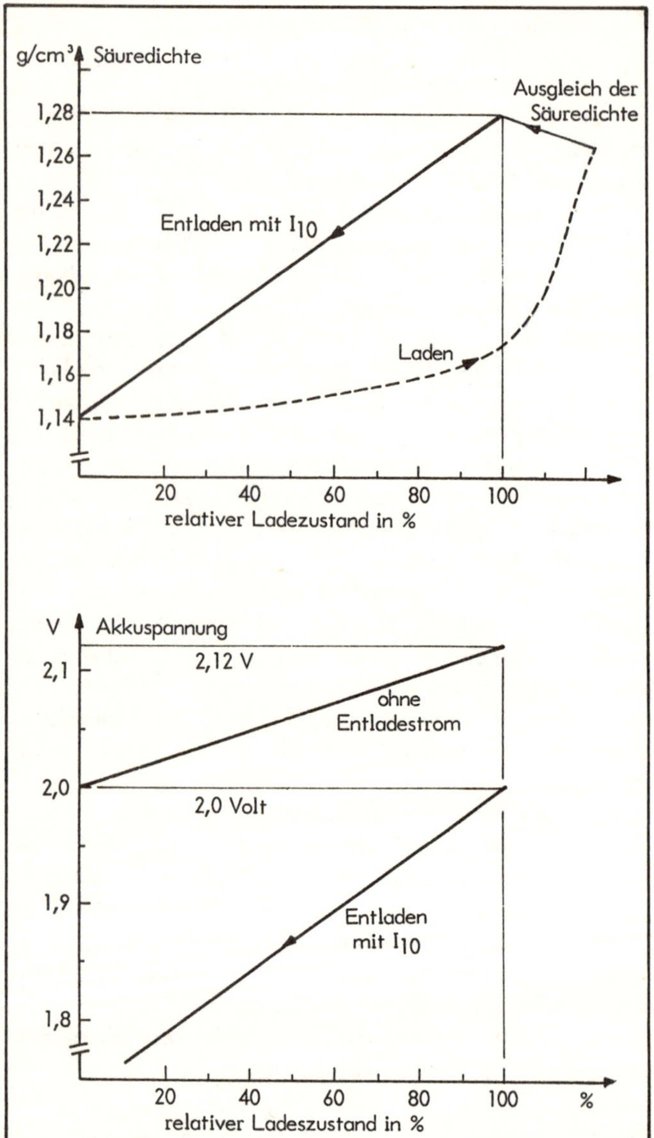

Abb. 42: Der Ladezustand eines Akkus läßt sich sowohl über die Säuredichte als auch durch eine genaue Spannungsmessung bestimmen. Quelle: (8),(9)

Leerlaufspannung eingestellt hat. Diese zweite Methode ist insgesamt vielleicht nicht so exakt wie die Messung der Säuredichte, dafür aber recht bequem; außerdem kann sie auch bei verschlossenen Akkus angewendet werden.

Daher gehören ein genaues Voltmeter zur Messung der Akkuspannung sowie ein Amperemeter (mit 0-Punkt in Skalenmitte) zur Kontrolle des Lade- und Entladestroms zur Standardausrüstung. Die Instrumente sollten gut sichtbar z.B. im Durchgangsbereich angebracht werden, wo sie regelmäßig kontrolliert werden können.

Ladefaktor und Wirkungsgrad

Als Ladefaktor einer Batterie bezeichnet man das Verhältnis von zugeführter Ladung in Ah (also die beim Laden zugeführte Strommenge: Strom x Zeit) zur entnehmbaren Ladung, ebenfalls in Ah gemessen. Der ideale Ladefaktor beträgt 1,0. In der Praxis hängt sein Wert nicht nur von der Bauart des Akkus ab, sondern auch von der Art der Ladung: die Herstellerdaten geben für Bleiakkus i.a. einen Ladefaktor von 1,1 - 1,2 an, d.h. 10 - 20% des zugeführten Stroms können nicht genutzt werden und gehen durch Nebenreaktionen und Wärmeentwicklung verloren. Es ist jedoch leicht einzusehen, daß man durch fortgesetztes Laden oberhalb der Gasungsspannung den Ladefaktor beliebig verschlechtern kann, da der Strom dann überwiegend für die Gasentwicklung verbraucht wird. Beschränkt man andererseits den Lade- und Entladezyklus z.B. auf den Bereich zwischen 80% und 60% der Kapazität, kann der Ladefaktor durchaus gute Werte von 1,02 - 1,08 annehmen, d.h. der gespeicherte Strom kann zu 92 - 98% genutzt werden.

Schlechter sieht es mit dem Energie-Wirkungsgrad des Akkus aus: der energetische Wirkungsgrad, d.h. das Verhältnis von nutzbarer zu zugeführter Energie, liegt bei einem neuen Akku etwa bei 70 - 85%, je nach Ladeverfahren; denn die Ladespannung liegt ja durchweg um 10-20% über der Entladespannung.

Bei der Dimensionierung solarer Stromversorgungsanlagen müssen diese Speicherverluste natürlich entsprechend berücksichtigt werden.

Zyklenbeständigkeit und Lebensdauer von Akkus

Wie alle technischen Geräte werden auch Akkus mit zunehmendem Alter nicht besser. Die Zahl der "Vollzyklen" (wird meistens in den Datenblättern der Hersteller angegeben) gibt an, wie oft man einen Akku ganz bzw. bis auf 20% seiner Kapazität entladen und wieder aufladen kann, bevor seine Kapazität auf 80% der Nennkapazität gesunken ist. Die Zahl der Vollzyklen und damit die Lebensdauer hängt neben sachgerechter Behandlung (Kontrolle des Säurestands, Nachfüllen von destilliertem Wasser, Vermeidung von Tiefentladung und Überladen) von der Bauart der Batterie, insbesondere von der Dicke und dem Material der Platten ab.

Starterbatterien geben schon nach 20 - 50 Vollzyklen "ihren Geist" auf, sie sind für kurze Beanspruchung mit hohen Strömen (Anlasser) gebaut; für tiefe Zyklen, bei denen bis auf 80-100% der Nennkapazität entladen wird, sind sie nicht sonderlich geeignet. Auf der anderen Seite gibt es z.B. ortsfeste Akkus mit "Panzerplatten", die 1.500 und mehr Vollzyklen aushalten. Wählt man die Akkukapazität bei diesem Typ genügend groß, so daß nur 30 - 50% der Kapazität je Zyklus durchlaufen werden, verlängert sich die Lebensdauer, d.h. die mögliche Zyklenzahl, beträchtlich (z.B. auf 4.500 Zyklen).

Neben diesen beiden Typen bieten die Akku-Hersteller eine ganze Reihe von Bauformen an, die auf die Anforderungen verschiedener Einsatzbereiche (Elektrofahrzeuge, Notstromversorgungen, Geräte) zugeschnitten sind und die sich teilweise auch recht gut für den Einsatz in solaren Stromversorgungssystemen eignen. Inzwischen gibt es bereits spezielle "Solar-Akkus" im Handel, die für die Anforderungen kleiner Solarstromanlagen optimiert wurden und in vielen Fällen eine preiswerte Alternative zu den sehr robusten, aber doch recht teuren ortsfesten Akkus darstellen.

3.1.2 Betriebsweisen von Akkus

Entscheidend für die Auswahl der richtigen Bauform ist die Betriebsweise des Akkus im solarelektrischen System. Grundsätzlich lassen sich 2 Betriebsweisen mit ausgeprägten Merkmalen unterscheiden:

1. **der Zyklenbetrieb:** der Akku wird im ständigen Wechsel ge- und entladen, weshalb es bei dieser Betriebsart auf hohe Zyklenbeständigkeit und Tiefentladungsfestigkeit ankommt.

   Typische Anwendungen:
   Systeme in südlichen Ländern mit regelmäßiger Sonneneinstrahlung, relativ konstantem Stromverbrauch und sehr kleinem Speicher, bei denen lediglich die reine Tag-Nacht-Speicherung nötig ist (1 Zyklus pro Tag); Stromversorgungen für Wochenendhäuser und Hütten, bei denen der Speicher am Wochenende mehr oder weniger tief entladen wird und im Laufe der Woche auch bei wechselnder Einstrahlung wieder aufgeladen werden kann (1 Zyklus pro Woche); Versorgungssysteme für elektrische Fahrzeuge (Solarmobile, Gabelstapler, u.ä.), bei denen die Akkukapazität die Reichweite bzw. Betriebszeit bestimmt (bei größeren Fahrstrecken oder längerer Benutzung 1 Zyklus pro Einsatz);
   Bei schlechter Einstrahlung oder überdurchschnittlichem Stromverbrauch wird gelegentlich die volle Kapazität des Akkus gebraucht.

2. **der Pufferbetrieb:** der Akku wird nur gelegentlich zur Stromversorgung herangezogen, um Verbrauchsspitzen oder Ausfallzeiten anderer Stromerzeuger zu überbrücken. Er ist dauernd geladen; daher muß sichergestellt sein, daß die Gasungsspannung nicht überschritten wird, um Wasserverlust zu vermeiden. Tiefentladungen kommen in der Regel nicht vor, nach der Entladung wird der Akku gleich wieder aufgeladen. Bei der Auswahl des Akkus kommt es daher in erster Linie auf Wartungsfreiheit und geringe Selbstentladung an, die Zyklenbeständigkeit spielt nur eine untergeordnete Rolle.

Typische Anwendungen:

in Notstromanlagen, die vorwiegend Strom aus dem Netz oder z.B. aus ständig verfügbarer Wasserkraft beziehen und durch den Speicher gegen Ausfall gesichert werden sollen; seltener in solarelektrischen Systemen mit sehr geringem Stromverbrauch im Vergleich zur Batteriekapazität.

Bei solarelektrischen Anlagen in unseren Breiten wird die häufigste Betriebsart eine Mischung aus Fall 1 und 2 sein, nämlich:

3. **Betrieb mit regelmäßigen, flachen Zyklen:** da das Angebot an Sonnenenergie je nach Witterung sehr unterschiedlich sein kann, wird man im allgemeinen den Stromverbrauch mehrerer Tage speichern. Wählt man die Kapazität des Akkus entsprechend groß, so wird der Akku im normalen Betrieb nur zu einem geringen Teil (z.B. 10-30% der Kapazität) entladen und gleich wieder aufgeladen. Nur bei stark erhöhtem Stromverbrauch oder längeren Schlechtwetterperioden muß die Kapazität des Akkus voll genutzt werden, so daß gelegentlich auch Tiefentladungen auftreten können.

Bei dieser Betriebsart ergeben sich folgende Anforderungen an den Akku:

- hohe Speicherkapazität
- gute Zyklenbeständigkeit bei Teilentladung
- je nach Anwendung Eignung für tiefe, zyklische Entladungen (80-100% der Nennkapazität)
- geringe Selbstentladung
- kleiner Ladefaktor
- Nutzung kleiner Ladeströme

3.1.3 Akku-Typen und ihre Einsatzgebiete

Der bekannteste und am meisten verwendete Akku-Typ ist der Starterakku für's Auto, der heute in jedem Autozubehör-Geschäft mit Kapazitäten zwischen 30 und 100 Ah zu kaufen ist. Von seiner Bauart her ist er speziell für den Einsatz im Auto optimiert und für solarelektrische Anlagen nicht bzw. nur sehr schlecht geeignet.

Der Starterakku soll im Auto kurzzeitig hohe Ströme für den Anlasser liefern und bei stehendem bzw. langsam laufenden Motor das Bordnetz stabilisieren. Dabei er wird im allgemeinen nur zu wenigen Prozent entladen und im Fahrbetrieb gleich wieder aufgeladen (reiner Pufferbetrieb). Unter diesen Betriebsbedingungen erreicht der Starterakku eine Lebensdauer von 3-5 Jahren. Wird der Akku jedoch weitgehend entladen und in diesem Zustand gar noch einige Zeit stehengelassen, ist auch ein neuer Starterakku bald ruiniert. Starterakkus sind eben nicht zyklenfest und zeigen außerdem eine hohe Selbstentladungsrate von 10-20% pro Monat. Allenfalls kann man gebrauchte, aber noch intakte Akkus dieses Typs für erste Versuche in Kleinanlagen verwenden und wird dann sehr schnell deren Schwächen kennenlernen.

Weniger bekannt ist, daß die meisten Akkuhersteller neben den Starterakkus noch eine ganze Reihe anderer Typen anbieten, von denen einige auch für unseren Anwendungsfall gut geeignet bzw. besonders optimiert sind. Ihre Eigenschaften sind in Tabelle 6 zusammengestellt und werden im folgenden näher beschrieben.

Da sind zunächst einmal die sogenannten **"wartungsfreien" Akkus:** durch Zusatz von Calcium zum Blei wird erreicht, daß die Gasentwicklung an den Platten bei diesem Akku-Typ erst bei einer Ladespannung von 2,6-2,7 V einsetzt. Hält man die vom Hersteller vorgeschriebene Ladeschlußspannung von 2,3-2,4 V ein, "gast" der Akku nicht bzw. nur sehr wenig, verliert also kein Wasser und ist somit wartungsfrei. Durch besondere Maßnahmen (z.B. durch spezielle Separatoren zwischen den Bleiplatten oder durch gelartigen Elektrolyten) muß vermieden werden, daß sich die Säure im Akku entmischt und schichtet, was die nutzbare Plattenkapazität reduzieren würde. Bei den weiter unten besprochenen, modifizierten Starterakkus und ortsfesten Akkus kann eine sich einstellende Säureschichtung immer wieder durch Laden bis in die Gasung zerstört werden.

Akkutyp	Eigenschaften	Kapazität Ah	Lebensdauer	Entladeschlußsp. Volt	Selbstentladung	Ladefaktor	Gewicht bei 12V g/Ah	Preis b. 12V DM/Ah	Strompreis DM/kWh
Geräteakkus	wartungsfrei, gasdicht mit Sicherheitsventil	1 - 20 bis max. 50	Puffer: 3-5 a Zyklen: 200-300	1,75 bei I_{20} 1,50 bei 20 I_{20}	8°C: 2%/Mon 20°C: 3%/Mon 30°C: 5%/Mon	1,1	300-500	20	10
Modifizierte Starterakkus	wartungsarm, für Tiefentladung bedingt geeignet	40-240	Puffer: 5a 70% Zyklen: 500	1,75 bei I_{10}	8-10% pro Mon.	1,1-1,2	250-300	3-5	1,70
Mod. Starter-Solarakkus Blei-Antimon-Selen-Typen	wartungsarm, geringe Selbstentladung, f.Tiefentladungen bedingt geeignet	70-130	20% Zyklen: 1000 40% Zyklen: 500	1,75 bei I_{10}	2-3% pro Mon.	1,1-1,2	250-270	3-4	1,65
Wartungsfreie Solarakkus Blei-Calcium-Typen	wartungsfrei, verschlossen, nicht tiefer als 50% entladen!	ca. 100	50% Zyklen: 300 15% Zyklen: 1200 10% Zyklen: 2000	1,75 bei I_{10}	3-4% pro Mon.	1,02-1,04	270	5-6	2,00
Ortsfeste Bleiakkus Bloc- und OPzS-Typen	schwere Ausführung wartungsarm, tiefentladungsfest, für kleinste Ladeströme	100 - 10.000	30% Zyklen: 3000 Vollzyklen: 1300-1500 Puffer: >10a	1,85 bei I_{10}	20°C: 3%/Mon 30°C: 6%/Mon	1,02-1,05	600	10-15	0,70
Nickel-Cadmium-Sinterzellen Kleinakkus	wartungsfreie Geräteakkus, tiefentladungsfest, nachteilig: Memory-Effekt!	0,1 - 10	50% Zyklen: 2000 100% Zyklen: 500	1,0 bei I_{10}	20°C:10%/Mon 30°C: 20%/Mon	1,4	400-500	40-50	4,00

Tab. 6: Übersicht über die für eine Solarstromversorgung geeigneten Akkutypen

Der Ladefaktor der "wartungsfreien" Akkus ist mit 1,03-1,10 sehr gut (= hoher Speicherwirkungsgrad), die Selbstentladungsrate mit 3% pro Monat (bei 20°C) niedrig und der Anschaffungspreis recht günstig; sie kosten etwa das 1,5-2 fache der für unsere Zwecke nicht geeigneten Starterakkus gleicher Kapazität. Die Lebensdauer beträgt bei sachgemäßer Behandlung laut Herstellerangaben ca. 5 Jahre bei reinem Pufferbetrieb. Bei zyklischer Belastung ist die Lebensdauer stark von der Tiefe der Zyklen abhängig: nutzt man nur 15-30% der Kapazität des vollen Akkus, können etwa 1.200-2.000 Lade-Entlade-Zyklen durchlaufen werden, entsprechend einer Lebensdauer von 3-6 Jahren bei einem Zyklus pro Tag. Entlädt man den Akku tiefer, sinkt die Zahl der nutzbaren Zyklen rapide, z.B. 500 Entladungen mit 50% Entladetiefe, 200 Entladungen bei 80-100% Entladetiefe. Manche Hersteller empfehlen auch, eine Entladetiefe von mehr als 50% möglichst ganz zu vermeiden, da der Akku sonst schnell Schaden nimmt.

Effektiv steht bei den wartungsfreien Akkus, die manchmal auch als "Solar"-Akkus vermarktet werden, nur ein Teil der Nennkapazität zur Verfügung, wenn man eine hohe Lebensdauer erreichen will; bezogen auf diesen nutzbaren Bruchteil der Kapazität ist der Speicherpreis relativ hoch.

Wartungsfreie Akkus werden vor allem dort gern eingesetzt, wo niedrige Anschaffungskosten, geringe Selbstentladung und Wartungsfreiheit wichtige Gesichtspunkte sind; der Akku sollte im Normalfall nur in flachen Zyklen betrieben und nur in seltenen Ausnahmefällen tiefer entladen werden.

Da bei den wartungsfreien Akkus keine oder kaum Gasung auftritt, kann man sie dicht verschließen: so werden für tragbare Geräte gasdichte **Geräteakkus** (Kapazität 1-20 Ah) gebaut, die in allen Einbaulagen betrieben werden können. Falls die Gasungsspannung doch einmal überschritten wird, schützt ein Überdruckventil das Gehäuse gegen Bersten (dabei kann u.U. Akkusäure austreten!). Größere wartungsfreie Akkus, die mit Kapazitäten bis 100 Ah angeboten werden, sind in der Regel nicht gasdicht sondern nur auslaufsicher verschlossen, so daß sie in mobilen Anlagen (Boote, Fahrzeuge, etc.) auch in größerer Schräglage betrieben werden können. Wegen des Verschlusses ist eine Bestimmung des Ladezustands mittels Säureprüfer in der Regel nicht möglich; als Ausweg bleibt nur die Möglichkeit der genauen Messung der Zellenspannung.

Vom Anschaffungspreis her vergleichbar und ebenfalls für mobile Bordnetze und kleine ortsfeste Anlagen konzipiert sind die sogenannten **modifizierten Starterakkus** mit Platten aus einer Blei-Antimon-Selen-Legierung. Durch Zusatz von Antimon zum Blei anstelle von Calcium wird eine bessere Zyklenfestigkeit des Akkus und eine größere Unempfindlichkeit gegen Tiefentladung erreicht. Antimonlegierte Bleiakkus sind jedoch nicht wartungsfrei, da die Gasentwicklung an den Platten schon in der Nähe der Ladeschlußspannung von 2,3-2,4 V einsetzt, und zwar umso stärker, je höher der Antimonzusatz ist. Gasentwicklung hat aber stets einen schlechteren Ladefaktor zur Folge, da ja für diese Nebenreaktion Strom verbraucht wird. Für die Stromspeicherung in Bordnetzen und solarelektrischen Anlagen müssen die Akku-Hersteller daher einen Kompromiß finden zwischen Zyklenfestigkeit einerseits und gutem Ladefaktor andererseits: so werden heute für die modifizierten Starterakkus ebenso wie für die "ortsfesten Akkus" Legierungen mit niedrigem Antimongehalt und Zusätzen von Selen eingesetzt.

Der Ladefaktor der modifizierten Starterakkus ist mit 1,1-1,2 schlechter als bei den wartungsfreien Akkus, die Selbstentladung mit 3-5% pro Monat etwa gleich. Die Lebensdauer im reinen Pufferbetrieb wird ebenfalls mit 3-5 Jahren angegeben; bei Belastung mit sehr flachen Zyklen (z.B. 20% der Nennkapazität) ist der modofizierte Starterakku dem wartungsfreien in etwa ebenbürtig (ca. 1.000 - 1.200 Zyklen); wird jedoch häufiger die volle Kapazität des Akkus gebraucht, ist der modifizierte Starterakku eindeutig die bessere Wahl. Tiefe Zyklen sind ausdrücklich zugelassen, die jedoch auch hier die Lebensdauer mindern.

Durch Gehäuse mit großem Säurevorrat benötigt dieser Akkutyp heute nur noch wenig Wartung (wartungsarme Typen). Hält man die vom Hersteller angegebene Ladeschlußspannung ein, reicht es aus, wenn man den Wasserverlust durch Gasung alle 6-12 Monate mit destilliertem Wasser ausgleicht.

Das Einsatzgebiet der modifizierten Starterakkus konkurriert ein wenig mit dem der größeren wartungsfreien Akkus: man wird sie vor allem dort einsetzen, wo häufig größere Strommengen aus dem Speicher benötigt werden und Tiefentladungen nicht auszuschließen sind (z.B. bei regelmäßig genutzten Wochenendhäusern). Beim Betrieb starker Wechselrichter, die dem Akku hohe Ströme entnehmen, zeigen sich gegenüber dem wartungsfreien Akku deutliche Vorteile (geringerer Innenwiderstand). Die gelegentlich notwendige Wartung (Nachfüllen von Wasser) bereitet bei solchen Anwendungen im allgemeinen kein Problem.

Für größere und große ortsfeste Stromversorgungsanlagen lohnt es sich meistens, etwas mehr Geld auszugeben und **ortsfeste Akkus** (Typ OPzS = Oberflächen-Panzerplatten-Akkus oder Bloc-Typen) anzuschaffen. Sie kosten bezogen auf gleiche Kapazität zwar das 2-3 fache der zuvor genannten Typen, sind dafür aber auch robuster gebaut und haben eine erheblich längere Lebensdauer: 1.300-1.500

Vollzyklen (= 100% Entladetiefe) bzw. 4.500 flache Zyklen, wenn etwa 30% der Kapazität pro Zyklus entnommen wird. Bei sachgemäßer Behandlung (Herstellerangaben beachten, vor allem bezüglich Lade- und Entladeschlußspannung) erreichen sie durchweg eine Lebensdauer von 15-20 Jahren. Die Selbstentladung ist gering (3% pro Monat) und der Ladefaktor mit 1,02-1,05 ähnlich günstig wie bei den wartungsfreien Akkus.

Ortsfeste Akkus werden mit Kapazitäten von 100 - 12.000 Ah als Einzelzellen (Zellenspannung 2 V) angeboten, als Block-Typen mit 6 V Spannung auch schon mit 15 - 100 Ah Kapazität. Sie eignen sich daher vor allem für große Stromspeicher mit langer Lebensdauer und professioneller Nutzung. Da sie auch noch sehr kleine Ladeströme akzeptieren, sind sie für solarelektrische Anlagen die beste Wahl.

Die Wartung beschränkt sich auch hier auf eine gelegentliche Kontrolle des Säurestands (Wartungsintervall 0,5 - 3 Jahre) und gegebenenfalls das Nachfüllen von destilliertem Wasser.

Kosten des gespeicherten Stroms

Um die Kosten der gespeicherten elektrischen Energie für die verschiedenen Akku-Typen vergleichen zu können, kann man folgende Rechnung aufmachen:

Wir legen den Anschaffungspreis für einen 12 V-Akku auf die Energie um, die der Akku während seiner Lebensdauer insgesamt speichern kann. Diese Energiemenge Q errechnet sich aus der Akku-Spannung, der Akku-Kapazität, der Zahl der nutzbaren Zyklen und der Entladetiefe:

Vollzyklen	=	Zyklenzahl	x	Zyklentiefe
n_{vz}	=	n_z	x	t_z
1.350	=	4.500	x	30%

Energiemenge	=	Akkuspannung	x	Kapazität	x	Zyklenzahl
Q_{gesamt}	=	U_{akku}	x	C_{akku}	x	n_{vz}
1.620 kWh	=	12 V	x	100 Ah	x	1.350

Die Kosten für die Speicherung von 1 kWh lassen sich dann leicht errechnen, wenn man die Speicherverluste einmal außer Acht läßt:

Strompreis	=	Akkupreis	/	Energiemenge
P_{strom}	=	K_{akku}	/	Q_{gesamt}
0,70DM/kWh	=	1.130,- DM	/	1.620 kWh

Natürlich ist der Strom aus Akkus teuer im Vergleich zum Strom aus dem Netz. Uns interessiert hier aber mehr der Vergleich der Speicherkosten für die verschiedenen Akku-Typen: und da schneidet der in der Anschaffung teure ortsfeste Akku bei weitem am besten ab (vgl. Tab. 6). Die Geräte-Akkus mit ihrer relativ geringen Kapazität und dem speziellen Einsatzbereich (transportable Geräte) sind natürlich mit den Bordnetz- und ortsfesten Akkus kaum vergleichbar. Hier kann man das Preis-Leistungs-Verhältnis wohl nur mit den kleinen Nickel-Cadmium-Akkus vergleichen, die weiter unten behandelt werden und die sich für die Stromversorgung tragbarer Geräte mehr und mehr durchsetzen.

3.1.4 Praktische Hinweise für den Einsatz von Bleiakkus

Sicherheitsmaßnahmen

Bei den gebräuchlichen Akku-Spannungen (12 bzw. 24 Volt) besteht keinerlei Gefahr, einen elektrischen Schlag zu bekommen; von daher sind Niedervolt-Stromversorgungssysteme relativ sicher. Diese Sicherheit sollte jedoch nicht zum Leichtsinn verleiten: in den Akkus sind so große Mengen Strom gespeichert, daß man damit sogar schweißen kann. Baut man bei Installationsarbeiten oder durch Unachtsamkeit einen Kurzschluß, werden dünne Kupferleitungen kurz aufglühen (Brandgefahr!) und sogar durchschmelzen.

Daher Vorsicht! Vor allem wenn die Spannung nicht abgeschaltet wird, ist bei Installationsarbeiten mit Schraubenzieher und Schraubenschlüsseln die Gefahr zufälliger Kurzschlüsse sehr groß!

Bei den nicht wartungsfreien Bleiakkus entsteht beim Laden an den Platten Knallgas, das in höheren Konzentrationen explosiv ist. Größere Akkus (mit mehr als 100 Ah bei 12 V) sind daher stets in gut gelüfteten Räumen unterzubringen bzw. in Gehäusen, die über eine eigene Entlüftung nach draußen verfügen. Während im "Normalbetrieb" die Gasentwicklung durch Begrenzung der Ladespannung niedrig gehalten wird, können bei defektem oder falsch eingestelltem Laderegler beachtliche Mengen Gas erzeugt werden. Bei größeren Stromversorgungsanlagen sind daher stets die einschlägigen VDE-Vorschriften (VDE 0510) bezüglich Größe und Belüftung der Aufstellungsräume für Akkus zu beachten. Darüber hinaus enthalten die Bauordnungen der Länder Verordnungen über den Brandschutz von Räumen mit größeren elektrischen Stromerzeugungsanlagen. Es versteht sich wohl von selbst, daß Rauchen und offenes Feuer in der Nähe von gasenden Akkus unbedingt zu vermeiden sind!

Parallelschaltung von Akkus

Grundsätzlich ist es möglich, durch Parallelschaltung von Bleiakkus die Kapazität des Speichers zu erhöhen, z.B. ergeben 2 Akkus mit 12 V, 100 Ah in Parallelschaltung einen 12 V Speicher mit 200 Ah Kapazität, entsprechend bringen 3 solcher Akkus parallel 300 Ah Kapazität.

Diese Parallelschaltung von zwei oder mehreren Akkus ist jedoch keineswegs unproblematisch: da sich die Eigenschaften der Akkus (insbesondere die Gasungsspannung) mit zunehmendem Alter verändern, empfiehlt es sich, wenn überhaupt, nur Akkus gleicher Bauart, gleicher Kapazität und gleichen Alters, d.h gleicher Vorgeschichte parallel zu schalten. Anderenfalls wird der bessere Akku durch den oder die schlechteren teilweise entladen und erreicht beim Laden nicht mehr seine volle Kapazität. Kritisch wird es dann, wenn in einer Zelle eines 12 V-Akkus ein Plattenschluß (Kurzschluß) auftritt: liegen dann ein oder mehrere 12 V-Akkus parallel, werden die verbleibenden 5 Zellen des defekten Akkus mit 12 V / 5 = 2,4 V aus dem oder den intakten Akkus geladen, wobei hohe Ausgleichsströme fließen und in den 5 Zellen heftige Gasentwicklung auftreten wird. Bei Verwendung der wartungsfreien Akkus (Gasungsspannung 2,6-2,7 V) sowie bei höheren Systemspannungen (24 bzw. 48 V) ist diese Gefahr weniger groß, doch empfiehlt sich auch hier, alle Zweige der Parallelschaltung durch Schmelzsicherungen abzusichern (Abb. 44). Häufig ist es sinnvoll, mehrere Akkus zum Stromerzeuger hin durch Dioden (Stromventile, die den Strom nur in Pfeilrichtung fließen lassen) zu entkoppeln und die Verbraucher über Leistungsumschalter anzuschließen. So kann die volle Kapazität aller Akkus genutzt werden, ohne daß man die

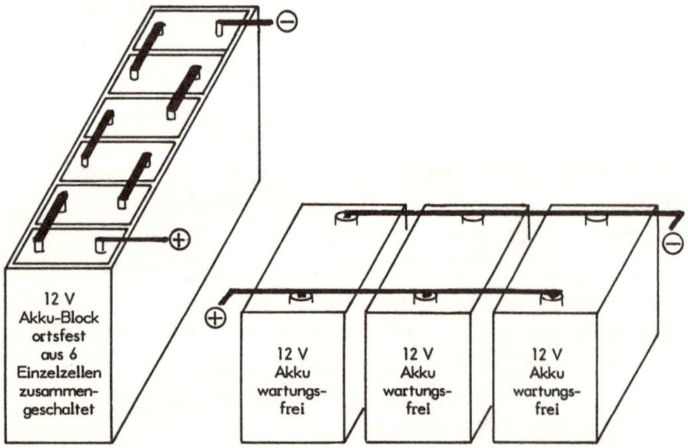

Abb. 43: Beim Parallelschalten von wartungsfreien Akkus müssen die Kabel für die Stromentnahme bzw. -zufuhr immer an gegenüberliegenden Ecken angeschlossen werden (gleich lange Strompfade für alle Akkus). Günstiger als die Parallelschaltung ist jedoch die Verwendung von Stationärakkus entsprechender Kapazität.

Nachteile der Parallelschaltung in Kauf nehmen muß. Im übrigen ist bei Kapazitäten über 200 Ah die Anschaffung ortsfester Akkus sinnvoll (außer für Bordnetze in Fahrzeugen) und auf Dauer auch preiswerter.

Vorsicht beim Umgang mit Akku-Säure! Sie ist stark ätzend, frißt Löcher in die Kleider und führt auf der Haut zu schmerzhaften Verätzungen, die nur langsam verheilen. Sind Spritzer auf die Haut gekommen, muß man sofort mit viel Wasser abwaschen! Bei Verätzungen an den Augen die Augen sofort ausspülen und einen Arzt aufsuchen! Vorsichtsmaßnahme: beim Arbeiten mit Säure Schutzbrille tragen!

Aufstellung und Wartung

Die Akkus sollten an einem trockenen Ort bei Temperaturen von 10-30°C untergebracht werden, und zwar so, daß sie für Kontroll-, Reparatur- und Wartungsarbeiten leicht zugänglich sind; andererseits dürfen sie für Kinder nicht erreichbar sein (verschlossener Raum oder Schrank mit Entlüftung). Feuchtigkeit am Gehäuse und an den Anschlüssen kann zu Kriechströmen und Korrosion an den Polen führen.

Der Aufstellungsort sollte außerdem so gewählt werden, daß die elektrischen Leitungen zu den Verbrauchern mit der höchsten Anschlußleistung möglichst kurz ausfallen, um die elektrischen Verluste in den Zuleitungen klein zu halten (vgl. Kap. 5.3). Die Verbindungsleitungen zum Solarpanel und zu den Verbrauchern mit niedriger Leistungsaufnahme sind wegen der dort fließenden, relativ geringen Ströme im allgemeinen weniger problematisch.

Zum Verbinden untereinander und zum Anklemmen der Zuleitungen (mit großem Drahtquerschnitt) an die Akkus sollten unbedingt die dafür vorgesehenen Anschlußklemmen (sie werden als Akku-Zubehör geliefert) verwendet werden, um einen niedrigen Übergangswiderstand zu erreichen; anderenfalls kann an den Anschlußstellen starke, elektrische Korrosion auftreten, die "unerklärliche" Strörungen in der Anlage verursacht.

Sofern man keine wartungsfreien Akkus einsetzt, beschränkt sich die Wartung der Akkus wie schon erwähnt auf eine gelegentliche Kontrolle des Säurestands und gegebenenfalls auf das Nachfüllen von destilliertem Wasser. Die Säurekonzentration sollte im Normalfall von Zelle zu Zelle nicht mehr als 0,02 g/cm^3 voneinander abweichen, sonst sind die betreffenden Zellen unterschiedlich geladen oder defekt. Muß öfter Wasser nachgefüllt werden, als es in den Richtlinien der Hersteller empfohlen wird, deutet dies entweder auf häufiges oder anhaltendes Überschreiten der Ladeschlußspannung beim Laden hin (mit dem Voltmeter

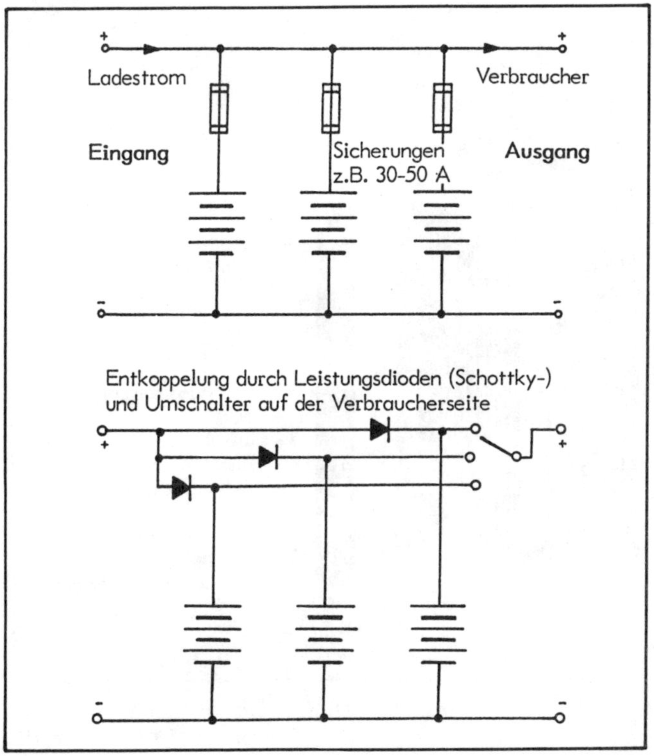

Abb. 44:
Möglichkeiten der Absicherung bzw. Entkopplung von parallelgeschalteten Akkus; oben: durch Schmelzsicherungen, unten: durch Entkopplungsdioden und Umschalter

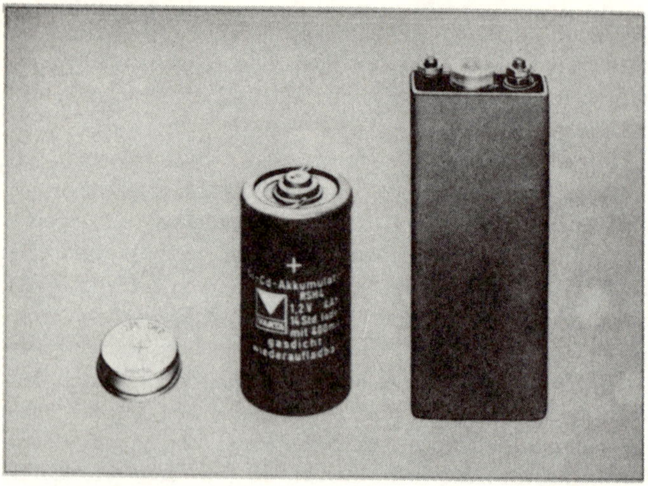

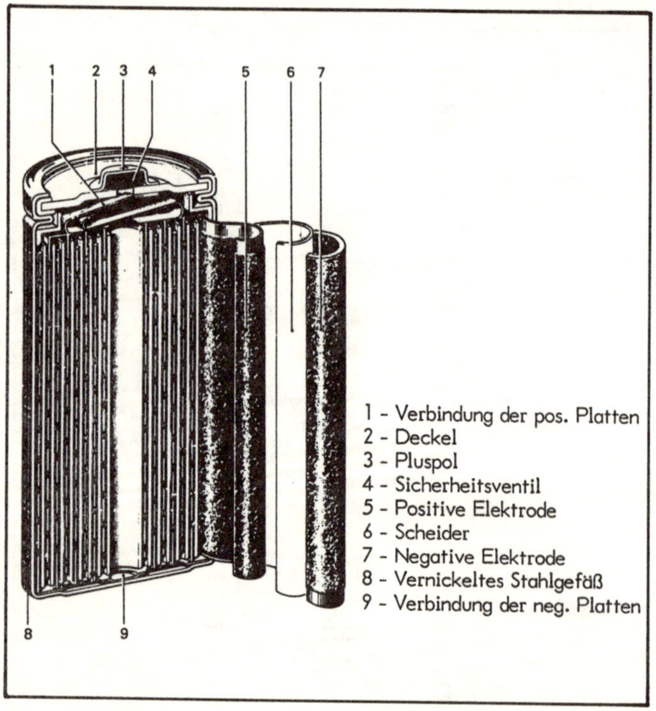

Abb. 45: Ansicht und Aufbau von Nickel-Cadmium-Klein-Akkus *Photo: Varta-Firmenschrift*

kontrollieren, meist liegt dann ein Fehler im Laderegler vor), oder auf eine defekte Zelle im Akku (Zellenkurzschluß z.B. durch verbogene Platten). Defekte Zellen lassen sich durch Messung der Akku- und der einzelnen Zellenspannungen schnell finden; in diesem Fall muß die defekte Zelle (bei Akkus mit Einzelzellen) oder der ganze Akku ausgetauscht werden.

3.1.5 Nickel-Cadmium-Akkus

Nickel-Cadmium-Akkus (kurz: NiCd-Akkus) haben in solaren Stromversorgungsanlagen nur eine untergeordnete Bedeutung. Das liegt zum einen am recht hohen Preis dieses Akku-Typs, vor allem bei großen Akku-Kapazitäten, zum anderen aber auch an einigen technischen Besonderheiten, insbesondere bei der Ladetechnik, die sich in solarelektrischen Systemen besonders nachteilig auswirken.

Andererseits haben sich in tragbaren, elektrischen Geräten die kleinen NiCd-Akkus in Form von Mignon-, Baby- und Monozellen als wiederaufladbare Stromquelle mehr und mehr durchgesetzt, da sie gegenüber den Blei-Geräteakkus einige bedeutende Vorteile haben:

- geringes Gewicht
- hohe Zyklenfestigkeit
- leichte Austauschbarkeit gegen Trockenbatterien
- für hohe Entladeströme geeignet
- gute Funktion auch noch bei niedrigen Temperaturen

Und mit einem Netzgerät (220 V) ist die Ladetechnik recht problemlos. Um Kleingeräte mit solchen Akkus in Zukunft auch mit Solarstrom betreiben zu können, wollen wir uns hier etwas näher mit den NiCd-Kleinakkus befassen.

NiCd-Akkus unterscheiden sich schon von Aufbau her von Blei-Akkus: die negative Elektrode besteht aus pulverförmigem bzw. gesintertem Cadmium (giftig), die positive aus Nickelhydroxid; als Elektrolyt wirkt Kalilauge (Dichte 1,17-1,30 g/cm^3), die allerdings nicht direkt an den chemischen Umsetzungen beim Laden und Entladen beteiligt ist:

$$2\,NiO(OH) + Cd + H_2O \underset{\text{Laden}}{\overset{\text{Entladen}}{\rightleftharpoons}} 2\,Ni(OH)_2 + Cd(OH)_2$$

Die Zellenspannung liegt mit 1,2 V deutlich niedriger als beim Bleiakku, so daß für eine 12 V-Batterie 10 Zellen benötigt werden. Andererseits lassen sich dadurch die herkömmlichen Trockenbatterien (1,5 V Zellenspannung) bei den meisten Geräten einfach durch NiCd-Akkus ersetzen, da die Spannung der Trockenbatterien während der Entladung schnell auf Werte von 1,2 V und weniger sinkt. Abb. 46 zeigt den Verlauf der Zellenspannung beim Entladen von NiCd-Akkus. Die Zellenspannung ändert sich in Abhängigkeit vom Ladezustand zunächst kaum, erst wenn der Akku leer ist, fällt die Spannung abrupt ab. Die Entladeschlußspannung beträgt je nach Entladestrom 0,9-1,1 V. Daher ist es beim NiCd-Akku fast unmöglich, im laufenden Betrieb den momentanen Ladezustand festzustellen. Während diese Eigenschaft für den Betrieb elektrischer Geräte sehr willkommen ist (die Betriebsspannung bleibt während der gesamten Entladung konstant), führt die Unsicherheit über den Ladezustand in solarelektrischen Systemen zu Problemen, wie wir gleich sehen werden.

Bei den Kleinakkus sind folgende Standard-Batterieformate sehr gebräuchlich: die Mignonzelle mit 0,5 Ah Kapazität, die Babyzelle mit 1,2 bzw. 1,8 Ah und die Monozelle mit 4 Ah. Sonderformate mit kleineren und größeren Kapazitäten finden sich in den einschlägigen Herstellerprospekten. Im Gegensatz zu Bleiakkus, die ja nur beschränkt tiefentladungsfest sind, ist es bei den NiCd-Akkus sogar günstig, ihn zumindest hin und wieder ganz zu entladen und anschließend wieder voll aufzuladen. NiCd-

Abb. 47: *Zellenspannung beim Entladen mit verschiedenen Strömen für Varta-Rundzellen:*
1 = 6 x I_{10} 2 = 10 x I_{10} 3 = 20 x I_{10}
Quelle: Varta-Datenblatt

Abb. 48: *Zellenspannung beim Laden mit verschiedenen Ladeströmen in Abhängigkeit vom Ladezustand für Varta-Rundzellen:*
1 = Laden mit I_{10} 2 = Laden mit 2 x I_{10}

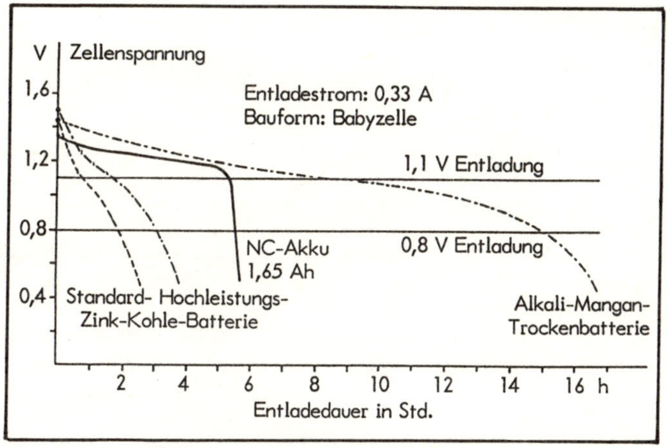

Abb. 46: *Entwicklung der Zellenspannung beim Entladen eines NiCd-Akkus (Baby: 1,65 Ah) im Vergleich zu Trockenbatterien*

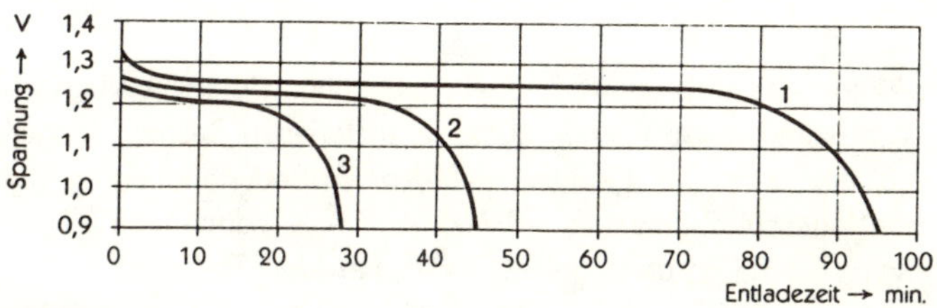

Abb. 47

Abb. 48

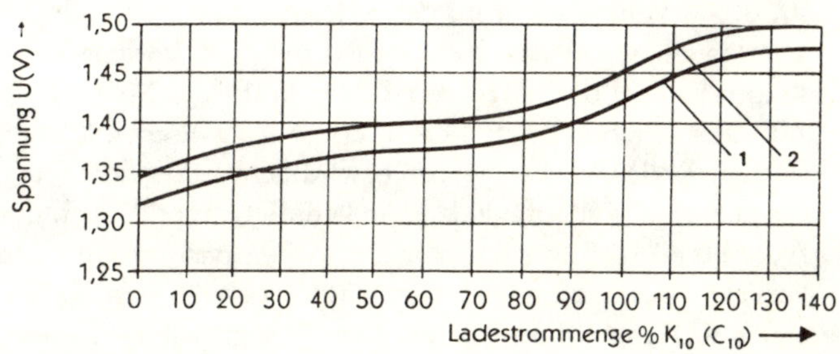

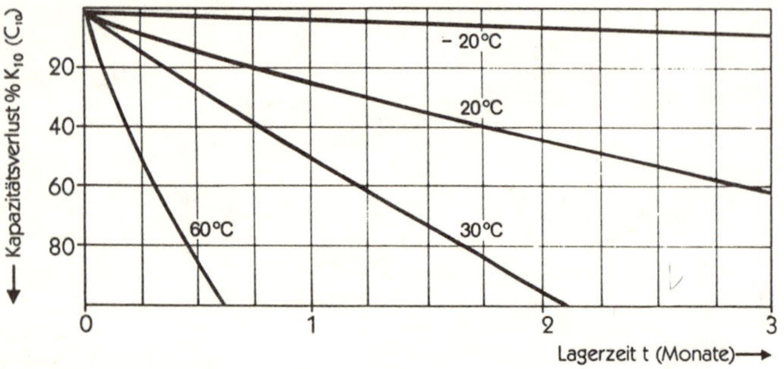

Abb. 49: Entnehmbare Kapazität in % der Nennkapazität bei verschiedenen Temperaturen für Rundzellen Quelle: Varta-Datenblatt

Abb. 50: Selbstentladung von NiCd-Akkus bei verschiedenen Temperaturen Quelle: Varta-Datenblatt

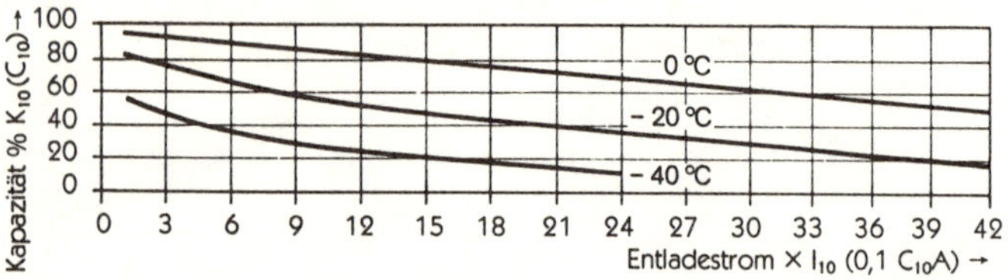

Akkus sind also unempfindlich gegenüber tiefen, zyklischen Entladungen und können auch im entladenen Zustand längere Zeit schadlos gelagert werden. Entladungen unter die Entladeschlußspannung (0,9 V) sollten jedoch unbedingt vermieden werden, da es sonst bei der Reihenschaltung mehrerer Zellen zum "Umpolen" einzelner Zellen kommen kann.

Bei richtiger Behandlung beträgt die Lebensdauer etwa 500-1.000 Vollzyklen. Wird der Akku nur zum Teil entladen und wieder aufgeladen (z.B. Zyklen mit 50% Entladetiefe), steigt die Zahl der nutzbaren Zyklen im Beispiel auf 1.500-2.000. Es empfiehlt sich jedoch, den Akku zwischen solchen flachen Zyklen immer wieder einmal ganz zu entladen und anschließend voll aufzuladen. Anderenfalls "merkt" sich der Akku nämlich, daß er stets nur zum Teil genutzt wird und verliert einen Teil seiner Kapazität - gemäß dem Sprichwort: wer rastet, der rostet. Durch mehrmaliges Tiefentladen und anschließende Volladung kann dieser Kapazitätsverlust wieder rückgängig gemacht werden. Ähnliches passiert, wenn der Ladevorgang immer wieder vor dem Erreichen der Volladung abgebrochen wird.

Ladetechnik

Für das Laden von NiCd-Akkus empfehlen die Hersteller durchweg das Laden mit konstantem Strom:

- **Normal-Laden:** 14 Stunden mit I_{10}, d.h. mit einem Strom, der 1/10 der Kapazität entspricht. Bei diesem Strom ist der Akku in 14 h voll geladen, der Ladefaktor beträgt also 1,4. **Überladen** mit I_{10} ist bei den meisten Zellen für viele Stunden oder unbegrenzt zulässig.
- **Beschleunigtes Laden und Schnelladen:** mit höheren Strömen (2-10 I_{10}) können NiCd-Akkus auch erheblich schneller geladen werden, z.B. 3,5 h mit 4 I_{10} oder 1,4 h mit 10 I_{10}, wenn man den Ladevorgang dann gleich nach Erreichen der Volladung abbricht, z.B. mittels Zeitschaltuhr. Andernfalls kann die Zelle durch übermäßige Wärme- und Gasentwicklung zerstört werden. Überladen mit nicht mehr als 2-3 I_{10} ist bei den meisten Typen jedoch für einige Stunden zulässig, solange der Akku nicht zu warm wird.

Die zeitlich begrenzten Ladeverfahren setzen jedoch voraus, daß der Akku vor dem Laden leer ist, denn sonst müßte eine kürzere Ladezeit gewählt werden. Als Ausweg bietet sich auch hier die Messung der Ladeschlußspannung an: je nach Ladestrom beträgt die Ladeschlußspannung der Rundzellen 1,45 - 1,50 V (bei 20°C), beim Laden mit I_{10} beträgt sie 1,48 V. Da sich die Ladespannung zwischen 70 und 100% Ladung nur noch wenig ändert, benötigt man für die Messung schon ein präzises Instrument (z.B. ein Digitalvoltmeter). Das Erreichen der Ladeschlußspannung kann dann als Information für den Abbruch des Ladungsvorgangs genutzt werden. Bei extremen Betriebstemperaturen ist jedoch zu berücksichtigen, daß die Ladeschlußspannung temperaturabhängig ist (siehe Datenblätter der Hersteller).

- **Das Laden mit kleineren Strömen** als I_{10} ist zwar möglich, jedoch mit 2 großen Nachteilen verbunden:
  * der Ladefaktor nimmt bei Ladung mit kleineren Strömen erheblich zu, d.h. der gegenüber dem Bleiakku sowieso schon schlechtere Speicherwirkungsgrad wird noch schlechter (Ladefaktor 1,6 - 2 und mehr),
  * bei Ladeströmen von weniger als 0,3-0,5 I_{10} wird auch bei sehr langer Ladedauer keine Volladung mehr erreicht. Wird der Ladevorgang immer wieder vor Erreichen der Volladung abgebrochen, "merkt" sich der Akku das und verliert an Kapazität (siehe oben).

In solarelektrischen Anlagen machen diese Besonderheiten der Ladetechnik Probleme, denn:

- 14 stündiges Laden mit Konstantstrom ist nicht möglich, da der Strom aus Solarzellen mit der Sonneneinstrahlung schwankt;
- bei schwacher Einstrahlung stehen häufig nur kleine Ladeströme zur Verfügung, die dann unter Umständen nicht mehr zur Volladung des Akkus ausreichen;
- um Überladung und Beschädigung des Akkus zu vermeiden, muß der maximale Ausgangsstrom des Panels auf die Akkukapazität abgestimmt sein: der Maximalstrom vom Solarpanel sollte nicht größer als 2-3 I_{10} sein.

Für die kleinen NiCd-Akkus (Rundzellen in tragbaren Geräten) lassen sich die genannten Schwierigkeiten im allgemeinen lösen, der Einsatz von größeren NiCd-Akkus in autonomen solarelektrischen Systemen ist aus den genannten Gründen wenig sinnvoll.

Wichtige Hinweise im Umgang mit NiCd-Akkus:

- Nicht an den Anschlüssen löten, außer wenn Lötfahnen vorhanden sind
- Kurzschlüsse vermeiden, sie können zur Erhitzung und Zerstörung der Zellen führen
- Tiefentladungen unter die Entladeschlußspannung möglichst vermeiden, da sich bei Reihenschaltung mehrerer Zellen einzelne Zellen umpolen können
- beim Laden unbedingt auf richtige Polung achten, der Akku wird sonst zerstört
- NiCd-Akkus niemals öffnen oder auseinanderbauen
- Akkus nicht ins Feuer werfen (auch nicht in die Müllverbrennungsanlage), sondern über den Händler recyclieren.

Tab. 7: Gegenüberstellung der wichtigsten Eigenschaften von Blei- und Nickel-Cadmium-Akkus

	Blei-Geräteakku	NiCd-Kleinakku
Zellenspannung	2 Volt	1,2 Volt
Ladeschluß-spannung	2,35 - 2,40 V	1,48 - 1,50 V
Entladeschluß-spannung	1,7 - 1,8 V	0,9 - 1,1 V
Selbstentladungs-rate	3-5%/Monat bei 20°C	3%/Monat bei -20°C 10%/Monat bei 20°C 20%/MOnat bei 30°C
Kapazität	1 - 20 Ah	0,1 - 10 Ah Mignon: 0,5 Ah Baby: 1,2/1,8 Ah Mono: 4,0 Ah
Lebensdauer-Zyklen	Puffer: 3-5 a 80% Zykl.: 200-300	50% Zyklen: ca. 2000 100% Zykl.: 800-1000
Betriebstemperatur	5 - 25°C optimal	-40 - +60°C -10 - +30°C optimal
Vorteile	wartungsfrei, günstiges Ladeverhalten, in Solarstromanlagen guter Wirkungsgrad	wartungsfrei, tiefentladungsfest, lange Lebensdauer, hohe Zyklenzahl, gute Funktion auch bei niedrigen Temp., austauschbar gegen Trockenbatterien
Nachteile	nicht austauschbar gegen Trockenbatt., eingeschränkter Temperaturbereich	in Solarstromanlagen schwierige Ladetech., hochgiftige Inhaltsstoffe, schlechter Wirkungsgrad

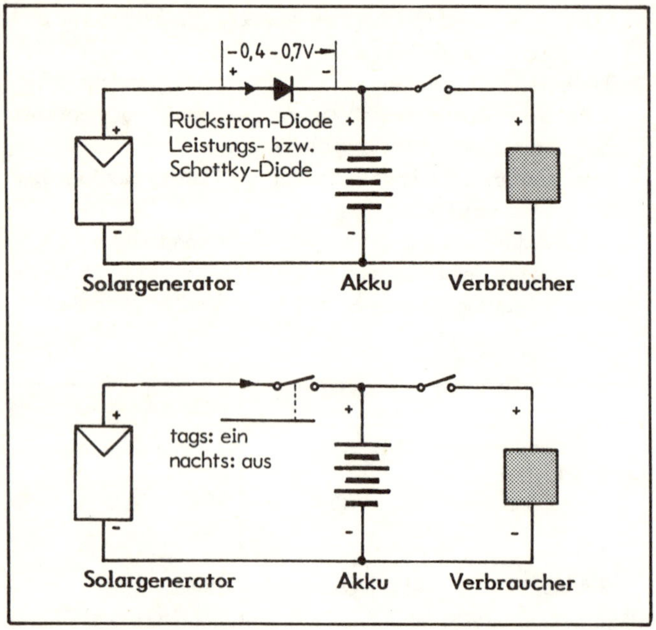

Abb. 51: Zusammenschaltung von Solargenerator, Akku und Verbraucher: durch eine Rückstromdiode (Bild oben) oder durch einen Schalter (unten) muß verhindert werden, daß sich der Akku nachts über den Solargenerator entlädt.

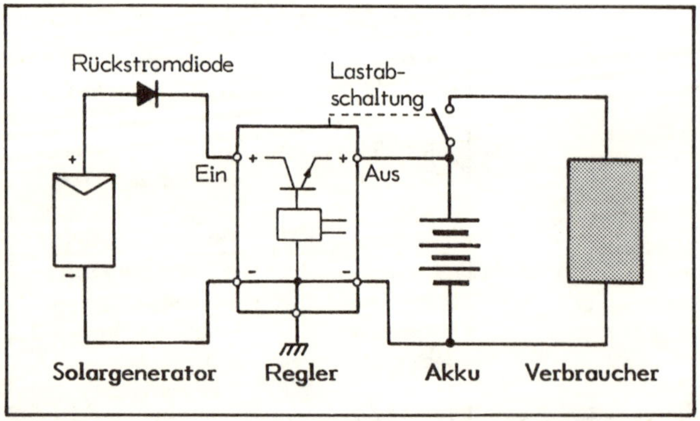

3.2 Regelung

3.2.1 Mit Solarzellen Bleiakkus laden

Solargeneratoren liefern, wie wir gesehen haben, je nach Sonneneinstrahlung Elektrizität im Rohzustand mit schwankendem Strom und variabler Spannung. Andererseits sind beim Laden und Entladen von Akkus einige Bedingungen einzuhalten, so daß beim Zusammenschalten von Solargenerator, Akku und Verbraucher folgende Voraussetzungen erfüllt sein müssen:

1. Nachts, wenn der Solargenerator keine Spannung liefert, muß verhindert werden, daß sich der Akku langsam über den Solargenerator entlädt. Diese Forderung kann man leicht durch Einbau einer Diode (Rückstrom-Diode) oder durch einen Schalter erfüllen, der nachts geöffnet wird (Abb. 51).
2. Die Spannung des Solargenerators muß auf die Akku-Spannung abgestimmt und wenigstens so groß sein, daß der Akku voll geladen werden kann. Dabei gibt es verschiedene Konzepte:
   Wählt man die Zellenzahl so knapp, daß die Generatorspannung (im Punkt maximaler Leitung) bei mittleren Einstrahlungen und niedriger Zellentemperatur (20-30°C) der Ladeschlußspannung des Akkus (13,8 - 14,4 V beim 12 V Akku) entspricht, wird der Generator bei hohen Einstrahlungen und entsprechend hohen Zellentemperaturen nicht mehr im Punkt maximaler Leistung betrieben und liefert dann nicht den vollen Ladestrom; bei manchen Anwendungen ist dies durchaus erwünscht: niedrige und mittlere Einstrahlungen werden voll genutzt, während der Stromertrag bei einem Überangebot an Sonnenenergie (vor allem im Sommer) automatisch begrenzt wird.

Abb. 52: Um Überladen und Tiefentladung des Akkus zu verhindern, wird in der Regel zwischen Solargenerator und Akku ein Regler eingefügt.

Will man bei voller Sonneneinstrahlung und entsprechend hoher Zellentemperatur (ca. 70°C) jedoch die maximal mögliche Energie in den Akku hineinbringen, muß die Panelspannung im Punkt maximaler Leistung unter diesen Bedingungen (70°C Zellentemperatur) wenigstens so hoch sein wie die Gasungsspannung (ca. 14 V beim 12 V Akku), was entsprechend mehr Solarzellen im Panel erfordert. Bei niedrigeren Einstrahlungen mit entsprechend niedrigeren Zellentemperaturen wird das Panel dann nicht mehr im Punkt maximaler Leistung betrieben, da die Akkuspannung die Arbeitsspannung des Panels "herunterzieht".

3. Die Ladeschlußspannung (13,8-14,4 V) darf nicht für längere Zeit überschritten werden, um schädliche Gasentwicklung im Akku zu vermeiden. Entweder wählt man Panele mit einer so geringen Zellenzahl (z.B. 30 Zellen für den 12 V Akku), daß diese Bedingung von selbst erfüllt ist, oder man begrenzt die Ausgangsspannung durch einen Laderegler.
4. Um Tiefentladung des Akkus, bzw. ein Unterschreiten der Ladeschlußspannung zu vermeiden (z.B. wenn die Sonne längere Zeit einmal wenig scheint oder sehr viel Strom verbraucht wird), sollten die angeschlossenen Verbraucher beim Erreichen der Ladeschlußspannung (10,5-11 V) abgeschaltet werden. Diese Funktion wird heute von den meisten Solar-Ladereglern mit übernommen; es gibt aber eigens für diesen Zweck auch sogenannte Batterie-Spannungswächter.

Abb. 52 zeigt die Elemente für die Zusammenschaltung von Solargenerator, Akku und Verbraucher.

Die Rückstrom-Diode

Die Rückstromdiode ist ähnlich wie die Solarzelle ein Halbleiter-Bauelement aus Silizium mit der Eigenschaft, daß elektrischer Strom nur in einer Richtung hindurchfließen kann: der Strom kann auf dem Weg von + nach - nur in Pfeilrichtung passieren, in der umgekehrten Richtung sperrt die Diode. Dadurch wird in unserer Schaltung verhindert, daß ein Strom vom Akku durch den Solargenerator fließen kann, wenn die Akkuspannung größer (d.h. postiver) als die Spannung am Solargenerator ist.

Da der volle Ladestrom durch diese Diode fließt, muß eine sogenannte Leistungsdiode gewählt werden, die es für Maximalströme von 1-100 A und mehr gibt. Die "Durchlaßspannung" normaler Silizium-Leistungsdioden beträgt etwa 0,7-0,8 V; um diesen Betrag ist die Spannung hinter der Diode niedriger als die Generatorspannung. Bei sogenannten "Schottky"-Leistungsdioden beträgt diese Durchlaßspannung nur 0,3-0,4 V, sie werden daher in Verbindung mit Solarpanelen bevorzugt eingesetzt, auch wenn sie ein paar Mark teurer sind. Denn der Spannungsabfall an der Diode bringt auch einen Leistungsverlust mit sich; pro 1 A Ladestrom werden 0,7 W (bei normalen Leistungsdioden) bzw. 0,3 W (bei Schottky-Dioden) in Wärme umgesetzt. In größeren Anlagen mit mehreren Ampere Ladestrom sollten die Dioden daher auf einem Kühlblech montiert werden. Bei einigen Panelen ist die Rückstrom-Diode bereits im Panel integriert; im Datenblatt wird dann ausdrücklich darauf hingewiesen.

Abstimmung von Solargenerator- und Akkuspannung

In Abb. 53 ist in das Kennlinienfeld eines 12 V-Panels, das wir ja in Kap. 2.2 bereits besprochen hatten, der Verlauf der Akku-Ladespannung eingezeichnet, und zwar in Abhängigkeit vom Ladezustand.

Die Zahl der Solarzellen im Panel (34-38 Zellen) ist hier so gewählt, daß auch bei hoher Sonneneinstrahlung und entsprechend hoher Zellentemperatur die Spannung im Punkt maximaler Leistung noch um 0,3-0,7 V größer ist als die Ladeschlußspannung des Akkus (13,8-14,4 V). Dadurch ist genug Spannung vorhanden, um auch mit einer Rückstromdiode bei sehr guten Einstrahlungsbedingungen noch die volle Modulleistung in den Akku zu bringen; ein halb entladener Akku nimmt dann den vollen Strom vom Panel auf, auch wenn die Zellen im Sommer bis zu 70°C warm werden und die Generatorspannung dadurch zurückgeht. Allerdings muß bei dieser Bemessung durch einen Laderegler sichergestellt werden, daß die Ladeschlußspannung zu keiner Zeit überschritten wird. Nur wenn der maximale Ladestrom vom Solargenerator deutlich kleiner ist als 5% der Akkukapazität (Ladestrom << 0,5 I_{10}), schadet ein Überschreiten der Ladeschlußspannung dem Akku nicht.

Bei niedrigeren Zellentemperaturen verschiebt sich der Punkt maximaler Leitung zu höheren Spannungen hin; da die Akkuspannung jedoch den Arbeitspunkt des Panels festlegt, kann in dieser Situation nur ein Teil der maximal möglichen Panelleistung genutzt.

Beim sogenannten "selbstregulierenden Anlagenkonzept" verwendet man Panele mit nur 30 Zellen in Serie, bei denen die Rückstromdiode meist bereits im Panel integriert ist; als Akkus kommen in diesem Konzept nur die "wartungsfreien" infrage, deren Gasungsspannung bei 2,5-2,7 V liegt. Man kann den Solargenerator dann direkt mit dem Akku verbinden, ohne einen Regler zwischenzuschalten - eine preiswerte Lösung also.

Abb. 53: Zusammenwirken der Kennlinien von Solargenerator und Akku bei Anlagen mit Ladereglern

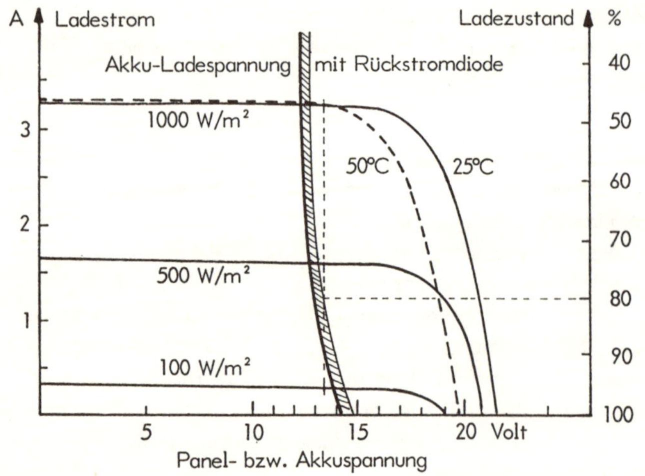

Die Panelspannung ist bei diesem Konzept so niedrig gewählt, daß unter nahezu allen Bedingungen die Gasungsspannung des Akkus nicht überschritten wird; andererseits ist sie aber gerade groß genug, um einen teilentladenen Akku auch bei geringer Sonneneinstrahlung und entsprechend niedriger Zellentemperatur noch ausreichend zu laden (Abb. 54). Nach Angaben der Hersteller ist pro 30 W-Panel eine Akku-Kapazität von 100 Ah vorzusehen. Es gelingt im allgemeinen nur mit ausgesuchten und aufeinander abgestimmten Bauteilen, daß die Ladekurve des Akkus gut mit der Panelspannung an den Punkten maximaler Leistung übereinstimmt. Denn ist die Panelspannung nur etwas zu klein, rutscht der Arbeitspunkt auf den abfallenden Ast der Solarzellen-Kennlinie und die Leistungseinbußen werden gleich recht groß. Ist die Panelspannung zu groß, was bei tiefen Außentemperaturen auch beim selbstregulierenden Panel passieren kann, kann der Akku überladen werden.

Abb. 54: Zusammenwirken der Kennlinien von Solargenerator und Akku bei Anlagen mit selbstregulierenden Panelen Quelle: *Firmenschrift Arco Solar*

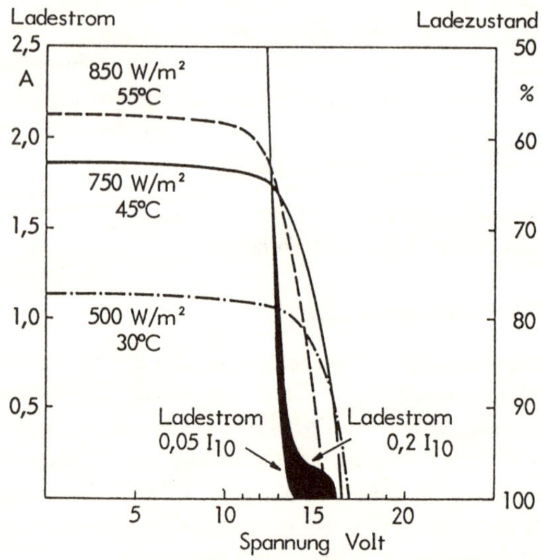

Das selbstregulierende Anlagenkonzept ist daher für kritische Standorte mit niedrigen Außentemperaturen, starken Winden u.ä. nur bedingt geeignet. Die nutzbare Leistung liegt durchweg niedriger als bei vergleichbaren Panelen mit höherer Ausgangsspannung. Außerdem lassen sich Anlagen dieser Art nur schlecht erweitern: da nur gleichalte Akkus parallelgeschaltet werden sollen, man aber für jedes zusätzliche Modul einen entsprechenden Akku braucht, sind selbstregulierende Systeme nur mit einem zusätzlichen Laderegler (Shuntregler) ausbaufähig. Dennoch ist das Prinzip für Kleinanlagen recht beliebt, da es einfach, robust und verhältnismäßig preisgünstig ist.

Anlagen mit Reglern

An den Laderegler zwischen Solargenerator und Akku werden folgende Anforderungen gestellt:

- genaue Einhaltung der Ladeschlußspannung für den gewählten Akku-Typ
- möglichst geringer Energieverlust durch die Regelung
- möglichst geringer Eigenstromverbrauch des Reglers
- sichere Funktion unter allen Betriebsbedingung, also z.B. auch bei völlig entladenem Akku
- bei kritischen Standorten Anpassung der Ladeschlußspannung an die Akkutemperatur
- Automatische Abschaltung der Verbraucher beim Unterschreiten der Entladeschlußspannung, ggf. auch Einschalten beim Wiedererreichen einer bestimmten Mindestladung.

Für solarelektrische Anlagen werden inzwischen eine ganze Reihe von elektronischen Reglern im einschlägigen Handel angeboten; leider sieht man den mehr oder weniger formschönen Gehäusen nicht an, wie gut sie die oben genannten Anforderungen erfüllen. Da hilft nur das genaue Studium des technischen Datenblatts oder die Beratung durch einen fachkundigen und vertrauenswürdigen Händler. Wichtige Fragen bei der Auswahl eines Ladereglers:

- Wie hoch ist der Eigenstromverbrauch?
- Lassen sich Ladeschluß- und Entladeschlußspannung einstellen?
- Welche Ladeströme vom Solargenerator kann der Regler noch verarbeiten?
- Welche Ströme auf der Verbraucherseite kann der Regler maximal ab- bzw. einschalten?

Die bessere Qualität bedingt hier meistens auch einen höheren Preis; und natürlich ist ein Regler für 300 W Panelleistung (25 A bei 12 V, 25 A/600 W bei 24 V) teurer als ein Regler für 40-60 W Panelleistung (5 A bei 12 V).

Grundsätzlich lassen sich 3 Reglertypen unterscheiden:
- der Serienregler
- der Parallel- oder Shuntregler
- der Maximum-Power-Tracker, ein Gleichspannungswandler, der die Panele stets im Punkt maximaler Leistung belastet und diese Leistung auf dem Niveau der Akku-Ladespannung zur Verfügung stellt.

Beim **Serienregler** (Abb. 55) führt ein Schaltkontakt oder ein guter Schalttransistor (z.B. in moderner MOS-FET-Technologie) folgende Funktionen aus: er schaltet ein, wenn der Akku vom Solargenerator geladen werden soll; er schaltet aus, d.h. er trennt die Verbindung zwischen Solargenerator und Akku, wenn die Ladeschlußspannung, die der

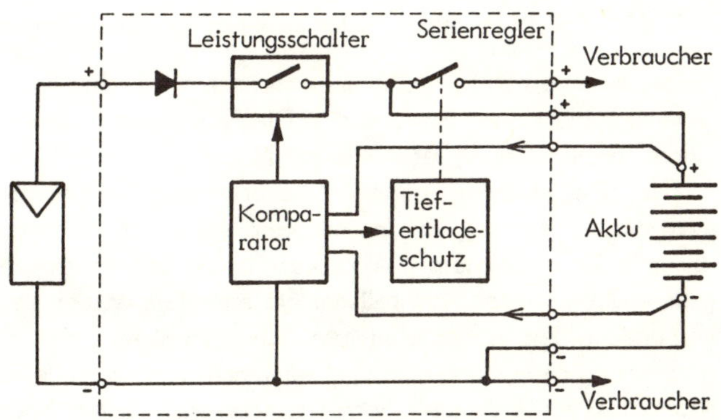

Abb. 55: Prinzipschaltbild eines Serienreglers

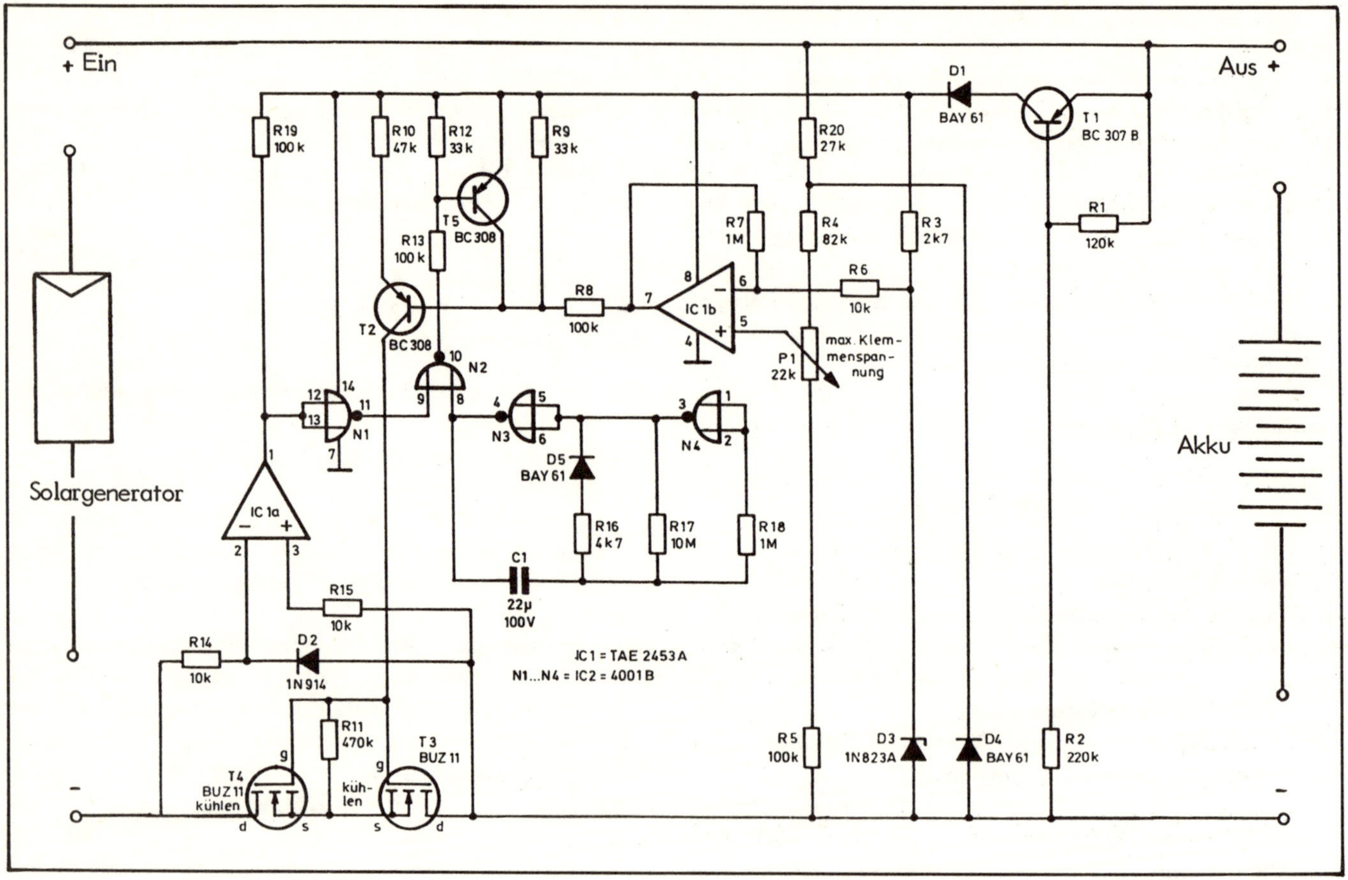

Abb. 56: Schaltung eines Solar-Ladereglers (Serienregler) für Ladeströme von 2-3 A *Quelle: (10)*

Komparator am Akku mißt, überschritten wird. Der Solargenerator läuft dann im Leerlauf. Die Rückstromdiode verhindert die Entladung des Akkus bei Nacht.

Für eine korrekte Funktion benötigt der Serienregler eine stabile Stromversorgung aus dem Akku. Bei tiefentladenem oder ausgebautem Akku kann es da Schwierigkeiten geben. Ein weiterer Nachteil des Serienreglers ist der stets vorhandene Spannungsabfall am Schalttransistor, der die nutzbare Panelleistung mindert; verwendet man anstelle des Transistors ein Relais als Schalter, kann man diesen Nachteil zwar umgehen, handelt sich dafür aber andere Nachteile ein wie Abbrand der Relaiskontake, Stromverbrauch des Relais u.ä.. Trotzdem wird der Serienregler in Anlagen kleiner Leistung recht häufig eingesetzt, da sich die geschilderten Nachteile noch nicht so störend auswirken. In der Elektronik-Zeitschrift "elrad" (Heft 5/85) wurde eine Selbstbauschaltung für einen Serienregler vorgestellt (Abb. 56), mit der Elektronik-Bastler bestimmt etwas anfangen können.

Der **Shuntregler** (Abb. 57) arbeitet etwas anders: sieht der Komparator am Akku eine zu große Spannung, wird der Schalttransistor, der hier parallel zum Solargenerator liegt, eingeschaltet, so daß der Solargenerator kurzgeschlossen ist. Dieser liefert dann keine Spannung mehr, der Akku wird nicht weiter geladen. Die elektrische Leistung wird stattdessen in den Solarpanelen in Wärme umgesetzt, was bei Panelen gleicher Bauart im allgemeinen keine Probleme macht (vgl. Kap. 2.3: Sicherheitsvorkehrungen beim Zusammenschalten von Panelen). Sinkt die Akkuspannung durch angeschlossene Verbraucher unter die Ladeschlußspannung, schaltet der Shuntregler aus, der Solarstrom steht wieder zur Verfügung.

Der Shuntregler hat zwei bedeutende Vorteile: zum einen geht beim Laden nur in der Rückstrom-Diode etwas Leistung verloren und zum anderen funktioniert diese Regelung auch, wenn der Akku tiefentladen oder gar abgeklemmt ist; denn der Laderegler braucht nur dann Strom (zum Einschalten), wenn Strom im Überschuß vorhanden ist, d.h. wenn der Akku bereits voll ist und auch sonst kein oder nur wenig Strom gebraucht wird.

Sowohl der Serien- als auch der Shuntregler nutzen die elektrische Energie vom Solargenerator nicht immer optimal: da die aktuelle Akkuspannung den Arbeitspunkt auf der Solarzellen-Kennlinie bestimmt, werden diese nicht immer im Punkt maximaler Leistung, d.h. mit optimalem Wirkungsgrad betrieben. Diesen Nachteil versucht der **Maximum-Power-Tracker** zu vermeiden (Abb. 58): ein Gleichspannungswandler mit einer besonderen Steuerungselektronik fährt in regelmäßigen Zeitabständen die Solarzellenkennlinie ab und sucht selbsttätig den Punkt maximaler Leistung; Spannung und Leistung an diesem Punkt setzt der Wandler dann in die Ladespannung des Akkus um.

Der schaltungstechnische Aufwand ist bei diesem Gerät wesentlich größer als beim Serien- oder Shuntregler. Da der Wandler-Wirkungsgrad auch nur etwa 90-95% erreicht, lohnt sich der Einsatz dieses Reglers (abgesehen von den Kosten) nur bei größeren Generatorleistungen ab 200 W. Darunter sind die Umwandlungsverluste im allgemeinen größer als die möglichen Gewinne durch die bessere Regelung.

Lastabschaltung

Bei allen 3 Reglertypen wird im allgemeinen auch eine automatische Lastabschaltung vorgesehen; ein weiterer Komparator im Regler mißt laufend die Akkuspannung und gibt beim Unterschreiten der (einstellbaren) Ladeschlußspannung (10,5-11 V) einen Schaltimpuls aus, der entweder ein optisches oder akustisches Signal auslöst oder über ein "dickes" Relais die Verbraucher abschaltet. Das Relais muß für die zum Teil sehr hohen Verbraucherströme (30-50 A)

Abb. 57: Prinzipschaltbild eines Shuntreglers

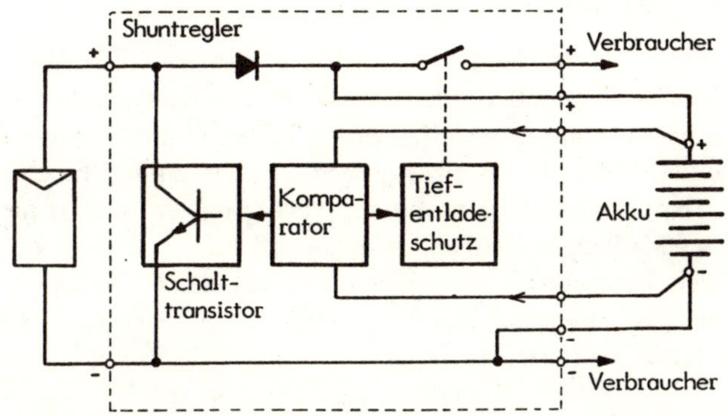

Abb. 58: Prinzipschaltbild eines Maximum-Power-Reglers

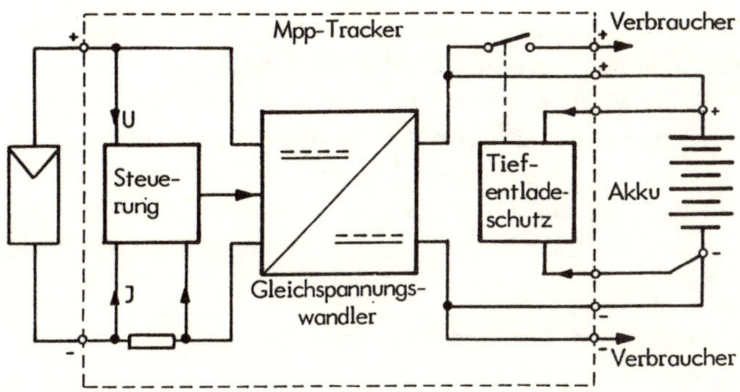

ausgelegt sein, sonst kleben nach einigen Schaltvorgängen die Kontakte oder "schmoren" durch. Außerdem sollte das Relais möglichst nur zum Umschalten Strom verbrauchen (bipolares Relais), und in den beiden Ruhestellungen (Ein und Aus) stromlos bleiben; normale Relais (1 Arbeits- und 1 Ruhestellung) mit der großen geforderten Schaltleistung ziehen in der Arbeitsstellung soviel Strom, daß sie den Energiehaushalt spürbar belasten; wählt man "Ein" als Ruhestellung (kein Stromverbrauch bei eingeschalteten Verbrauchern), muß der entladene Akku den Strom für die Arbeitsstellung "Aus" liefern, so daß doch nicht alle Verbraucher abgeschaltet sind.

Andere Möglichkeiten zur Begrenzung der Ladespannung

Bastler, die nicht auf die käuflichen Regler zurückgreifen wollen, können auch andere Wege gehen, um die Ladespannung zu begrenzen:

* Anstatt den Solargenerator abzuschalten oder ihn kurzzuschließen, kann man den überschüssigen Strom auch für nützliche Zwecke verwenden: schaltet man beim Erreichen der Ladeschlußspannung einen genügend leistungsstarken Verbraucher (die Leistungsaufnahme sollte ungefähr der Generatorleistung entsprechen) zwangsweise ein, läßt sich auch dadurch die Spannung am Akku begrenzen. Der Strom vom Solargenerator steht dann nicht mehr zum Laden zur Verfügung, sondern kann zum Beispiel für den Betrieb eines Kühlgeräts mit Kältespeicher, zum Aufheizen von Wasser o.ä. genutzt werden.
* Bei nachgeführten Solarpanelen kann man diese beim Erreichen der Ladeschlußspannung aus der Sonne drehen und die Stromproduktion soweit drosseln, daß der Akku nicht überladen wird.
* Natürlich ist auch ein Handbetrieb denkbar; wer das Verhalten seiner Anlage genau kennt und regelmäßig zuhause ist, kann, um Geld zu sparen, den Regler auch durch einen einfachen Handschalter ersetzen. Nur, sehr komfortabel ist diese Lösung nicht; außerdem stellt sie hohe Anforderungen an die Zuverlässigkeit des Benutzers! In aller Regel wird man diese "Sklavenarbeit" früher oder später doch an eine selbsttätige Regelung abgeben.

3.2.2 Mit Solarstrom NiCd-Akkus laden

Mobile und ortsfeste Solarstromanlagen, bei denen größere Speicherkapazitäten von 20-500 Ah und mehr gebraucht werden, sind heute ganz klar die Domäne der Bleiakkus. Je größer die Anlagen werden, umso mehr lohnt sich auch der Aufwand für eine ausgeklügelte Laderegelung.

Aber wie kann man nun die Nickel-Cadmium-Akkus in den tragbaren Geräten mit Solarstrom laden, bei denen ja die Ladetechnik ein wenig schwieriger ist und wo man wegen der geringen Leistungen keine teuren Laderegler einsetzen will? Grundsätzlich kann man folgende beiden Fälle unterscheiden:

- Laden mit Konstantstrom aus einem bereits vorhandenen 12 oder 24 V-Netz
- Laden mit einem eigenen kleinen Solargenerator, der in Spannung und Leistung auf die Akkus bzw. das Gerät abgestimmt ist

Beginnen wir mit der ersten, leichteren Variante. Die Akku-Hersteller empfehlen grundsätzlich 14-stündiges Laden mit einem konstanten Strom I_{10}, was bei einem bestehenden 12 bzw. 24 V Netz keine allzu großen Schwierigkeiten macht. Es steht genügend Spannung zur Verfügung, um daraus die unterschiedlichen Gerätespannungen (3; 4,5; 6; 9 V) zu gewinnen. Erforderlich ist in jedem Fall ein kleines Vorschaltgerät, das einen auf die NiCd-Akkus abgestimmten Konstantstrom erzeugt.

Im einfachsten Fall kann ein simpler Widerstand als Vorschaltgerät dienen, wie das folgende Beispiel zeigt:

Die 2 Mignon-NiCd-Akkus (0,5 Ah) eines Transistorradios oder Walkman's sollen mit Konstantstrom (I_{10} = 0,05 A) aus dem 12 V Bleiakku einer Solarstromanlage geladen werden. Die beiden NiCd-Akkus sind in Reihe geschaltet und werden über einen Vorschaltwiderstand, dessen Größe wir jetzt berechnen wollen, mit dem Bleiakku verbunden (Abb. 59).

Den Vorwiderstand R berechnen wir nach dem Ohm'schen Gestz:

Systemspannung des Bleiakkus	-	Ladespannung der Akkus	=	Spannungsabfall am Widerstand
12 Volt	-	2,8 Volt	=	9,2 Volt

Spannungsabfall	/	Ladestrom	=	Vorwiderstand
9,2 Volt	/	0,05 Ampere	=	180 Ohm

Durch den Vorschaltwiderstand werden bei einem Ladestrom von 50 mA 9,2 V der 12 V "vernichtet", es bleiben 2,8 V Ladespannung für den Akku. Dem Bleiakku wird dabei die Leistung N = 12 V x 0,05 A = 0,6 W entnommen, nicht viel gemessen an anderen Verbrauchern im Haushalt. Von diesen 0,6 W werden aber

9,2 V x 0,05 A = 0,46 W entsprechend 77%

im Vorschaltwiderstand in Wärme umgewandelt, nur 23% der entnommenen Leistung und Energie fließen tatsächlich in die NiCd-Akkus.

Die Lösung mit dem Vorschaltwiderstand ist einfach und billig, der im Beispiel erforderliche Widerstand (180 Ohm, 1 Watt) kostet im Bastler-Laden vielleicht 10-20 Pf. Außerdem läßt sich der Widerstand meistens noch im Gerät selbst unterbringen. Die Lösung hat jedoch auch folgende Nachteile:

- Wie die Beispielrechnung zeigt, ist der Wirkungsgrad äußerst schlecht, und zwar umso schlechter, je größer die Spannungsdifferenz zwischen NiCd-Akku (= Gerätespannung) und der Systemspannung des Solarstromnetzes ist. Beim Laden von Mignon-Akkus kann man diesen Nachteil wegen der geringen Stromaufnahme jedoch durchaus in Kauf nehmen.
- Der Vorwiderstand muß für jeden Fall neu berechnet werden; er ist von der Gerätespannung und der Akku-Kapazität bzw. vom Ladestrom abhängig. Will man "dikkere" Akkus laden, z.B. Baby- oder Monozellen (1,8 bzw. 4 Ah), wird im Vorwiderstand bereits soviel Strom verheizt, daß man auf richtige Abführung der Wärme achten muß.

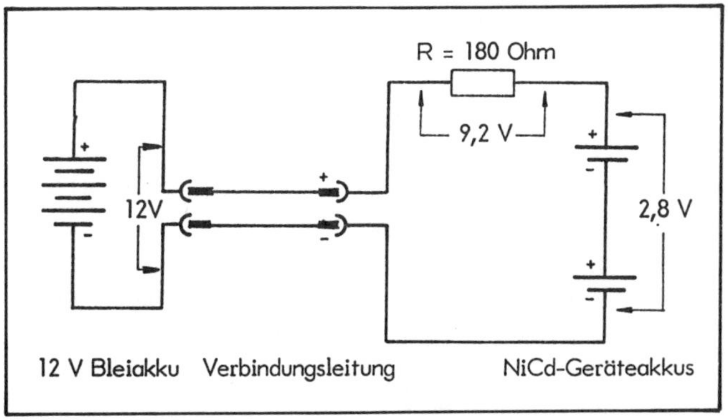

Abb. 59: Laden von 2 Nickel-Cadmium-Akkus über einen Vorwiderstand aus einem 12 V-Netz

Den Nachteil der individuellen Widerstandsberechnung vermeidet die Schaltung nach Abb. 60, die je nach Wahl des Widerstands R_x einen Konstantstrom liefert, und zwar unabhängig davon, wie viele Zellen in Reihe geschaltet sind (maximal jedoch 7 Zellen = 9 V). Der Transistor wirkt hier als sich selbst regelnder Vorwiderstand, der sich gerade so einstellt, daß bei Zellenspannungen zwischen 1,2 und 9 V stets ein konstanter Ladestrom fließt. Die Leuchtdiode dient als Ladekontrollampe: ist ein Akku angeschlossen, leuchtet sie auf. Die Schaltung läßt sich sehr kompakt aufbauen, man kann sie entweder fest in das zu versorgende Gerät einbauen oder ein separates, kleines Gehäuse vorsehen. Zum Laden schließt man das Stromversorgungskabel vom 12 V-Akku (auf richtige Polung achten!) über einen passenden Koaxial-Stecker an die meist vorhandene Gerätebuchse für externe Spannungsversorgung an.

Aber auch diese Schaltung hat einen schlechten Wirkungsgrad; denn die überschüssige Leistung wird hier ebenso wie beim Vorwiderstand im Transistor verheizt. Zwar erlaubt es die Halbleitertechnik heute, verlustärmere, getaktete Schaltregler (Wirkungsgrad 60-90%) herzustellen; solche Schaltungen selbst aufzubauen, bleibt jedoch eingefleischten Elektrobastlern vorbehalten. Einige Solarzellen-Händler bieten inzwischen fertige Vorschaltgeräte für diesen Zweck an - aber Vorsicht, manche sind auch nur nach dem Schema in Abb. 60 aufgebaut.

Wem das Elektrobasteln nicht liegt, kann sich auch ein Ladegerät für NiCd-Akkus kaufen, das für den Anschluß an das KFZ-Bordnetz geeignet ist. Diese Geräte sind im allgemeinen so gebaut, daß man Akkus aller gebräuchlichen Größen damit laden kann. Der innere Aufbau entspricht vielfach der Schaltung nach Abb. 60. Die Handhabung ist ein wenig umständlich, denn die Akkus müssen stets aus dem Gerät herausgenommen und für 14 Stunden ins Ladegerät gesteckt werden - da kann es praktisch sein, wenn man einen 2. Akkusatz zum Wechseln zur Hand hat.

Die andere Methode, NiCd-Akkus in Kleingeräten zu laden, sieht für diesen Zweck ein eigenes, kleines Solarpanel vor. Auch hier muß die Panelgröße der Zahl und Größe der Akkus angepaßt werden. Rechnen wir dies am Beispiel eines Akkus, bestehend aus 4 Mignon-Zellen (Kapazität: 500 mAh) einmal durch.

1. Festlegung der Panelspannung und Zellenzahl:
   Die Akkuspannung beträgt 4 x 1,2 V = 4,8 V, der erforderliche Ladestrom I_{10} = 50 mA, die Ladeschlußspannung liegt bei 4 x 1,48 V = 6 V. Damit das Solarpanel diese Spannung möglichst noch im Punkt maximaler Leistung liefern kann, müssen mindestens 6 V/0,45 V = 13-14 Zellen in Serie geschaltet werden; wir wählen hier 16 Zellen in Serie, um auch noch eine Rückstromdiode einbauen zu können und gewisse Reserven zu haben. Abb. 61 zeigt den Schaltungsaufbau. Der Widerstand R sei zunächst einmal durch einen Kurzschluß ersetzt.

2. Bestimmung der Zellengröße bzw. des Nennstroms:
   Bleibt die etwas schwierigere Aufgabe, aus dem erforderlichen Ladestrom Nennstrom und Größe der Solarzellen zu bestimmen. Macht man den Solargenerator größer als nötig, wird der Ladestrom u.U. so groß, daß schädliches Überladen der Akkus auftritt; bei einer zu kleinen Fläche besteht die Gefahr, daß die NiCd-Akkus nicht mehr unter allen Bedingungen voll geladen werden können, z.B. wenn der Ladestrom dauernd kleiner ist als 0,3 I_{10}. Außerdem verschlechtert sich bei zu kleinem Ladestrom der Ladefaktor dramatisch. Die eigentliche Schwierigkeit liegt nun darin, daß man häufig unsicher ist, mit welcher Sonneneinstrahlung man rechnen soll.

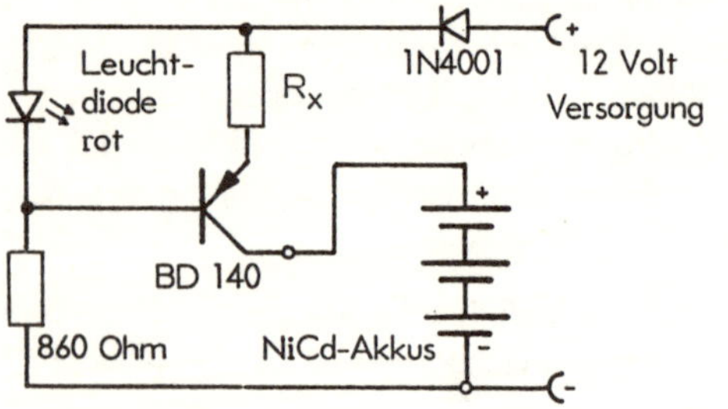

Zum Laden von Baby- und Monozellen ist der Transistor auf ein Kühlblech zu montieren.

Akku-Typ	Kapazität mAh	Ladestrom mA	R_x Ohm
Micro	180	18	47
Mignon	500	50	18
Baby	1200	120	6,8
	1800	180	4,7
Mono	4000	400	2,2
9V-Block	110	11	82

Abb. 60: Einfache Konstantstromquelle mit 1 Transistor zum Laden von NiCd-Kleinakkus bis 9 Volt

Wird das Gerät samt Panel nur in Innenräumen benutzt, sind Einstrahlungen von mehr als 300-400 W/m² allenfalls an gut besonnten Südfenstern zu erwarten, und auch dort nur für einige Stunden am Tag. Beim Betrieb im Freien können dagegen bei richtiger Orientierung der Zellenfläche und gutem Wetter durchaus Einstrahlungen von 600-800 W/m² erreicht werden; die resultierenden Ladeströme sind dann auch gleich doppelt so groß. Beim Betrieb in südlichen Ländern kann man von noch etwas höheren Einstrahlungen ausgehen.

Für die Auswahl der Zellengröße sind also vorher die Einsatzbedingungen festzulegen. Gehen wir in unserem Beispiel davon aus, daß das Gerät recht häufig benutzt wird (z.B. Kofferradio) und unser kleines Solarpanel auf der Fensterbank eines Südfensters steht (natürlich kann man es auch mit einem Gummisauger an der Scheibe befestigen). Das Panel sollte dann bei guter Sonneneinstrahlung draußen bzw. bei 300-400 W/m² Einstrahlung am Fenster (hinter 2 Glasscheiben) den Ladestrom von 50 mA = I_{10} liefern; also sind Zellen auszusuchen, die bei 1000 W/m² einen Nennstrom von 50 mA x 1000/ 330 = 150 mA liefern.

In den Händlerkatalogen wird man sich dann passende Zellen oder gar ein fertig vergossenes Minipanel aussuchen, das in etwa den gewünschten Nennstrom liefert. In unserem Beispiel wären das also 16 Zellen, Größe: 1,25 x 5 cm², I_{nenn} = 150 mA, Preis etwa 4 DM/Stück.

Da die NiCd-Akkus gegen Überladen mit I_{10} unempfindlich sind und auch Überladen mit 3x I_{10} für einige Stunden schadlos überstehen, kann bei dieser Dimensionierung eigentlich wenig passieren: Andererseits wird bei schlechter Einstrahlung mit 100-200 W/m² immer noch mit 0,3-0,5 I_{10} geladen, so daß das Volladen der NiCd-Akkus sichergestellt ist.

Durch Zwischenschalten eines Widerstands R kann man bei richtiger Bemessung den Ladestrom bei hohen Einstrahlungen (z.B. im Freien) begrenzen, ohne daß die Ladung bei mittleren Einstrahlungen dadurch wesentlich beeinträchtigt wird. Das ist bei häufigerem Betrieb unserer Solarlade-

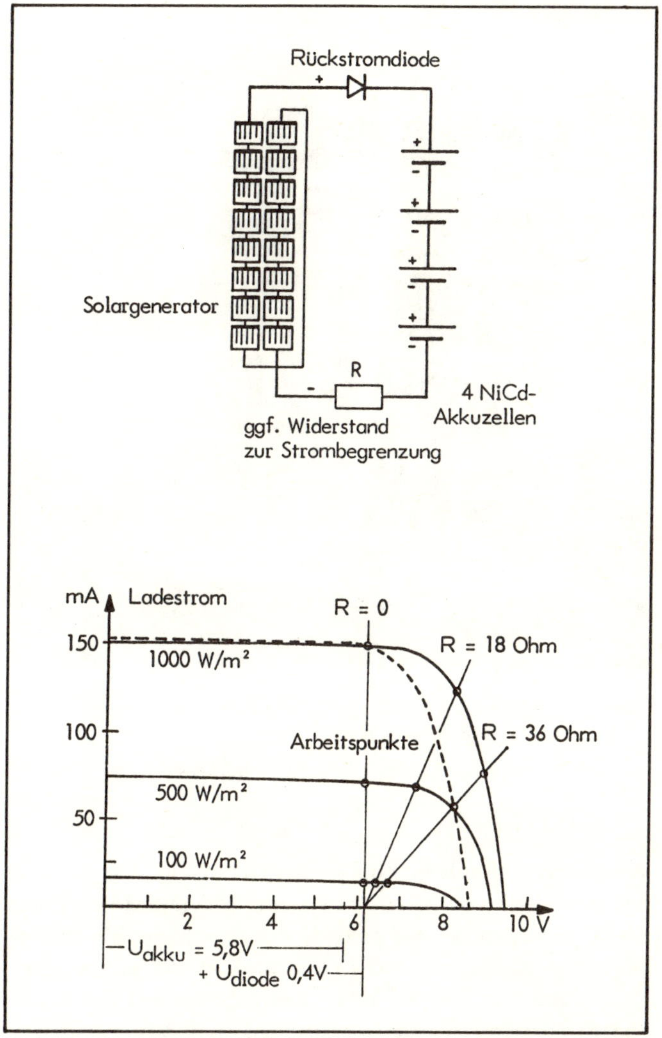

Abb. 61: Laden von 4 NiCd-Akkus mit einem kleinen Solargenerator aus 16 Zellen; trägt man in das Kennlinienfeld des Solargenerators die Spannungslage der Akkus sowie die Kennlinie des ggf. eingesetzten Vorwiderstands ein, werden die Arbeitspunkte bei verschiedenen Einstrahlungen deutlich.

Abb. 62: Kleinpanel mit 20 Solarzellen, das maximal etwa 600 mA Strom liefern kann.
Foto: Fa. Solaris, U.Heitfeld, Hamburg

station ganz nützlich. Im I-U-Diagramm in Abb. 61 sind Spannungslage der Akkus sowie die Widerstandskennlinien für 3 verschiedene Widerstände eingezeichnet. Ein Widerstand von 36 Ohm ist recht günstig: er verschiebt bei Einstrahlungen von 100-500 W/m² den Arbeitspunkt des Solargenerators noch nicht bzw. nur wenig auf den abfallenden Ast der Kennlinie. Erst bei höheren Einstrahlungen wird der maximale Ladestrom durch den Vorwiderstand auf 1,5 I_{10} begrenzt (anstelle von 3 I_{10} ohne Vorwiderstand), so daß auch im Freien kaum schädliches Überladen auftreten kann. Natürlich geht durch den Vorwiderstand ein Teil der Solarzellen-Leistung verloren; man könnte ihn daher für den Betrieb in Innenräumen mit einem Schalter kurzschließen.

Die vorgeschlagene Gesamtdimensionierung der Schaltung berücksichtigt bisher allerdings nicht den Stromverbrauch des Gerätes. Bei häufiger Benutzung und/oder hoher Stromaufnahme muß man zusätzlich prüfen, ob die verbrauchte Energie im Tages- oder Wochenmittel auch vom Panel geliefert werden kann (vgl. hierzu Kap.4: Anlagendimensionierung). Anderenfalls kann es vorkommen, daß der Akku irgendwann einmal leer ist. In der Regel wird man jedoch mehr als genug Strom zur Verfügung haben und überlegen, wie man das Solarpanel auch noch zum Laden weiterer Geräte nutzen kann. Leider haben sich die Hersteller von tragbaren Elektrogeräten - aus technischen Gründen - nicht auf einheitliche Gerätespannungen und Akkugrößen einigen können. Will man mehrere Geräte versorgen, muß man sich häufig mit verschiedenen Spannungen und 2 oder 3 Akkugrößen herumschlagen. Solange man nur einen Akkutyp verwendet (z.B. Mignon, 500 mAh), läßt sich das Problem recht einfach lösen, da man auch an ein 9 V Panel einen 3 V-Akkusatz schadlos anschließen kann, sofern das Panel nicht mehr als den zulässigen Ladestrom liefert. Denn die Akkuspannung bestimmt den Arbeitspunkt auf der Panelkennlinie (Abb. 61) und das Panel liefert für verschiedene Akkuspannungen von sich aus einen halbwegs konstanten Strom. Da es allerdings nicht mehr im Punkt maximaler Leistung betrieben wird, geht der Wirkungsgrad bei kleineren Akkuspannungen zurück.

Will man mehrere NiCd-Akkus verschiedener Kapazität mit Solarstrom laden, sollte man sich überlegen, ob nicht doch die erste Variante "Laden aus einem 12 V Solarstromnetz" einfacher und preiswerter ist. Man kann das Panel dann nämlich draußen an einem gut besonnten Standort fest montieren und erntet entsprechend mehr Strom; ein Bleiakku speichert den Solarstrom zudem etwas effektiver und die Verluste durch schlechte Spannungsanpassung (bei mehreren Akkuspannungen) fallen weg. Die NiCd-Akkus werden über eines der schon beschriebenen Vorschaltgeräte nur bei Bedarf an den 12 V Akku angeschlossen, wobei auch mehrere Geräte gleichzeitig geladen werden können. Der Strom aus der 12 V Station steht dann auch noch für andere nützliche Zwecke zur Verfügung, z.B. für Notbeleuchtung o.ä..

3.2.3 Solarstrom für Motoren

Natürlich kann man an ein Solargenerator-Akku-System problemlos Gleichstrommotoren anschließen und sie ganz normal wie andere Verbraucher auch betreiben. Besonders zum Antrieb von Bewässerungspumpen besteht jedoch häufig der Wunsch, auf den teuren und wartungsbedürftigen Akku zu verzichten und den Motor direkt mit dem Strom vom Solargenerator zu betreiben. Denn gefördertes Wasser zu speichern, ist in den meisten Fällen günstiger als die Speicherung von elektrischem Strom.

In diesem Fall ist eine Anpassung des Solargenerators an den Motor erforderlich, um die Leistung der Panele optimal zu nutzen. Abb. 63 zeigt die typische Strom-Spannungs-Kennlinie eines Gleichstrommotors, eingezeichnet in das Kennlinienfeld eines Solarpanels: der stillstehende Motor benötigt zunächst einen gewissen Mindeststrom bei recht niedriger Spannung, um überhaupt anzulaufen; gibt das Solarpanel diesen Strom nicht her, weil beispielsweise die Einstrahlung zu niedrig ist, bleibt der Motor stehen; in einem Grenzbereich hilft es unter Umständen, wenn man den Anlaufwiderstand durch Anwerfen von Hand überwindet. Ist der Motor erst einmal angelaufen, geht die Stromaufnahme bei gleicher Spannung nämlich merklich zurück; mit zunehmender Spannung steigen dann die Drehzahl des Motors, der aufgenommene Strom und entsprechend auch die abgegebene mechanische Leistung. Darüber hinaus, das wird aus dem Diagramm nicht deutlich, hängt die Stromaufnahme des Motors natürlich auch von der Belastung bzw. vom aufzubringenden Drehmoment ab.

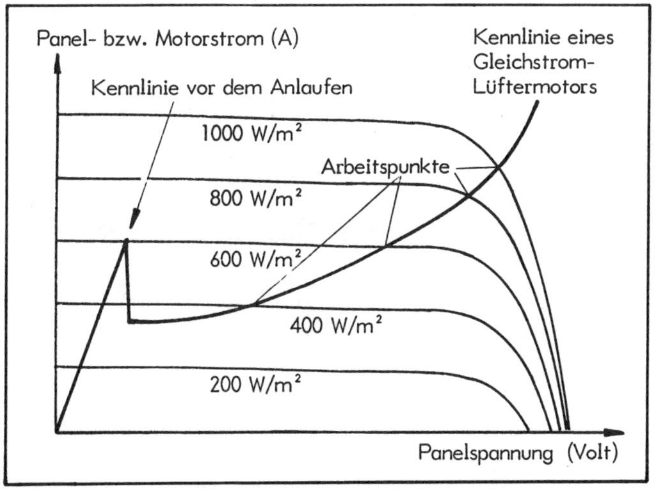

Abb. 63: Kennlinie eines Gleichstrom-Lüftermotors im Kennlinienfeld eines Solargenerators

Die Kennlinien in Abb. 63 zeigen:

- der Betrieb von Motoren mit Solarzellen ist ohne eine zusätzliche Spannungsregelung in vielen Fällen nicht besonders günstig, selbst wenn man Panelspannung und -strom auf die jeweilige Motorkennlinie abgestimmt hat;
- die optimale Anpassung des Motors an den Solargenerator kann ohne Regler immer nur für bestimmte Werte der Sonneneinstrahlung erreicht werden, d.h. die Motor-Kennlinie schneidet die Punkte maximaler Leistung der Solarzellen-Kennlinien nur in einem engen Einstrahlungsbereich;
- bei sehr niedrigen Einstrahlungen könnte das Solarpanel zwar die erforderliche Energie zum Anlaufen des Motors bringen, liefert aber nicht genug Strom, um den Anlaufwiderstand zu überwinden; ist der Motor angelaufen, kann das Panel bei niedrigen Einstrahlungen durch den ungünstigen Arbeitspunkt nur einen Bruchteil der möglichen Energie liefern;
- legt man das Panel für den Betrieb mit kleinen Einstrahlungen aus, was entsprechend Geld kostet, werden bei stärkerer Einstrahlung kaum noch höhere Drehzahlen und Motorleistungen erreicht, da der Arbeitspunkt nun auf den abfallenden Ast der Zellenkennlinie rutscht.

Als Ausweg bietet sich auch hier der Einsatz einer elektronischen Regelung an; sie muß die Energie des Solargenerators in den Punkten maximaler Leistung oder zumindest in der Nähe dieser Punkte aufnehmen und so umwandeln, daß Strom und Spannung am Ausgang optimal auf die Kennlinie des Motors und Antriebs abgestimmt sind. Die Abstimmung und Schaltungstechnik für ein solches Regler-Motor-System setzt schon einiges an Fachwissen über Motoren und Elektronik voraus. Das Thema soll daher hier nicht weiter vertieft werden. Für Bewässerungs- und Wasserversorgungssysteme bieten einige Hersteller inzwischen Pumpenaggregate mit darauf abgestimmten Reglern an.

3.3 Spannungswandler und Wechselrichter

"Wandler" ist ein schlichtes Wort für diesen so vielseitigen Baustein: als Wandler bezeichnet man in der Elektrotechnik alle Bauelemente, die eine Form von elektrischer Energie in eine andere umwandeln können. Als Spannungswandler bezeichnen wir hier Geräte, die den Gleichstrom des Solargenerators bzw. des Akkus in Gleich- oder Wechselstrom mit einer anderen Spannung umwandeln. Wechselrichter sind spezielle Spannungswandler, die Gleichstrom in technischen Wechselstrom (220 V, 50 Hz) umwandeln.

Spannungswandler werden in der Elektronik für alle möglichen Anwendungen in unterschiedlichen Ausführungen und Leistungsklassen gebaut. Für unsere Zwecke sind hauptsächlich folgende Wandlertypen interessant:

- Wechselrichter mit Leistungen von 20-2000 W, die aus dem gespeicherten Gleichstrom technischen Wechselstrom herstellen, um in autonomen Versorgungssystemen auch die üblichen Elektrogeräte betreiben zu können;
- Gleichspannungswandler kleiner Leistung (1-100 W), die z.B. 24 V Gleichstrom in 12, 9 oder 6 V umwandlen, um Kleingeräte mit abweichenden Betriebsspannungen am Gleichspannungsnetz betreiben zu können;
- netzgeführte Wechselrichter, auch als Netzumrichter bezeichnet, die den Strom vom Solargenerator in technischen Wechselstrom umwandeln und diesen direkt ins öffentliche Netz abgeben.

3.3.1 Wechselrichter

Sicherlich kann man in kleinen Solarstromanlagen versuchen, ganz ohne Wechselrichter auszukommen und alle Geräte auf 12 oder 24 V Gleichstrom umzustellen. Das hat jedoch aus technischen und praktischen Gründen seine Grenzen: Geräte mit hoher Leistungsaufnahme, z.B. Waschmaschine (Motorleistung 500 W), Elektrowerkzeuge (Motorleistungen 500-1500 W) u.ä., sollten unbedingt mit 220 V versorgt werden; die hohe Stromaufnahme von 12/24 V Geräten mit dieser Leistung würde schon bei normalen Entfernungen im Haus (10-20 m) zu sehr hohen Leitungsverlusten führen (vgl. Kap. 5); zum anderen ist es wenig sinnvoll, nützliche und gute Haushaltsgeräte mit 220 V Betriebsspannung einfach abzuschaffen, wenn man sie mit einem Wechselrichter für einige Hundert Mark weiter betreiben kann.

Es gibt elektronische Wechselrichter und mechanische (sogenannte rotierende Umformer) zu kaufen. Die elektronischen haben im allgemeinen einen besseren Wirkungsgrad (70-95%) als die mechanischen (weniger als 85%). Bei mechanischen Wechselrichtern treibt ein Gleichstrommotor (12/24 V) einen auf derselben Welle sitzenden 220 V-Wechselstromgenerator an. Durch die zweifache Umwandlung von elektrischer in mechanische Energie und umgekehrt sind die Energieverluste bei der Übertragung beachtlich, vor allem, wenn dem Wandler nur ein Teil der maximal möglichen Leistung entnommen wird. Dafür sind mechanische Wandler sehr robust, liefern eine sinusförmige Ausgangsspannung und machen auch keine Schwierigkeiten beim Betrieb von starken Motoren. Motoren nehmen nämlich beim Anlaufen kurzzeitig ungefähr 5 mal mehr Leistung auf als die angegebene Nennleistung, bei Motoren in Kompressorkühlschränken ist die Stromaufnahme beim Anlauf sogar bis zu 10 mal so groß wie im Normalbetrieb. Die rotierenden

Umformer können mit dieser sehr kurzen Überlastung besser fertig werden als die elektronischen Wandler. Elektronische Wandler schalten bei Überlastung einfach ab, sofern der Hersteller nicht ausdrücklich kurzzeitige Überlastungen erlaubt und Belastungsgrenzen dafür angibt.

Die elektronischen Wechselrichter zerhacken mittels leistungsfähiger Schalttransistoren den aufgenommenen Gleichstrom in eine Folge von Gleichstromimpulsen, die dann in einem Transformator auf Netzspannung herauftransformiert werden. Es gibt eine Vielzahl von Geräten am Markt, die sich in Wirkungsgrad, Form der Ausgangsspannung und Preis unterscheiden:

- die einfachsten und preiswertesten Geräte liefern eine rechteckförmige Ausgangsspannung (ca. 220 V, ca. 50 Hz); Ausgangsspannung und Frequenz sind nicht stabilisiert und deshalb ein wenig lastabhängig. Der Wirkungsgrad liegt je nach Schaltungsaufwand unter günstigen Betriebsbedingungen bei 60-90%; er wird vor allem dann sehr schlecht, wenn der Wechselrichter nur wenig belastet wird, also ein 500 W-Wechselrichter ein Gerät mit 50 W Leistungsaufnahme versorgen soll. Wechselrichter dieser Art sind geeignet, um einzelne 220 V Geräte zu betreiben, die wenig Ansprüche an die Qualität der Spannung stellen: Bohrmaschinen, Staubsauger, Geräte mit Netztrafos (nur bedingt) und alle sonstigen Geräte, die den Strom nur in Wärme umsetzen: Glühlampen, Toaster, Bügeleisen, etc... Da sie auch ohne angeschlossenen Verbraucher im Leerlauf beträchtliche Mengen Strom aus dem Akku ziehen, sollten diese Wechselrichter stets zusammen mit dem Verbraucher ein- und ausgeschaltet werden. Da der Wechselrichter in der Nähe vom Akku stehen sollte, ist ein Fernschalter nach Abb. 66 in vielen Fällen ganz praktisch.
  Reine Wechselstrom- (Induktions-) Motoren wie Asynchronmotoren (z.B. in Waschmaschinen, Kühlschränken, Heizungspumpen) oder Spaltpolmotoren (z.B. in Laugenpumpen, manchen Plattenspielern) sollten bzw. können nicht an solchen Wandlern betrieben werden, da die

Abb. 64: Einfacher Rechteck-Wechselrichter kleiner Leistung als Baustein für den Schalttafel- oder Geräteeinbau

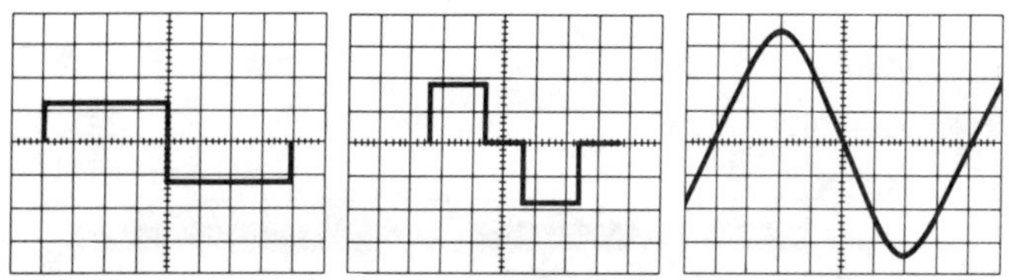

*Abb. 65: Formen der Ausgangsspannung von Wechselrichtern.
Die meisten einfachen Geräte liefern eine einfache Rechteckspannung (Bild links);
bei den besseren Geräten wird die Rechteckspannung modifiziert, um den Oberwellengehalt zu reduzieren (Bild Mitte);
Sinuswechselrichter liefern eine nahezu oberwellenfreie Sinusspannung (rechts).*

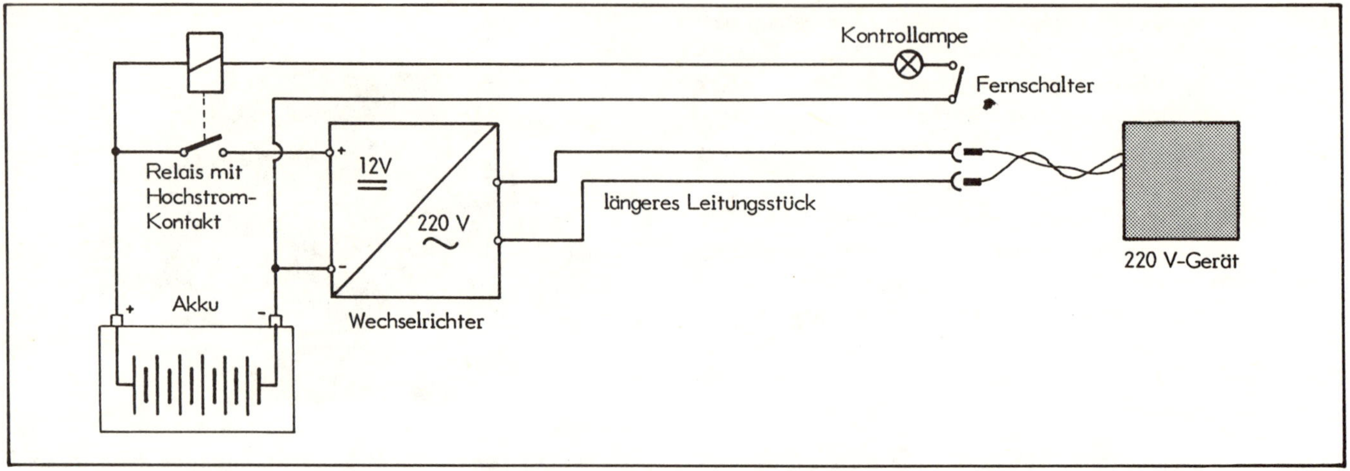

Abb. 66: Fernschalter zum Einschalten eines einfachen Wechselrichters bei größeren Entfernungen zwischen Akku und Verbraucher

Abb. 67: Trapez-Wechselrichter mit sehr gutem Wirkungsgrad und vielen Zusatzfunktionen für 220 V-Hausnetze Photo: Fa. Wagner & Co, Marburg

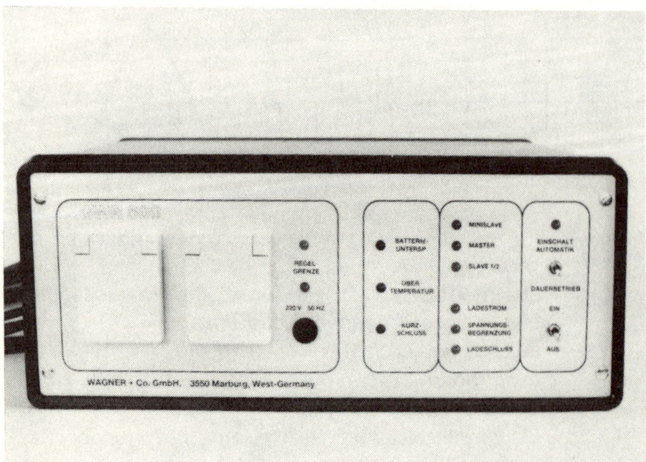

rechteckförmige Ausgangsspannung zu einer starken Erwärmung der Motorwicklungen führt (sofern die Motoren überhaupt anlaufen). Außerdem gibt es Rückwirkungen des Motors auf den Wandler, die andere, gleichzeitig angeschlossene Geräte stören können.
Der Preis für Wandler dieser Art liegt bei 70-100 DM pro 100 W Ausgangsleistung, ein 500 W Wandler kostet also etwa 350-500 DM.

- Die besseren Geräte liefern entweder eine trapezförmige oder abgestufte Rechteckspannung, die in ihrer Form der Sinusspannung des Netzes schon ähnlicher ist; sie ist für die Versorgung von Induktionsmotoren oder empfindlichen, elektronischen Geräten besser geeignet. Die Ausgangsspannung wird durch eine interne Regelung auf 2-5% stabil gehalten, die Frequenz der Ausgangsspannung (50 Hz) ist so konstant, daß auch bei älteren Fernsehern die Bilder nicht "durchlaufen". Der Wirkungsgrad dieser besseren Wandler sollte wenigstens 85-90% betragen, und zwar möglichst schon bei kleinen Entnahmeleistungen; entsprechend muß die Stromaufnahme im Leerlauf möglichst klein sein. Leider geben nicht alle Hersteller in ihren Prospekten genaue Daten über den Wirkungsgrad in Abhängigkeit von der Belastung an.

Als weiteres Plus sind manche Geräte so ausgelegt, daß sie kurzzeitig das 2-3 fache der Nennleistung liefern können, so daß sie auch mit den Anlaufströmen von Motoren im allgemeinen keine Schwierigkeiten haben; die Geräte sind in aller Regel gegen Kurzschluß und Überlastung intern abgesichert. Eine zusätzliche Einschaltautomatik erhöht den Bedienungskomfort und hilft Strom zu sparen: eine Schaltung im Wandler prüft laufend, ob am 220 V Netz ein Verbraucher eingeschaltet ist, ob also ein Strom fließen kann. Erst wenn das der Fall ist, schaltet der Wandler von "Betriebsbereitschaft" auf "Ein" und liefert Netzspannung; entsprechend schaltet er nach dem Abschalten aller Verbraucher auch wieder auf "Betriebsbereitschaft" zurück. Allerdings werden Verbraucher mit sehr kleiner Leistungsaufnahme (z.B. Leuchtstofflampen) von der Automatik manchmal nicht erkannt, so daß man erst durch eine größere Last (z.B. Glühlampe) den Wechselrichter starten muß.
Es ist wohl klar, daß diese Vorzüge und Extras auch ihren Preis haben: je nach Aufwand, den der Hersteller zwecks Wirkungsgradoptimierung, Stabilisierung und Komfort getrieben hat, liegt der Preis bei 120-250 DM pro 100 W Nennleistungleistung, entsprechend 1200-2500 DM/kW. Dafür kann man den Wandler dann aber auch neben den Akkus fest installieren, für die 220 V Verbraucher ein kleines Verteilungsnetz legen und die komplizierte Technik vergessen - beim Einschalten eines Verbrauchers ist immer Strom da und die Anlage arbeitet mit gutem Wirkungsgrad. Aber Vorsicht: eine ständig verfügbare 220 V Versorgung verführt leicht zu höherem Stromverbrauch!

- Die hochwertigsten und teuersten Wechselrichter liefern eine sinusförmige Ausgangsspannung, ähnlich der des öffentlichen Netzes. Der Wirkungsgrad dieser Sinus-Wechselrichter konnte durch die recht neue Entwicklung der MOS-FET-Schalttransistoren von früher 50-60% auf 80-90% gesteigert werden, je nach Aufwand, der zwecks Wirkungsgradoptimierung getrieben wurde. Damit ist der Sinus-Wechselrichter heute in Bezug auf die Ener-

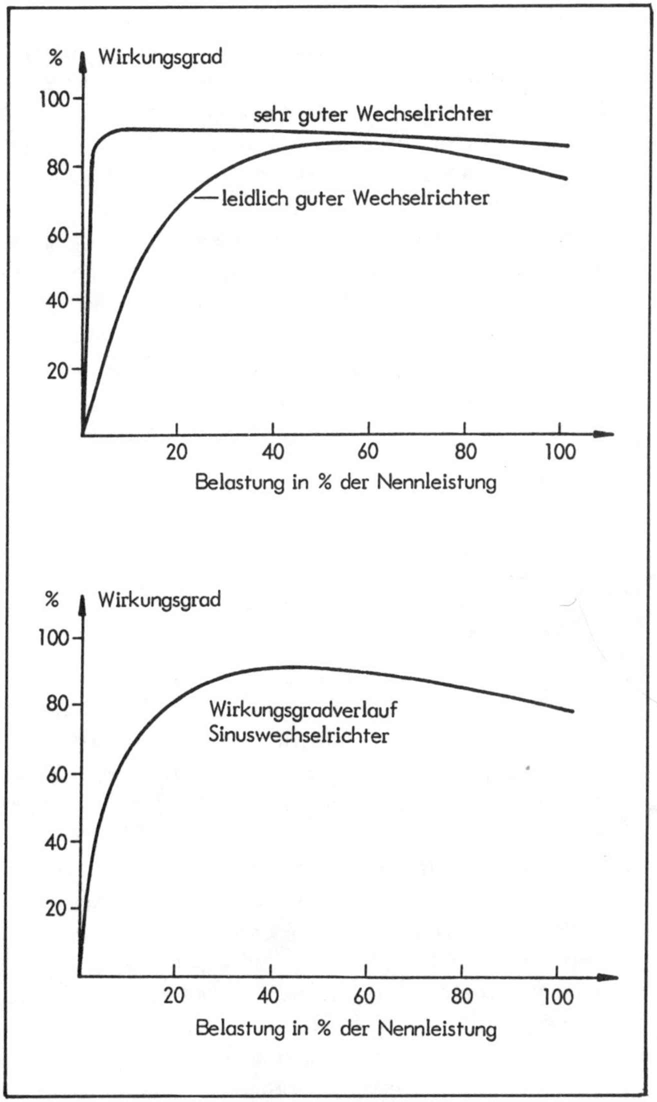

Abb. 68: Wirkungsgrade verschiedener Wechselrichter: oben: Vergleich zwischen 2 Trapezwandlern, unten: Wirkungsgrad-Kurve eines guten Sinuswechselrichters

gienutzung guten Trapez-Wechselrichtern nahezu ebenbürtig. Beim Betrieb von Induktionsmoteren hat er eindeutige Vorteile, da kaum schädliche Verlustwärme im Motor entsteht. Die Blindleistung, die jeder Induktionsmotor aufnimmt, wird nicht im Motor verheizt, sondern wieder in den Wandler zurückgegeben.

Im übrigen sind diese Geräte mit ähnlichen Zusatzeinrichtungen ausgestattet wie die komfortablen Trapez-Wechselrichter (Einschaltautomatik, Regelung der Ausgangsspannung, Überlastungsschutz u.ä.), so daß auch hier ein automatischer Betrieb möglich ist. Wegen ihres höheren Preises (2500-3000 DM/kW) lohnt sich ihr Einsatz nur dort, wo elektrische Maschinen mit Induktionsmotoren einen erheblichen Anteil am Stromverbrauch haben.

Hinweise zur Auswahl und Installation von Wechselrichtern

1. Die Eingangsspannung, für die der Wechselrichter gebaut ist, muß mit der Akkuspannung übereinstimmen. Die größten 12 V Wechselrichter können Leistungen bis 1200 W übertragen (Stromaufnahme dann über 100 A), für 24 V gibt es Leistungen bis 2,5 kW, für 48 V sogar bis 6 kW.
2. Die Nennleistung des Wechselrichters muß so groß gewählt werden, daß sie die Leistungsaufnahme der angeschlossenen Verbraucher zu jeder Zeit decken kann. Beim Betrieb von Motoren ist der erhöhte Anlaufstrombedarf zu berücksichtigen. Die Auswahl des Wandlertyps ist hauptsächlich eine Frage der persönlichen Energiebedürfnisse und Gewohnheiten: wer überwiegend kleine 12/24 V Verbraucher zu versorgen hat und nur hin und wieder ein 220 V Gerät betreiben will, wird mit der einfachen Ausführung zurecht kommen. Der Betrieb von Verbrauchern mit großer Leistung und der Wunsch nach ständiger Verfügbarkeit der Netzspannung fordern natürlich ihren Preis und entsprechend aufwendigere Geräte. Werden häufig Induktionsmotoren benutzt, sollte man die Anschaffung eines Sinus-Wechselrichters erwägen.
3. Beim Wirkungsgrad der Wechselrichter gibt es von Hersteller zu Hersteller erstaunliche Qualitätsunterschiede, die sich meistens auch im Gerätepreis niederschlagen. Man unterscheidet die Leerlaufverluste, d.h. die Stromaufnahme des Gerätes ohne angeschlossenen Verbraucher und den Wirkungsgrad bei Belastung: um den Solarstrom nicht nutzlos im Wechselrichter zu verheizen, sind ein hoher Wirkungsgrad unter allen Belastungsbedingungen sowie niedrige Leerlaufverluste unbedingt wünschenswert; und dies umso mehr, je häufiger das Gerät benutzt wird.
4. Der Wirkungsgrad eines Wechselrichters läßt sich im Betrieb bei einiger Erfahrung schon mit der Hand prüfen: wird das Gerät bei hoher Belastung so heiß, "daß man Spiegeleier darauf braten kann", wird viel Strom nutzlos verheizt! Man sollte sich dann nach besseren Alternativen umschauen.
5. Sollen Uhren mit Synchronmotoren oder ältere Fernsehgeräte betrieben werden, ist eine genaue Einhaltung der Netzfrequenz (durch einen Schwingquarz stabilisiert) erforderlich.
6. Wechselrichter erzeugen in ihrem Innern Frequenzen, die z.B. Radio- und Phonogeräte erheblich stören können (z.B. durch Pfeifen); der Wechselrichter sollte daher in einem Metallgehäuse eingebaut sein; zum anderen müssen der Eingang, d.h. die Anschlüsse zum Akku, sowie der Ausgang (220 V) entstört sein. Es empfiehlt sich, vor dem Kauf einen Test zu machen!
7. Wechselrichter ziehen bei Belastung viel Strom aus dem Akku: beim Betrieb einer 500 W Bohrmaschine nimmt ein 12 V Wechselrichter etwa 50 A auf! Der Wechselrichter muß daher unbedingt in der Nähe der Akkus stehen und über kurze (!) Zuleitungen mit großem Kabelquerschnitt fest angeschlossen werden, sonst geht zuviel Energie in den Zuleitungen verloren.
8. Die Spannung von 220 V am Ausgang des Wechselrichters kann tödlich sein, wenn man damit in Berührung kommt.

Wer seine Hausinstallation selbst ausführen will, muß die einschlägigen VDE-Vorschriften über Installation, Kabelmaterial und Berührungsschutz unbedingt beachten; im Zweifelsfall überläßt man solche Arbeiten lieber einem Fachmann! Wechselrichter dürfen nicht an ein 220 V Hausnetz angeschlossen werden, das gleichzeitig noch vom öffentlichen Netz oder z.B. von einem Notstromgenerator versorgt wird; denn der Wechselrichter würde dadurch zerstört werden.

9. Wechselrichter sind keine Stromerzeuger sondern nur Wandler, die die Energie aus dem Akku in umgewandelter Form zur Verfügung stellen. Wenn der Akku leer ist, nutzt auch der größte Wandler nichts mehr. Im Gegenteil: bei großen Wechselrichter-Leistungen sollte man darauf achten, daß der Akku ebenfalls groß genug ist, um auch bei maximaler Belastung den nötigen Strom an den Wechselrichter liefern zu können.

Abb. 69: Schaltung eines Gleichspannungswandlers mit gutem Wirkungsgrad (Leistung etwa 50 Watt)
Quelle: Siemens-Applikationen

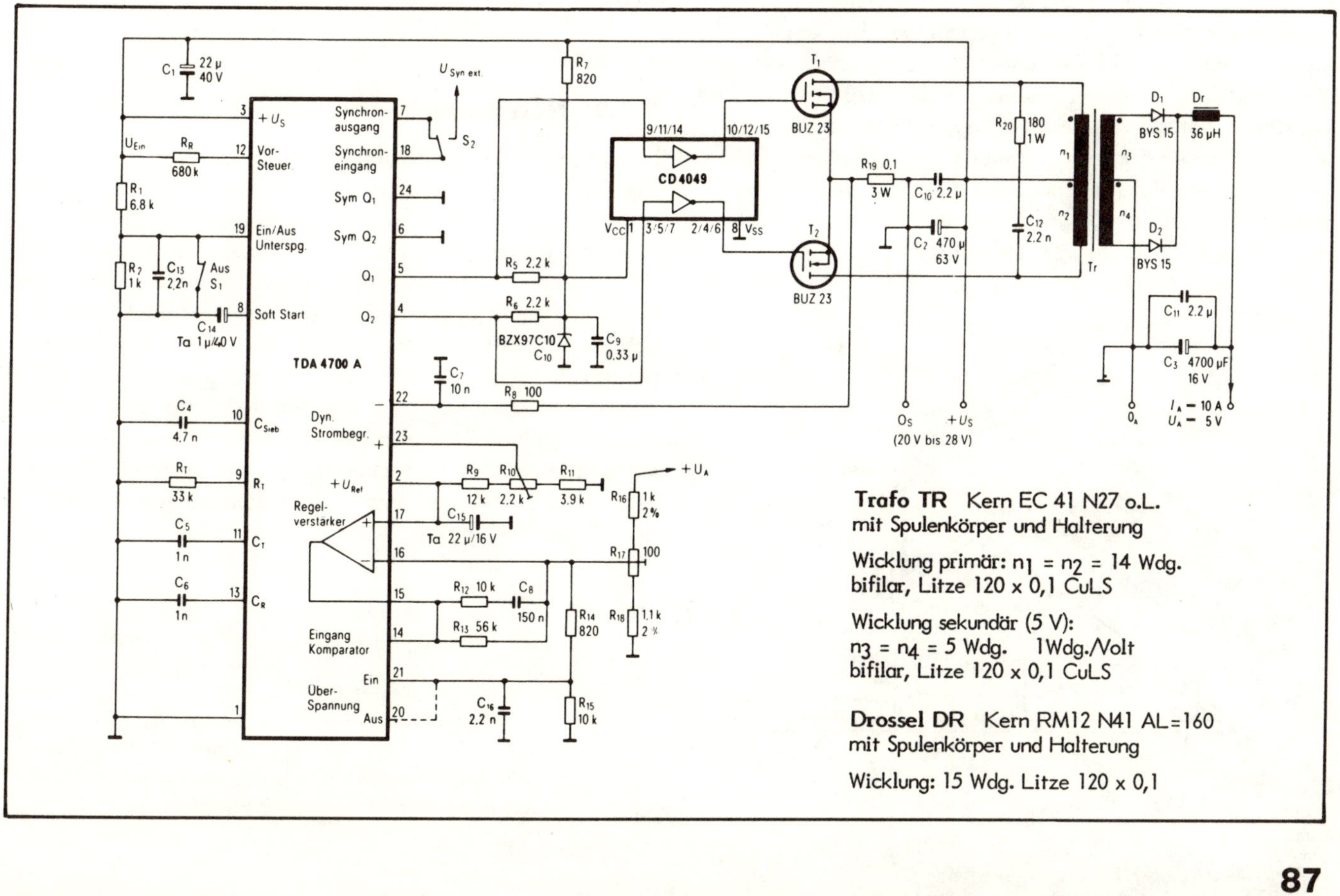

3.3.2 Gleichspannungswandler

Gleichspannungswandler arbeiten im Prinzip ähnlich wie Wechselrichter; sie wandeln die Eingangsspannung vom Akku in eine höhere oder niedrigere Gleichspannung am Ausgang um, und zwar mit einem Wirkungsgrad von 80-95% bei guten Gleichspannungswandlern. Sie sind sehr praktisch, wenn man einzelne 220 V-Elektrogeräte, die im Innern doch nur mit Gleichstrom arbeiten (z.B. Phonogeräte, Fernseher u.ä.) auf 12/24 V Versorgungsspannung umrüsten will. Die Umrüstung erfordert jedoch gute elektrotechnische Kenntnisse und ist daher nur etwas für Fachleute und kundige Elektrobastler. Da man den Wandler mit dem Geräteschalter ein- und ausschaltet und da die Wandlerleistung dem zu versorgenden Gerät optimal angepaßt werden kann, wird das Gerät nach dem Umbau unter Umständen noch weniger Strom verbrauchen als es vorher aus dem 220 V Netz aufgenommen hat. Denn die Leistungsverluste im Netztrafo und der internen Spannungsregelung sind oft höher als die Verluste guter Gleichspannungswandler. Hat man nur wenige Geräte umzurüsten, wird die Umrüstung zudem kostengünstiger sein als die Anschaffung eines Wechselrichters.

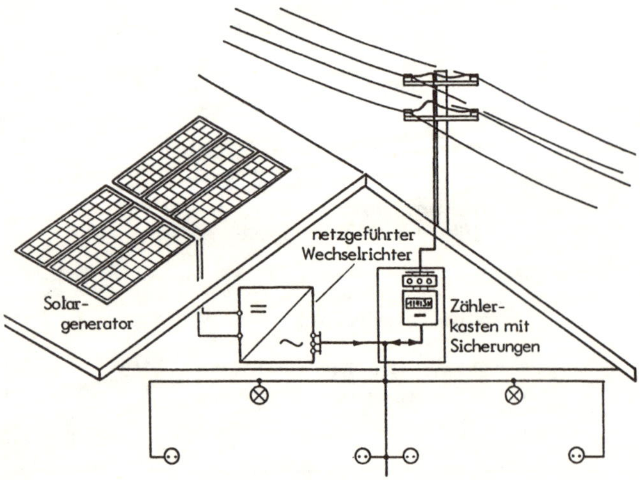

Gleichspannungswandler werden kaum als fertige Geräte im Gehäuse mit Stecker und Dose gehandelt; die Anpassung an das zu versorgende Gerät erfordert häufig sogar eine individuelle Anfertigung nach einschlägigen Schaltungsvorschlägen (siehe Literatur); wie gesagt, da ist man auf die Hilfe eines Elektronik-Kundigen angewiesen. Nur für die Umwandlung von 12 - 24 V auf die Kleinspannungen 3, 4.5, 6, 7.5, 9 und 12 V werden von einigen Solarzellen-Händlern fertige Geräte angeboten. In Hausinstallationen mit 24 V Systemspannung sind sie sehr nützlich, um die vielen, für 12 V verfügbaren Geräte sowie die batteriebetriebenen Kleingeräte zu versorgen.

3.3.3 Netzgeführte Wechselrichter

Netzgeführte Wechselrichter kommen dort zum Einsatz, wo ein Anschluß an das öffentliche Versorgungsnetz besteht und Solarstrom, der nicht vor Ort gebraucht wird, ins Netz verkauft werden soll. Da bei fehlender Einstrahlung der Stromverbrauch aus dem Netz gedeckt werden kann, sind große und teure Stromspeicher (Akkus) hier nicht erforderlich. Der Netz-Umrichter wandelt den Strom vom Solargenerator direkt in eine 220 V Sinusspannung um, die in Spannung, Frequenz und Phase der Netzspannung exakt folgen muß. Logisch, daß es auch hier auf besten Wirkungsgrad ankommt: denn 15% Umwandlungsverluste heißt nichts weiter, als daß 15% des Stroms vom Solargenerator schlicht und einfach in nutzlose Wärme umgewandelt werden; folg-

Abb. 70: Solarstrom ins Netz liefern: Über einen netzgeführten Wechselrichter wird der Solarstrom gleich in technischen Wechselstrom umgewandelt; Überschüsse, die im Haus nicht verbraucht werden, können ins öffentliche Netz abgegeben werden. Leider ist heute noch kein angemessener Preis für den umweltfreundlich produzierten Strom zu erzielen.

lich kann man bei einem um 5% besseren Umrichter-Wirkungsgrad 5% der Solarzellenfläche einsparen.

Solarstromanlagen am öffentlichen Netz sind bei uns bisher nur in einigen Versuchsprojekten realisiert worden. Bei den dort eingesetzten Netz-Umrichtern handelt es sich durchweg um Prototypen bzw. Entwicklungsmuster, bei denen der Kampf um Wirkungsgrad-Prozente wohl noch nicht am Ende ist. Wir wollen uns daher hier nicht weiter mit der Technik dieser Geräte beschäftigen; in Kap. 6.4 wird die Netzeinspeisung anhand einiger Beispiele noch näher behandelt.

3.4 Geräte und Verbraucher

Zum solarelektrischen Versorgungssystem muß man zweifellos auch die elektrischen Geräte hinzurechnen, die den erzeugten Strom verbrauchen und damit erst die elektrische Energie in nützliche Dienstleistungen für unser tägliches Leben umsetzen. Angesichts des Aufwands und der Kosten für Solarzellen, Akkus, usw. liegt es auf der Hand, daß wir bei den Verbrauchern besonders darauf achten müssen, die elektrische Energie so wirkungsvoll wie möglich zu nutzen. Über die Möglichkeiten des Stromsparens im Haushalt haben wir ja in Kap. 1.5 schon einiges erfahren. Hier sollen nun einige praktische Hinweise folgen, wie die wichtigsten Haushaltsgeräte optimal mit Solarstrom versorgt werden können.

Beleuchtung

Die Hersteller von Glüh- und Leuchtstofflampen haben in den letzten Jahren einiges getan, um energiesparsamere Beleuchtungssysteme zu entwickeln; und die sollten wir auch nutzen!

Für die Beleuchtung von Wohnwagen, Wochenendhäusern und autonom versorgten Häusern ist es im allgemeinen sinnvoll, den Beleuchtungsstrom ohne weitere, verlustbringende Umwandlung direkt aus dem Akku zu entnehmen. Wir werden die Beleuchtung also auf 12/24 V Gleichstrom umstellen. Dafür gibt es zunächst einmal die normalen Glühlampen mit der gewohnten Schraubfassungen (E27), die auch für die Kleinspannungen 12 und 24 V hergestellt werden und die es in besseren Elektrogeschäften zu kaufen gibt. Sie sind zwar in bezug auf die Lichtausbeute nicht besonders gut, aber ganz praktisch, wenn man vorhandene Lampen ohne Umbaumaßnahmen (Einbau einer anderen Lampenfassung) weiter verwenden will. Da die Glühlampen in die vorhandenen Fassungen passen, muß nur der Stecker ausgetauscht werden, um Verwechselungen mit 220 V Geräten zu vermeiden. Um das Zuleitungskabel nicht zu überlasten, sollten maximal 60 W-Lampen eingesetzt werden.

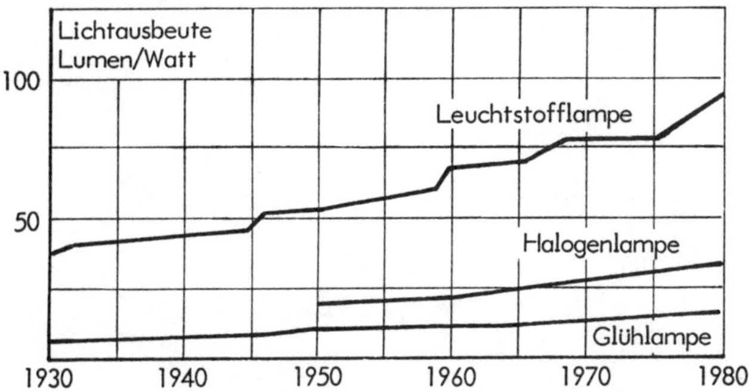

Abb. 71: Stromverbrauch und Lichtleistung gebräuchlicher Lampen

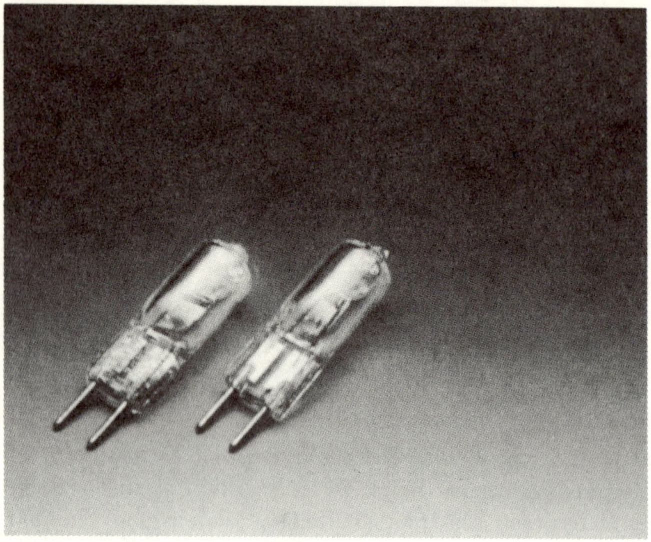

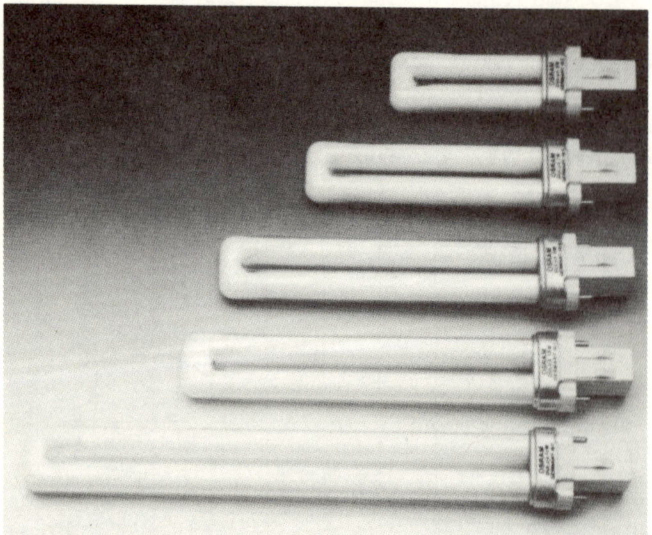

Abb. 72: Halogen-Glühlampen und PL-Lampen (Dulux)
Photos: Osram-Firmenprospekt

Im Hinblick auf eine energiesparsame Beleuchtung gibt es Besseres: Abb. 71 zeigt, wie sich die spezifische Lichtleistung (in Lumen/Watt), d.h. die Helligkeit pro Watt Stromverbrauch, für verschiedene Lampentypen in den letzten Jahrzehnten entwickelt hat. Während die Lichtausbeute normaler Glühlampen nur etwa 12-15 Lumen/W beträgt, liefern die Niedervolt-Halogen-Lampen bei gleichem Stromverbrauch immerhin die 2-3 fache Helligkeit. Sie werden standardmäßig für 12 und 24 V hergestellt und heute in modernen Leuchten ("der neue Trend") schon recht häufig eingesetzt. Für den Betrieb an 220 V haben diese Leuchten einen Trafo eingebaut, der bei einer Versorgung aus dem Akku natürlich nicht nötig ist und umgangen werden muß.

Mit etwas Geschick kann man aber auch die Steck- oder Bajonettfassungen für Halogenlampen in vorhandene Beleuchtungskörper einbauen. Eine 40 W Halogenlampe erreicht die Helligkeit einer normalen 100 W Glühlampe; wegen der höheren Temperatur der Leuchtwendel gibt sie ein sehr weißes Licht, dessen optische Wirkung sich durch Reflektoren und Schirme vielfältig gestalten läßt.

Noch sparsamer im Verbrauch sind die Leuchtstofflampen, die mit 80-100 Lumen/W bei gleicher Helligkeit nur 20% des Stroms herkömmlicher Glühlampen aufnehmen. Leuchtstofflampen sind Gasentladungsröhren; sie arbeiten mit einer Brennspannung von 110-140 V und benötigen zum Starten kurzzeitig eine höhere Zündspannung; außerdem muß die Stromaufnahme durch geeignete Maßnahmen in einem Vorschaltgerät begrenzt werden. Leuchtstofflampen brauchen daher am 220 V Netz ebenso wie am 12/24 V Gleichstromnetz ein besonderes Vorschaltgerät. Bei den kompakten Leuchtstoffröhren mit Schraubfassung (E27) für 220 V ist dies bereits im Sockel integriert, sie sind daher für unsere Zwecke nicht brauchbar. Gut geeignet sind dagegen die PL-Lampen (Abb. 72) mit einer 2-poligen Steckfassung sowie die geraden, dünnen Röhren mit 4 Anschlußstiften. Elektronische Vorschaltgeräte (eine besondere Art von Spannungswandler) für 12/24 V mit Leistungen von 8-40 W werden inzwischen von den meisten Händlern, die Solarpanele verkaufen, mit angeboten, so daß man die vorhandenen

Leuchten ggf. selbst umbauen kann. Der höhere Preis für das Vorschaltgerät mit Leuchtstoffröhre (Kosten ca. 60-100 DM) wird durch den eingesparten Strom wieder aufgewogen. Abb. 73 zeigt eine einfache Selbstbau-Schaltung für ein solches Vorschaltgerät, wobei die Teile als Bausatz sehr preiswert bezogen werden können; der Wirkungsgrad dieses Wandlers (ca. 60%) wird allerdings von einigen teureren Vorschaltgeräten deutlich übertroffen.

Wer nicht basteln will, findet im Campingbedarf, bei Bus- und Bootsausstattern mehr oder weniger formschöne, fertige Leuchten. Die Lichtqualität der Leuchtstoffröhren ist heute übrigens gar nicht so schlecht wie gelegentlich noch behauptet wird. Das für die Augen ermüdende Flakkern im Rhythmus der 50 Hz Netzfrequenz tritt bei den elektronischen Vorschaltgeräten mit Schaltfrequenzen von 15.000 Hz und mehr übrigens nicht auf!

Zusammenfassend wollen wir festhalten, daß man bei energiesparenden Lampen mit einem Stromverbrauch von 15-40 W pro Brennstelle rechnen kann. Die Beleuchtung gehört damit nicht zu den großen Stromverbrauchern im Haushalt.

Die »braune« Ware: Radio, Fernsehen, Phonogeräte

Tragbare Radios, Fernsehgeräte und Kasettenrecorder sind bereits für den Betrieb mit Akkus oder Batterien gebaut und im Stromverbrauch äußerst genügsam. Der Anschluß an unser solares Gleichstromnetz, ggf. mit einem kleinen Vorschaltgerät für die Kleinspannungen 3/6/9 V, bereitet somit keine Probleme. Angaben zum Stromverbrauch finden sich entweder auf dem Typenschild am Gerät oder unter "Technische Daten" in der Betriebsanleitung.

Wer seine teure Stereoanlage oder den großen Fernseher nicht missen möchte, muß entweder einen Wechselrichter anschaffen, der dann auch noch für andere Geräte zur Ver-

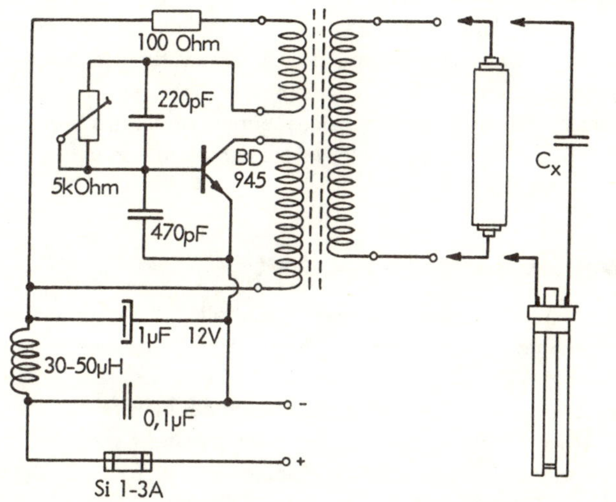

Nach der vorliegenden Schaltung läßt sich ein einfacher Spannungswandler zum Betrieb von Leuchtstoffröhren aufbauen. Die Lampenleistung kann zwischen 8 und 40 Watt liegen. Mit dem Trimmer (5 kOhm) werden gleichzeitig die Helligkeit der Lampe und die Stromaufnahme der Schaltung beeinflußt: er sollte so eingestellt werden, daß bei möglichst geringer Stromaufnahme der Schaltung (zum Einstellen mit dem Amperemeter messen) eine optimale Helligkeit erreicht wird.
Während die geraden Leuchtstoffröhren direkt angeschlossen werden können, sollten PL-Lampen über einen Kondensator (Typ FKP, 400V) betrieben werden.
Werte von C_X: PL 7-9: 5 nF; PL 11: 8 nF

Für den Aufbau des Übertragers liegen keine Angaben vor. Alle Teile der Schaltung können jedoch als Bausatz bezogen werden (Preis ca. 15-20 DM) bei:
Radio-Menzel, Limmerstr. 3-5, 3000 Hannover, 0511/442607

Beim Betrieb von PL-Lampen an Spannungswandlern müssen Starter und Kondensator generell aus dem Lampensockel entfernt werden:

1. Lampensockel direkt hinter den Einrastnasen absägen.
2. Kondensator und Starter aus dem Sockel ziehen und abknipsen.
3. Drahtenden so in den Sockel zurückschieben, daß sie sich nicht berühren (Kurzschluß unbedingt vermeiden).
4. Sockelabschnitt in die Fassung kleben, um versehentliches Einsetzen nicht umgebauter Lampen zu verhindern.

Abb. 73: Schaltung eines einfachen Vorschaltgerätes für Leuchtstoffröhren bis 40 Watt fügung steht, oder diese Geräte durch Einbau eines speziell angepaßten Gleichspannungswandlers auf die Akkuspannung umrüsten lassen (vgl. Kap.3.3). Die Umrüstung ist zwar die energiesparsamere Lösung, lohnt sich aber nur, wenn man dadurch die Anschaffung eines guten Wechselrichters und die Installation eines 220 V Netzes umgehen kann.

Weitere Geräte im Haushalt

Wer einen "vollelektrischen" Haushalt zu versorgen hat, kommt um einen guten Wechselrichter und einen entsprechend großen Akku nicht herum: Staubsauger, Küchengeräte, Bügeleisen, elektrische Nähmaschine, Haarföhn, elektrische Schreibmaschine u.ä. sind zwar meistens nur für kurze Zeit in Betrieb und gehören deshalb auch nicht zu den grossen Stromverbrauchern, sie aber alle auf 12/24 V umzubauen oder durch neue 12/24 V Geräte zu ersetzen, ist wohl nicht praktisch. Ob man auf diese kleinen Helfer verzichten kann, mag jeder selbst entscheiden.

Die »weiße« Ware: Kühlschrank, Waschmaschine, ...

Jetzt kommen wir zu den wirklich großen und damit problematischen Stromverbrauchern im Haushalt.

Den **Elektroherd** sollte man, sofern vorhanden, verkaufen und fortan mit Gas (Erdgas oder Propan) kochen, es ist billiger und heute keineswegs gefährlicher als ein Elektroherd; außerdem läßt sich die Hitze viel besser regulieren.

Der **Kühlschrank** und ggf. auch die **Gefriertruhe** sind heimliche Starkzehrer: von der Leistungsaufnahme (150-250 W) her nicht besonders auffällig, erreichen sie deshalb einen so hohen Verbrauch, weil sie Tag und Nacht in Betrieb sind und sich mit schöner Regelmäßigkeit selbsttätig ein- und ausschalten. Selbst die marktbesten Kompressorkühlschränke nehmen heute wenigstens 0,6-0,8 kWh/Tag auf, entsprechend 200-280 kWh/Jahr. Absorberkühlschränke liegen im Verbrauch deutlich darüber.

Der Kompressor im Kühlaggregat wird stets durch einen Asynchronmotor angetrieben, ein Betrieb an unserer Solarstromanlage ist daher nur mit einem guten Trapez- oder Sinuswechselrichter möglich, der kurzzeitig das 5-10 fache der Kompressorleistung liefern kann. Zum Stromverbrauch des Kühlgeräts müssen dann noch 10-15% Umwandlungsverluste im Wandler hinzugerechnet werden. Auf die Möglichkeit, mit verbesserter Wärmedämmung und leistungsfähigeren Kompressoren sparsamere Kühlgeräte zu bauen, wurde in Kap. 1.5 bereits hingewiesen. Kaufen kann man solche Kühlschränke und Gefriertruhen jedoch nur für 12 und 24 V Betriebsspannung, die für die Ausstattung mobiler Küchen (Camping und kommerzieller Bedarf) gebaut werden. Sie sind durch bessere Wärmedämmung sparsamer im Stromverbrauch und können ohne Wechselrichter und Umwandlungsverluste ans Gleichstromnetz angeschlossen werden. Allerdings kosten diese Geräte auch 2-3 mal soviel wie gleichgroße, normale Kühlschränke. Im Vergleich zu den 220 V-Standard-Geräten werden sie nur in Micro-Serien gefertigt. Wo bleibt da der technische Fortschritt?

Die **Waschmaschine** ist in Solarstromanlagen ein besonders problematischer Verbraucher: Trommel und Laugenpumpe werden durch Asynchron-Motoren angetrieben, das Programmschaltwerk läuft über einen Wechselstrom-Synchronmotor und das Heizen der Waschlauge erfolgt ebenfalls elektrisch über einen 1,5-2 kW Heizstab. Mit einem durchschnittlichen Jahresverbrauch von 250-300 kWh/a entsprechend 0,7-0,8 kWh/Tag gehört sie zu den großen Verbrauchern im Haushalt. Allein für den Betrieb der Waschmaschine einen 2,5 kW-Wechselrichter anzuschaffen wäre Wahnsinn! Es gibt jedoch kleine, preiswerte und sehr einfache Waschmaschinen ohne Heizstab und Pumpe, die sich mit einem 300 W-Wechselrichter betreiben lassen. Für bestehende Geräte bleibt nur der Einbau eines Warmwasseranschlusses an die Waschmaschine und der Anschluß an das häusliche Warmwassernetz (z.B. solar oder mit Gas-Durchlauferhitzer); mehr darüber findet sich in der Literatur (S.Scheer: Stromsparen beim Waschen, ökobuch, Freiburg 1985).

Die Stromheizung sollte man tunlichst abklemmen und auf den Kochwaschgang verzichten - Waschen bei 60°C tut's auch. Die Motoren in der Maschine und im Schaltwerk können dann aus einem Trapez- oder Sinus-Wechselrichter versorgt werden. Ganz findige Bastler werden sich sicherlich schon überlegt haben, Motor, Laugenpumpe und den Synchronantrieb für das Programmschaltwerk gegen passende Gleichstrom-Aggregate auszutauschen. Jedoch Vorsicht, die Schaltkontakte im Programm sind für die höheren Ströme, die ein 12/24 V Motor zieht, zu schwach.

Der Betrieb eines Wäschetrockners in Solarstromanlagen ist ebenso wenig sinnvoll, wie das Aufheizen der Lauge in Waschmaschinen mit Solarstrom: die Solarzellen erzeugen aus Sonnenenergie elektrischen Strom nur mit bescheidenem Wirkungsgrad, der im Trockner dann überwiegend wieder in Wärme umgewandelt wird; da kann man die Wäsche besser ins Freie hängen und direkt mit Sonnenenergie trocknen. Einen Trockenplatz mit Überdachung gegen Regen zu schaffen, ist allemal einfacher und preisgünstiger als die nötige Erweiterung der Solarstromanlage.

Häufig findet sich im Heizungskeller dann noch das eine oder andere Elektrogerät, das wir bei unserer Übersicht nicht vergessen wollen: **Pumpen + Steuerungen** für die Heizung und die eigentlich obligatorische Warmwasser-Solaranlage, sowie unter Umständen das Gebläse für den Heizungsbrenner. Alte Heizungspumpen sind häufig stark überdimensioniert, was den Heizungsbauern früher das Rechnen erspart hat. Sie können daher, vor allem wenn sie dauernd laufen, im Jahr mehr Strom verbrauchen als die Waschmaschine oder der Kühlschrank! Ein verbesserter Wärmeschutz des Gebäudes hilft auch, bei der Umwälzpumpe Energie zu sparen: wegen des geringeren Wärmebedarfs läßt sich die Pumpenleistung drastisch reduzieren und während der Nachabsenkung über eine Schaltuhr ganz abschalten. Die optimale Pumpenleistung kann der Heizungsbauer heute experimentell ermitteln.

Sofern ein guter Wechselrichter mit Abschaltautomatik und eine 220 V Installation vorhanden ist, wird man die ganze Heizungsanlage weiterhin mit Netzspannung betrei-

Gerät	Betrieb an 12/24V möglich?	Nennleistung Watt	Leistung gemessen Watt
Glühlampen	direkt	15-150	
Leuchtstofflampen	mit Wandler	8-60	
Kühlschrank	mit Wandler	120-230	
(12/24V-Ausführung)	direkt	50-75	
Tiefkühltruhe	mit Wandler	150-230	
(12/24V-Ausführung)	direkt	50-75	
Getreidemühle	mit Wandler	250	130
Mixer (3 Stufen)	mit Wandler	140	38/46/70
Kofferradio	direkt oder leichter Umbau	-	4
Staubsauger klein	mit Wandler	500	450
Staubsauger groß	mit Wandler	950	380-840
Föhn klein	mit Wandler	320	28/320
Föhn groß	mit Wandler	460	44/500
Nähmaschine	mit Wandler	37/80	56-86
Bügeleisen	mit Wandler	1000	1210
Waffeleisen	mit Wandler	1000	1040
Waschmaschine	Umbau & Wandler erforderlich	2200	Ruhe: 4 76/168/500/2200
Geschirrspüler	Umbau & Wandler erforderlich	3050	60/350/2700
Tonband (Revox A77)	mit Wandler	70/100	20/70/100
Verstärker 2x 30W	Umbau erford.	100	10/50-80
Casetten-Recorder	direkt oder leichter Umbau	5	4
Tuner	leichter Umbau	15	15
Diaprojektor	Umbau möglich	215	200
Computer-Drucker	Umbau möglich	44	8/12
Garten-Wasserpumpe	mit Wandler	900	900
Bohrmaschine	mit Wandler	420	200-350
Schwingschleifer	mit Wandler	400	260-300
Kreissäge	mit Wandler	1200	720

Die Messung der Leistungsaufnahme hat Wolfgang Bredow im Zuge der Umstellung seines Haushalts auf Solarstrom (vgl. Kap. 6.2) durchgeführt, und zwar beim Betrieb am 220V-Netz mit Hilfe des Leistungsmessers "Wattavi".

Tab. 8: Leistungsaufnahme verschiedener Verbraucher im Haushalt ben. Es gibt inzwischen aber auch kleine 12/24 V Gleichstrompumpen mit gutem Wirkungsgrad, die nur ein paar Watt aufnehmen und für gepumpte Solar- und kleinere Heizungsanlagen stark genug sind (im Einzelfall prüfen lassen). Sofern der Heizkessel keinen Gebläsebrenner enthält, läßt sich die Heizung dann ganz auf Gleichstrombetrieb umstellen; die Außentemperatursteuerung sowie die Regelung der Solaranlage arbeiten im Innern sowieso mit kleinen Gleichspannungen (5-15 V) und geringer Leistungsaufnahme, so daß die Anpassung an die 12/24 V Systemspannung nicht schwer ist.

Abb. 74: Solargenerator in Kombination mit einer kleinen Windkraftanlage

4. Planung und Dimensionierung von Solarstromanlagen

4.1 Planungsgrundsätze

Bei der Planung netzunabhängiger Solarzellenanlagen gleich welcher Größe gilt es, folgende 4 Faktoren zu berücksichtigen und aufeinander abzustimmen:

- den Stromverbrauch
- die Sonneneinstrahlung
- die Solarzellenfläche
- den Stromspeicher, d.h. den Akku.

Am Anfang steht der Verbrauch: Stromverbrauch, Betriebsspannung und der zeitliche Verlauf des Verbrauchs (konstanter Verbrauch bzw. Verbrauchsspitzen) bestimmen die Anforderungen, die wir an die zu planende Anlage zu stellen haben. Deshalb ist es notwendig, Stromverbrauch und geschätzte Betriebszeit aller zu versorgenden Geräte aufzulisten und daraus einen täglichen bzw. wöchentlichen Mittelwert für den Gesamtverbrauch zu errechnen.

Die Kenntnis des Verbrauchs erlaubt es dann, auch die Deckung des Bedarfs zu kalkulieren. Als zweiter Schritt werden dazu die Daten über die örtliche Sonneneinstrahlung ermittelt, die im allgemeinen als monatliche Mittelwerte der täglich eingestrahlten Energiemenge vorliegen (vgl. Tab. 3). Die Größe der Solarzellenfläche muß nun so bemessen werden, daß bei den gegebenen Einstrahlungsbedingungen der Verbrauch im Mittel gedeckt wird.

Zuletzt wird die Größe des Speichers festgelegt: er muß so bemessen sein, daß die täglichen bzw. witterungsbedingten Schwankungen im Solarangebot ausgeglichen werden und genügend Strom für strahlungsarme Perioden gespeichert ist.

Nicht immer wird man auf Anhieb zu einer optimalen Dimensionierung gelangen. So kann es sein, daß entweder im Winter aufgrund des geringen Energieangebots und erhöhten Verbrauchs zu wenig Strom zur Verfügung steht oder daß die Anlage, wenn sie für den Winterbetrieb ausgelegt wurde, allzu groß und zu teuer würde. In solchen Fällen wird man versuchen, z.B. durch Kompromisse in der Verbrauchsstruktur oder durch Erschließung weiterer Energiequellen eine Lösung zu finden. Manchmal hift es auch, die 4 Planungsschritte mehrmals zu durchlaufen und sich dadurch dem Ertrags- und Kostenoptimum zu nähern.

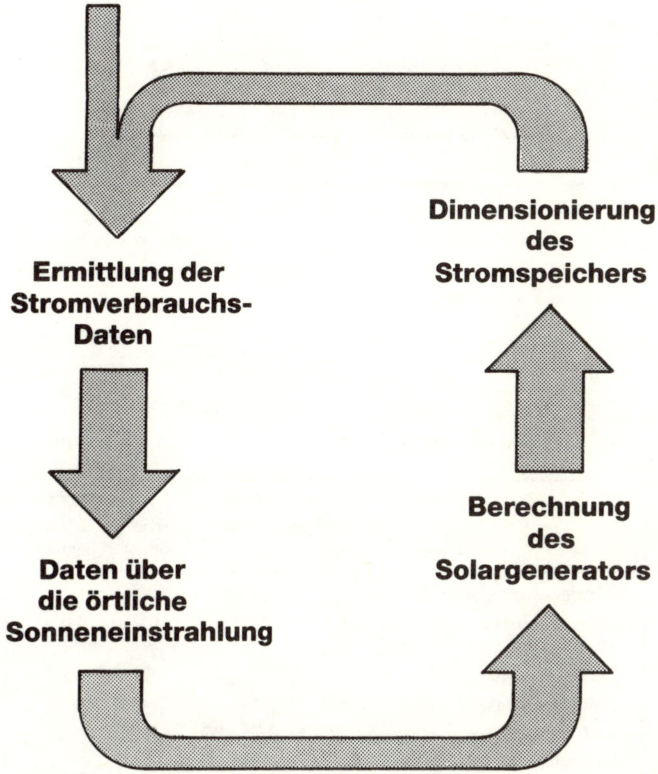

Abb. 75: Planungsverfahren

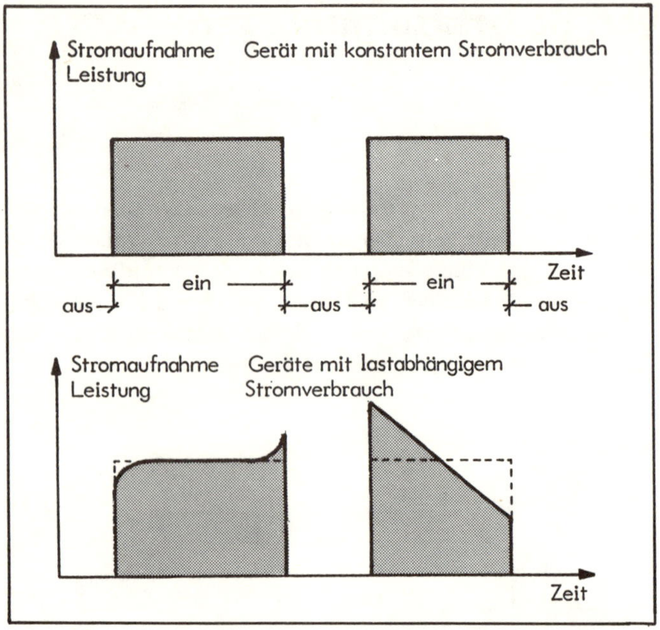

Abb. 76: Zeitlicher Verlauf der Strom- und Leistungsaufnahme - oben: bei zeitlich konstantem Verbrauch, - unten: bei Geräten mit belastungsabhängigem Verbrauch

Tab. 9: Berechnung des mittleren, täglichen Stromverbrauchs einiger Geräte für einen Kleinhaushalt

	Leistung	Strom-aufnahme	Betriebs-zeit	Verbrauch Arbeit	Verbrauch Strom
	Watt	Ampere	h/Tag	Wh/d	Ah/d
3 Halogenlampen	20	1,7	3x 0,5	30	2,6
4 Leuchtstoffl.	17	1,4	4x 1,5	102	8,4
Kofferradio	4	0,3	6	20	1,5
Farb-Fernseh-G.	56	4,7	1,5	84	7,1
SW-Fernseh-Ger.	16	1,3	-	-	-
12V-Kühlschrank	60	5	0,25x 24	360	30
Digitaluhr	0,08	0,007	24	2	0,16
Gesamt:				**598**	**49,8**

4.2 Der Stromverbrauch

Die Stromaufnahme (in A), die Leistungsaufnahme (in W) und die Betriebsspannung (in V) eines Gerätes werden in der Regel auf dem Typenschild bzw. im Beiblatt unter "Technische Daten" angegeben. Ist die Stromaufnahme (I) z.B. nicht einzeln aufgeführt, kann man sie aus Leistungsaufnahme (N) und Betriebsspannung (U) leicht errechnen oder mit einem Amperemeter messen:

I (in A) = N (in W) / U (in V)

Gehen wir zunächst davon aus, daß die Betriebsspannung der Geräte mit der Systemspannung unserer Anlage übereinstimmt, also beispielsweise 12 Volt beträgt. Soll nur ein Gerät mit Solarstrom versorgt werden, ist die Angelegenheit recht übersichtlich: während das Gerät eingeschaltet ist, wird der für das Gerät typische Strom verbraucht (Abb. 76); bei manchen Geräten hängt die Leistungsaufnahme jedoch von den Betriebsbedingungen ab: so nimmt ein voll aufgedrehter Musikverstärker oder ein belasteter Motor mehr Strom auf als der Verstärker in Leise-Stellung bzw. der Motor im Leerlauf.

Wir berechnen den Wh (Wattstunden)-Verbrauch Q z.B. für einen Tag aus der Gerätespannung U, dem Strom I und der gesamten täglichen Einschaltzeit t:

Q = U x I x t in Wh/Tag (Wattstunden pro Tag)

Man kann natürlich alternativ zum täglichen Verbrauch auch eine Woche oder einen Monat als Betrachtungszeitraum wählen, wenn dies vom Benutzungsrhythmus angebracht erscheint. Manchmal sind exakte Zahlenwerte für die Einschaltzeit bzw. die Einschalthäufigkeit schwer zu ermitteln, so daß man auf Schätzungen oder Messungen angewiesen ist.

Sollen mehrere Geräte versorgt werden, muß dieser Rechengang für jedes einzelne Gerät wiederholt werden. Der Gesamtverbrauch (z.B. in Wh/Tag) ist am Ende die Summe aller Einzelposten. Tab. 9 zeigt das Berechnungsverfahren; für einige typische Verbraucher im Haushalt gibt sie gleichzeitig Anhaltspunkte für Leistungs- und Stromaufnahme und bei einer angenommenen Betriebszeit pro Tag auch für den täglichen Gesamtverbrauch. Es handelt sich hier wohlgemerkt um ein Berechnungsbeispiel, das Endergebnis kann in der Praxis für jeden Fall anders aussehen. Auf die Notwendigkeit, möglichst stromsparende Geräte einzusetzen, wurde ja schon mehrmals hingewiesen.

4.3 Die Wahl der Systemspannung

Die Wahl der Systemspannung sollte nicht nur von der Betriebsspannung einiger eventuell schon vorhandener Verbraucher abhängig gemacht, sondern auch noch unter anderen Gesichtspunkten überlegt werden.

In einem Haushalt sind im allgemeinen mehrere Verbraucher mit unterschiedlicher Leistungsaufnahme in Gebrauch, die manchmal auch gleichzeitig eingeschaltet werden. Im Tagesverlauf wird das Versorgungssystem dadurch recht unterschiedlich belastet, was man in einem sogenannten "Last-Diagramm" anschaulich darstellen kann (Abb. 77). Die Verbrauchsspitzen am Morgen, Mittag und Abend kommen durch den gleichzeitigen Betrieb mehrerer bzw. einzelner leistungsstarker Verbraucher (z.B. Kochen, Warmwasserbereitung u.ä.) um diese Tageszeiten zustande. In einem Stromspar-Haushalt wird das Last-Diagramm zwar nicht unbedingt so hohe Leistungsspitzen aufweisen, zur Veranschaulichung der Verbrauchsstruktur sind Abb. 77 / 78 jedoch allemal geeignet. Das Diagramm macht deutlich, daß die auftretenden Leistungsspitzen um ein Vielfaches höher sind als der Verbrauch im Stunden-, Tages- oder Wochenmittel. Werden gar Induktionsmotoren mit Wechselrichtern betrieben, treten für Sekunden Leistungsspitzen auf, die die angebenene Nennleistung um das 4-8 fache übersteigen. Um allzu große Stromverbrauchsspitzen in Solarstromanlagen zu vermeiden, kann man durch eine Verriegelung sicherstellen, daß Geräte mit sehr hohem Stromverbrauch nicht gleichzeitig betrieben werden; möglich ist zum Beispiel der Betrieb über Zeitschaltuhren,

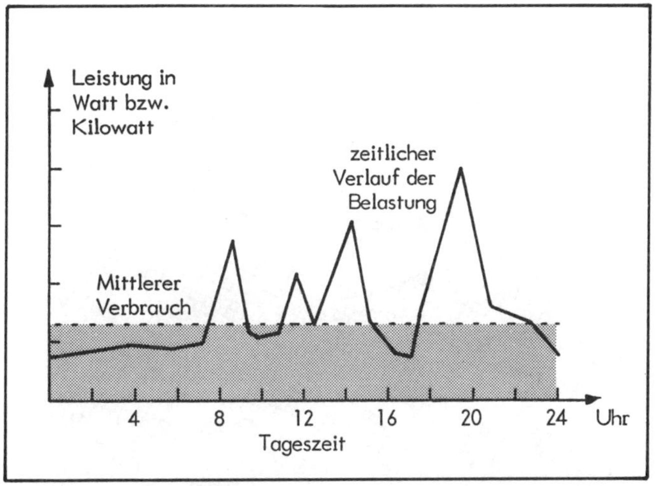

Abb. 77: Lastdiagramm für einen Haushalt: dargestellt wird die aufgenommene Leistung im Verlauf des Tages; die Fläche unter der Kurve ist ein Maß für den gesamten Stromverbrauch dieses Tages.

Abb. 78: Lastdiagramm eines Haushalts und solares Stromangebot: für eine autonome Versorgung müssen sich Angebot und Verbrauch (d.h. die Flächen unter den Kurven) im Mittel decken.

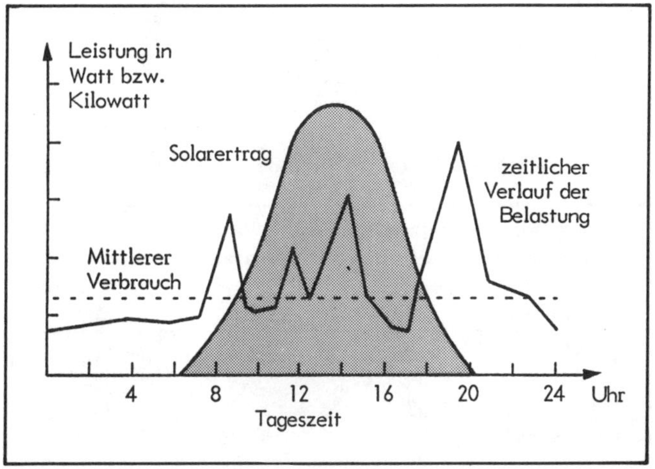

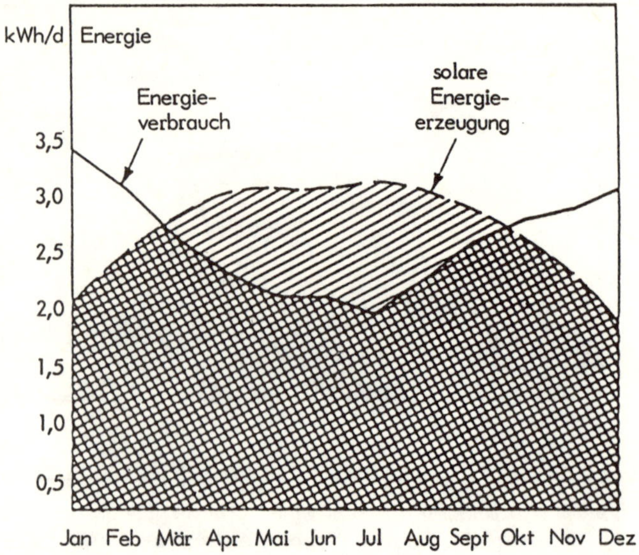

Abb. 79: Solarstromangebot und Stromverbrauch im Jahresverlauf: die graphische Darstellung stellt Zeiten von Überangebot und Mangel anschaulich dar.

Tab. 10: Richtwerte für die Wahl der Systemspannung

mittl. tägl. Stromverbrauch kWh/Tag	Spitzenbelastung f.Minuten kW	f.Sekunden kW	System-spannung nicht unter Volt
0 - 3	0,75 - 1,5	1,5 - 3	12
3 - 6	1,5 - 3	3 - 6	24
6 - 12	3 - 6	6 - 12	36 - 48
16 und mehr	4 - 8	8 - 16	220

der Betrieb an einer Steckdose (2 Stecker, 1 Dose) oder mit entsprechenden Umschaltern (von Hand oder elektronisch).

Leitungssystem und Akkus müssen diesen Leistungsspitzen gewachsen sein. Deshalb sollte man die in Tab. 10 angegebenen Richtwerte für die Systemspannung beachten und im Zweifelsfall lieber die höhere Betriebsspannung wählen. Werden Verbraucher mit mehr als 500-1000 W Leistungsaufnahme häufiger benutzt, empfiehlt sich hierfür - vor allem bei längeren Zuleitungen - eine separate 220 V Wechselstromversorgung über einen Wechselrichter. Die verfügbaren Dauer-Leistungen sind wieder durch die Systemspannung begrenzt: für 12 V gibt es Wechselrichter bis 1200 W, für 24 V noch solche mit 2500 W, für 48 V werden noch Wandler mit 5000-6000 W maximaler Leistung angeboten; bei Kurzzeitbelastungen können zum Teil 2-3 mal höhere Leistungen entnommen werden.

4.4 Das weitere Berechnungsverfahren

1. Der Verbrauch

Bei der Verbrauchsabschätzung für die 220 V Geräte müssen auch die Verluste im Wechselrichter berücksichtigt werden:

Leistung des Geräts	/	Wechselrichter-wirkungsgrad	=	korrigierte Leistung
600 Watt	/	0,90	=	667 Watt
korrigierte Leistung	x	mittl. Nutzungs-dauer/Tag	=	mittl. tägl. Verbrauch
667 Watt	x	0,2 h/Tag	=	133 Wh/Tag
+ Gleichstromverbraucher (Tab.9)				598 Wh/Tag
= **Gesamtverbrauch**				**731 Wh/Tag**

Wenn wir den mittleren täglichen Wh-Verbrauch durch die Systemspannung teilen, erhalten wir den mittleren täglichen Ah-Verbrauch, den wir für die weitere Rechnung brauchen.

tägl. Wh-Verbrauch	/	System-spannung	=	mittl.tägl. Ah-Verbrauch
731 Wh/Tag	/	12 V	=	61 Ah/Tag

Die Speicherverluste im Akku berücksichtigen wir mit einem Korrekturfaktor, im Beispiel mit 0,90 entsprechend dem Amperestundenwirkungsgrad des Akkus, d.h. 90% des Solarstroms stehen am Speicher zur Verfügung.

mittl.tägl. Ah-Verbrauch	/	Speicher-wirkungsgrad	=	korrigierter Ah-Verbrauch
61 Ah/Tag	/	0,90	=	67 Ah/Tag

Als Ergebnis erhalten wir den korrigierten täglichen Amperestundenbedarf, der durch den Ertrag vom Solargenerator gedeckt werden muß.

2. Bemessung des Solargenerators

In Kap.2.5 kann man ausführlich nachlesen, wie man für einen Solargenerator mit gegebener Orientierung und Neigung an einem bestimmten Standort den Ah-Ertrag der Panele berechnet. Wir wollen das Berechnungsverfahren daher hier nur in kurzen, übersichtlichen Schritten darstellen. Auf jeden Fall ist es sinnvoll, die Ertragsberechnung für verschiedene Monate im Jahr durchzuführen, um den Einfluß der Auslegungsmonate auf die Größe des Solargenerators zu erkennen.

Standort des Generators	Neigung	Orientierung	Berechnung für Monat
Freiburg	30°	0° Süd	April

Einstrahlung auf eine waagerechte Fläche (aus Tab.3)	x	Korrekturfaktor für Neigung & Orientierung (aus Tab.4)	=	Einstrahlung auf den Solargenerator (Solarangebot)
3,59 kWh/m²d	x	1,08	=	3,88 kWh/m²d

Solarangebot auf Generator	/	Einstrahlung für Nennleistung	=	Nennleistungs-zeit/Tag
3,88 kWh/m²d	/	1 kW/m²	=	3,88 h/d

Korrigierter Ah-Verbrauch	/	Nennleistungs-zeit	=	Nennstrom des Solargenerators
67 Ah/d	/	3,88 h/d	=	17,3 A

Nennstrom des Solargenerators	/	Nennstrom eines Moduls	=	Module parallel
17,3 A	/	z.B. 3,11 A	=	5,56 -> 6

Systemspannung	/	Modulspannung	=	Module in Serie
12 V	/	12 V	=	1

Aus dem monatlichen Tagesmittel der Einstrahlung auf eine waagerechte Fläche (Tab. 3) und dem Korrekturfaktor für Neigung und Orientierung (Tab. 4) wird zunächst für den betreffenden Monat das Tagesmittel der Strahlung auf den Solargenerator berechnet. Teilt man dieses Solarangebot durch die Norm-Einstrahlungsbedingungen (1000 W/m²), erhält man die (fiktive) Zahl der Stunden, während der der Solargenerator mit Nennleistung arbeiten müßte, um denselben Ertrag zu bringen wie unter den realen, wechselnden Strahlungsbedingungen.

Um die Größe des Solargenerators festzulegen, wird zunächst der erforderliche Nennstrom berechnet, der nötig ist, um den korrigierten Ah-Verbrauch zu decken. Man sucht nun einen passenden Modultyp aus und kann dann leicht die erforderliche Anzahl der Module berechnen.

Führt man diese Rechnung für verschiedene Monate des Jahres durch, wird man unter Umständen feststellen, daß in den Wintermonaten eine unrealistisch hohe Zahl von Solarmodulen erforderlich wäre, die zudem in den Sommermonaten einen gewaltigen Stromüberschuß liefern würden. Ist eine autonome Versorgung das ganze Jahr über gefordert, bieten sich folgende Lösungen an:

- Reduzierung des Stromverbrauchs im Winter ist im allgemeinen nur beschränkt möglich, z.B. durch Abschalten von Kühlgeräten o.ä.
- Der Einsatz großer Akkus als Jahreszeiten-Speicher ist zwar möglich, aber in den meisten Fällen zu aufwendig und kostspielig. Durch Einsetzen von jährlichen Tagesmittelwerten anstelle der monatlichen Tagesmittel erhält man die erforderliche Größe des Solargenerators, sollte aber durch einen Zuschlag von 20-30% die erhöhten Verluste durch die Langzeitspeicherung (Selbstentladung) berücksichtigen. Bei der Akkudimensionierung muß man in diesem Fall die erforderliche Speicherkapazität durch eine monatliche Bilanzierung von Ertrag und Verbrauch bestimmen.
- Nutzung anderer Energiequellen, z.B. Windenergie, Notstromgenerator, Wärme-Kraft-Kopplung; bei der Optimierung der Erträge aus Sonnenenergie und anderen Quellen spielen im allgemeinen wirtschaftliche Überlegungen (kostengünstigste Lösung) eine wichtige Rolle. Bei der Planung ist es hilfreich, mit einer graphischen Darstellung der Erträge und Verbräuche über das Jahr hinweg zu arbeiten, da man optisch leichter erkennt, wie man die Ertragskurven am besten an die Verbrauchskurve anpassen kann.

Dem Sonnenstand nachgeführte Solargeneratoren bringen in unserem Klima zwar einen um 20-40% höheren Energieertrag, der Unterschied zwischen dem Ertrag im Sommer und im Winter wird dadurch aber noch verstärkt. Im Sommer ist die Einstrahlung nicht nur höher, sondern auch von längerer Dauer! Günstig ist die Änderung der Neigung des Solargenerators im Herbst (Neigung 65-70°) und im Frühjahr (Neigung 20-40°), was sich z.B. bei einer Flachdachmontage meist mit geringem Aufwand von Hand bewerkstelligen läßt. Wer auf einen möglichst gleichmäßigen Ertrag über das ganze Jahr hinweg Wert legt, wird die für den Winter optimale Neigung von 65-70° fest einstellen. Da der Solargenerator im Sommer dann nicht exakt zur Sonne hin ausgerichtet ist, fallen auch die Stromüberschüsse in dieser Zeit weniger groß aus; aber man verschenkt natürlich wertvolle Energie!

3. Bemessung des Akkus

Der Akku soll die witterungsbedingten Schwankungen im Solarangebot ausgleichen und genügend Energie bevorraten, um den Verbrauch in der Nacht und in strahlungsarmen Perioden decken.

Betrachten wir 2 Fälle einmal näher: der Akku in einem Wochenendhaus muß den Energiebedarf für ein ganzes Wochenende speichern, wenn man das Haus auch bei schlechtem Wetter bewohnen will; ein im Verhältnis zur Akkukapazität kleiner Solargenerator reicht aus, um den verbrauchten Strom im Laufe der Woche wieder in den Akku hineinzubringen. In einem normalen, dauernd genutzten Haushalt ist der Verbrauch dagegen von Tag zu Tag relativ gleichbleibend; der Solargenerator muß in diesem Fall so groß sein, daß er den täglichen Verbrauch im Tagesmittel erzeugen kann. Die Akkukapazität wird man dagegen so bemessen, daß Schwankungen in der Einstrahlung ausgeglichen werden können und genügend Strom z.B. für einige sonnenarme Tage (je nach Witterung und Sicherheitsbedürfnis) gespeichert ist. Es ist deshalb nicht sinnvoll, die Speicherkapazität einfach der Größe des Solargenerators anzupassen.

Bei der Bemessung des Akkus gehen wir vielmehr von der Verbrauchsstruktur aus und werden sie durch 2 Größen beschreiben:

- der **Amperestundenverbrauch** gibt an, wieviel Amperestunden im Tages-, Wochen- oder Monatsmittel verbraucht werden.
- die Zahl der **Autonomie-Tage** gibt an, wie lange dieser Verbrauch ausschließlich aus dem Akku gedeckt werden soll/kann (z.B. bei defektem Solargenerator oder einer Schlechtwetterperiode).

Für den Amperestundenverbrauch kann man den weiter vorn bereits berechneten täglichen Mittelwert einsetzen, wenn der Verbrauch von Tag zu Tag relativ gleichmäßig ist. In diesem Fall wird man die Zahl der Autonomie-Tage so wählen, wie es die Dauer der regionalen Schlechtwetterperioden erforderlich macht. Je größer die Zahl der Autonomie-Tage, umso höher wird die Versorgungssicherheit. Je nach Anwendung und Anspruch an die Versorgungssicherheit wird man in der Bundesrepublik für 4-10 Tage Autonomie fordern. Steht eine zusätzliche Energiequelle zur Verfügung, z.B. ein Notstromaggregat oder ein Windgenerator, kann man den Zeitraum auch kürzer wählen.

Wird nur gelegentlich Strom verbraucht, wie z.B. im Wochenendhaus, und liegen längere Ladeperioden dazwischen, muß man für den täglichen Ah-Verbrauch die Strommenge einsetzen, die an den Tagen der Nutzung tatsächlich verbraucht wird, also z.B. nicht den Amperestundenverbrauch, der sich im Wochenmittel ergibt. Um auch bei schlechtem Wetter am Wochenende genügend Strom vorrätig zu haben, muß die Autonomie wenigstens für diese Tage gegeben sein, also sind 2-3 Tage meistens ausreichend.

Die zulässige Entladetiefe gibt an, wieviel Prozent der Akkukapazität in der Praxis nutzbar sind; sie ist je nach Akkutyp recht unterschiedlich (vgl. Kap. 3.1). Während man bei wartungsfreien Akkus im Hinblick auf eine lange Lebensdauer die Entladetiefe auf 30-50% (= 0,3-0,5) beschränken sollte, kann man "ortsfeste Akkus" durchaus Entladetiefen von 70-80% (= 0,7-0,8) zumuten. Genaue Angaben über die zulässige Entladetiefe und die Konsequenzen für die Lebensdauer finden sich in guten Hersteller-Unterlagen.

Die Dimensionierung des Akkus ist nun kein Problem mehr:

korrigierter Ah-Verbrauch	x	Autonomie-tage	/	Entlade-tiefe	=	Akku-Kapazität
67 Ah/Tag	x	5 Tage	/	0,8	=	419 Ah
67 Ah/Tag	x	5 Tage	/	0,5	=	670 Ah

erf.Akku-kapazität	/	Kapazität d. gewählten Akkus	=	Zahl der Akkus parallel
419 Ah	/	450 Ah	=	0,9 -> 1 ortsfest
670 Ah	/	100 Ah	=	6,7 -> 7 wartungsf.

Systemspannung	/	Akkuspannung	=	Akkus in Serie
12 V	/	2 V	=	6 Zellen
12 V	/	12 V	=	1 Akku

Akkus parallel	x	Akkus i.Serie	=	Gesamtzahl
1	x	6	=	6 ortsfest
7	x	1	=	7 wartungsf.

Anmerkung zum Beispiel: die Rechnung zeigt, daß beim angenommenen Energieverbrauch der Einsatz der preiswerteren, wartungsfreien Akkus nicht mehr sinnvoll ist, denn es müßten 7 Akkus parallel geschaltet werden. Außerdem wäre es günstiger, die Systemspannung auf 24 V zu erhöhen!

Damit sind die Hauptkomponenten eines autonomen Versorgungssystems festgelegt. Ob es dabei um die Versorgung eines tragbaren Gerätes oder eines ganzen Hauses geht, spielt für den Berechnungsgang keine Rolle. Die Größe der verwendeten Solarpanele und Akkus wird man natürlich von vornherein mit ein bißchen Augenmaß aussuchen. Im Zwei-

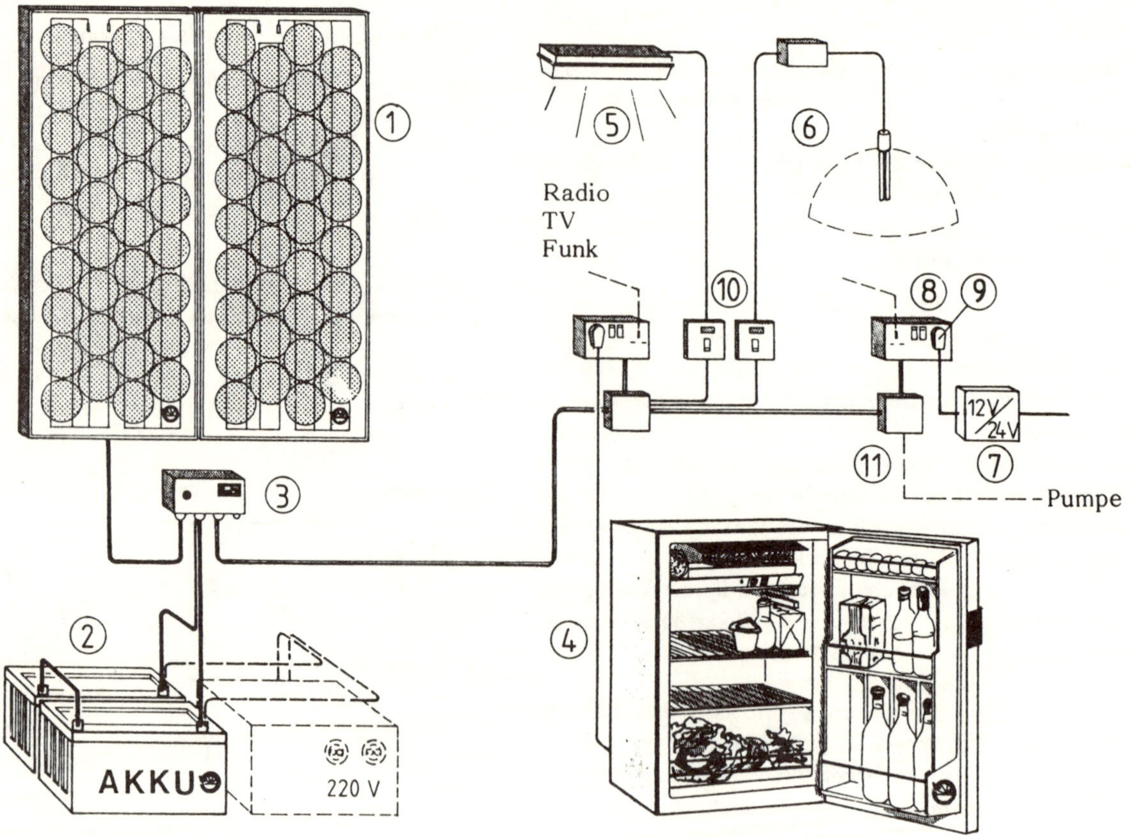

1 2 Solarmodule in Serie = 24 V Systemspannung
2 2 Bleiakkus in Serie = 24 V, wartungsfreie o. ortsfeste Typen
3 Laderegler mit Tiefentladeschutz
4 Stromspar-Kühlschrank 115 l, 24 V, 60 W (Verbrauch: 280Wh/Tag)
5 Deckenleuchte: Leuchtstofflampe PL 11, Vorschaltwandler in die Leuchte integriert
6 PL-Lampe, als Umrüstsatz mit separatem Vorschaltgerät
7 24/12 V-Spannungswandler zum Betrieb von 12 V-Geräten (bis 60 Watt) am 24 V-Netz
8 Doppelsteckdosen mit Schalter (für Kabel bis 10 mm²)
9 Stecker, verpolungssicher mit integrierter 13 A-Sicherung
10 Schalter (bis 20 A) mit Signallicht

Quelle: Firmenunterlagen der Fa. Wagner & Co, Marburg

Abb. 80: Beispiel für eine kleine solare Hausstromversorgung felsfall, z.B. wenn momentan nicht genügend Geld zur Verfügung steht, sollte man einen guten und reichlich bemessenen Akku kaufen und lieber bei der Zahl der Module Abstriche machen. Module lassen sich jederzeit leicht ergänzen, Akkus jedoch nicht; und während man bei den Modulen noch auf Preissenkungen spekulieren kann, ist das bei Akkus heute kaum zu erwarten.

4.5 Kombination mit anderen Energiequellen

Für die autonome Versorgung abgelegener Häuser kann die Kombination von Solarzellen mit anderen Energieerzeugern nicht nur sinnvoll, sondern sogar notwendig sein, um den solaren Versorgungsengpaß im Winter zu überwinden. Naheliegend ist die gleichzeitige Nutzung der Windenergie, da sich die Angebotsprofile - Sonne im Sommer, Wind im Winter - in den windreichen Gegenden bei uns ganz gut ergänzen. Das Versorgungsrisiko wird dadurch jedoch prinzipiell nicht beseitigt.

Wo die Windkraftnutzung schwierig erscheint, bietet sich der Einsatz eines gas- oder dieselmotorgetriebenen Notstromgenerators an, bei dem man am besten die Abwärme gleich als Beitrag zur Heizung nutzt (Prinzip Wärme-Kraft-Kopplung). Für die kleinen Notstromaggregate (Honda, bzw. Kawasaki) mit 1-2 kW elektrischer Leistung gibt es entsprechende Vorsätze für den recht sauberen Gasbetrieb. Wenn man die Motorabwärme aus Kühlung und Abgas voll nutzt, kann man damit ein kleines, optimal gedämmtes Haus heizen und bekommt den Strom quasi umsonst; denn der größte Teil des Kraftstoffs (75-80%) wird in Wärme umgewandelt. In einer solchen Anlage wird man dann soviele Solarmodule vorsehen, daß der Stromverbrauch in der heizfreien Zeit ausschließlich von der Sonne gedeckt werden kann.

Wenn Wasserkraft in ausreichendem Maße nutzbar sein sollte, erübrigt sich meistens der Solargenerator, da bei dieser Energiequelle Angebot und Energieverbrauch im jahreszeitlichen Verlauf noch am besten übereinstimmen.

Die Integration anderer Energiequellen in die elektrische Anlage bereitet keine besonderen Schwierigkeiten. Handelsübliche Notstrom-Aggregate (Leistung 1-3 kW) liefern im allgemeinen 220 V Wechselspannung, die in autonomen Anlagen häufig sehr willkommen ist, um größere Verbraucher (Waschmaschine, Kühlgeräte, Elektrowerkzeuge u.ä) direkt zu versorgen. Dazu wird man am Eingang der 220 V Verteilung einen Umschalter vorsehen, mit dem man (von Hand oder automatisch) entweder den Wechselrichter oder den Notstromgenerator auf die Verteilung schalten kann. Natürlich sollen auch die Akkus über den Notstromgenerator geladen werden können; man kann dazu ein handelsübliches Ladegerät zum Nachladen von Autoakkus verwenden, das bei vielen Autobesitzern bereits im Schrank steht. Ein solides Gerät, das 20-50 A liefern kann (je nach vorhandener Akkukapazität) wäre natürlich optimal, da es die Ladezeit und die Laufzeit des Generators verkürzt. Die Generatorleistung sollte nicht zu groß gewählt werden (1-2 kW); denn häufiges Starten des Aggregats mit relativ kurzen Laufzeiten sowie häufiger Betrieb im Schwachlastbereich (unter 10% der Nennleistung) bringen nicht nur eine unsaubere Verbrennung sondern auch starken Verschleiß.

Kleinere Windkraftanlagen bis 1 kW Leistung liefern im allgemeinen niedrige Spannungen von 12 oder 24 V, und zwar im allgemeinen als Wechsel- bzw. Drehstrom (z.B. bei Drehstrom-Lichtmaschinen als Generator). Der Strom muß daher zunächst gleichgerichtet werden, bevor er über eine Entkoppelungsdiode ins Gleichstromnetz eingespeist werden kann. Es ist sinnvoll, für den Windgenerator einen eigenen Laderegler vorzusehen; denn einerseits wäre ein großer Solarladeregler erforderlich, der auch die Leistungsspitzen bei starkem Wind noch verarbeiten kann, und andererseits muß man durch eine geeignete Schaltung unter allen Umständen verhindern, daß die Windkraftanlage ohne Last läuft, um eine Beschädigung der Anlage durch Überdrehzahlen auszuschließen. In der Regel wird man überschüssigen Strom, der nicht zum Laden der Akkus genutzt werden kann, mittels Heizpatronen in Wärme umsetzen und z.B. für die Warmwasserbereitung oder Heizung verwenden.

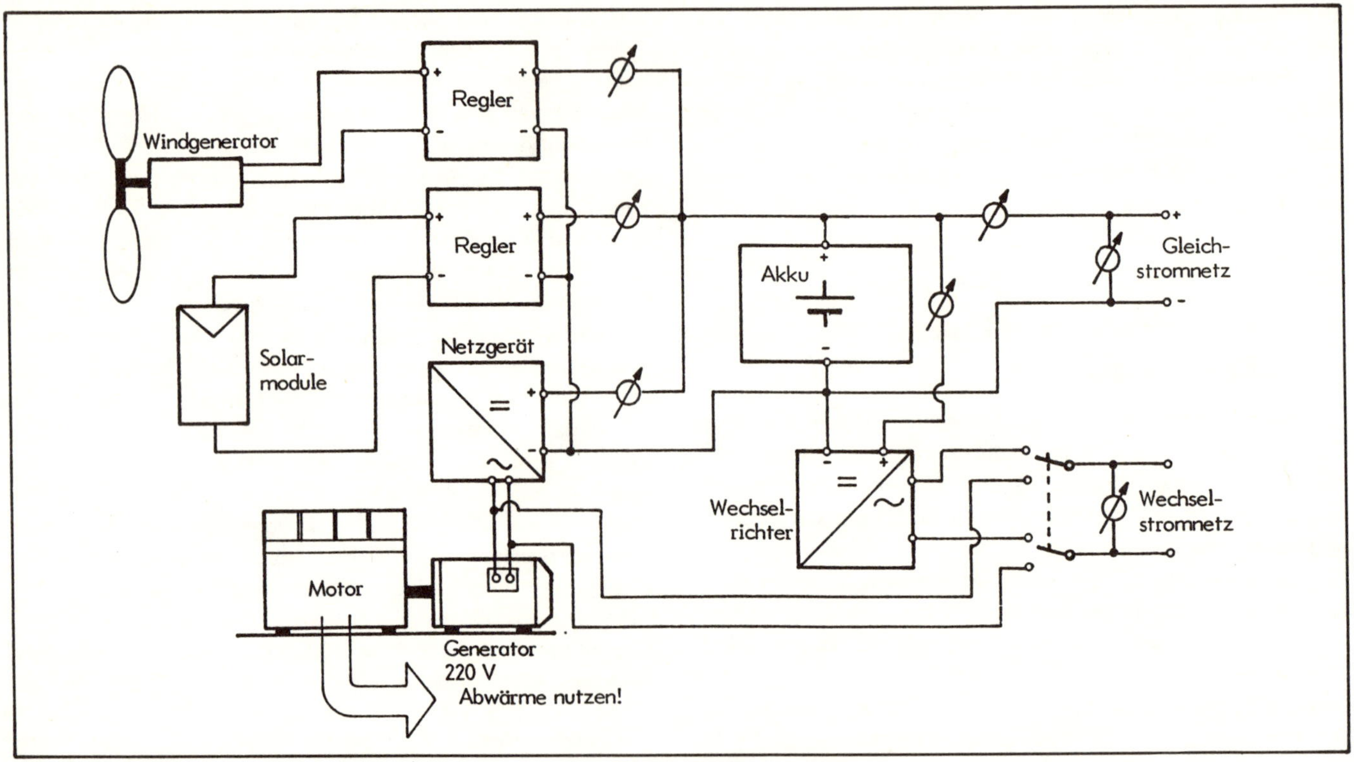

Abb. 81: Schema einer autonomen Stromversorgungsanlage mit Windkraftanlage und Wärme-Kraft-Kopplung

Die Errichtung einer Windkraftanlage als Ergänzung zum Solargenerator lohnt sich aber wirklich nur dort, wo genügend Wind vorhanden ist und die Windgeschwindigkeit im Jahresmittel über 3,5–4 m/s liegt. Man darf auch nicht vergessen, daß wir es bei den Windkraftanlagen im Gegensatz zu den Solarzellen mit komplizierten, hochbeanspruchten Maschinen zu tun haben, die regelmäßiger Wartung bedürfen. Wenn der vorhergesagte Preisrückgang bei den Solarzellen in den nächsten Jahren wirklich eintritt, wird es in den windschwächeren Gegenden allemal lohnender sein, das Geld für die Anschaffung einer Windkraftanlage stattdessen in zusätzliche Solarpanele zu investieren.

Die Frage nach dem optimalen Verhältnis von installierter Windkraft- zur Solarzellenleistung kann hier nicht erschöpfend behandelt werden; selbst wenn man durch Anpassung von Verbrauchs- und Ertragskurven ein günstiges Verhältnis errechnet hat, ist man in der Praxis auf das begrenzte Typenangebot bei Windkraftanlagen angewiesen, das eine so feine Leistungsabstufung wie bei den Solarzellen gar nicht zuläßt. Außerdem hängt das optimale Verhältnis sehr stark vom Preis für die Anlagen und den örtlichen Windgeschwindigkeiten ab, so daß eine allgemeingültige Aussage nicht möglich ist. In der Literatur (Tagungsband des 3. Internationalen Sonnenforums, Hamburg 1980) beschreibt Dr. Falk Auer, Langenselbold, ein rechnergestütztes Optimierungsverfahren für die Kombination von Solargenerator, Windkraftanlage und Akku-Speicher.

4.6 Kosten und Wirtschaftlichkeitsüberlegungen

Zur Planung gehört natürlich auch die Frage nach den Kosten, und für die kühlen Rechner stellt sich die weitere Frage "Lohnt sich das?".

Die Kataloge der Solarelektrik-Firmen können sicherlich aktueller und detaillierter über die Preise einzelner Anlagenkomponenten informieren, als es in einem Buch möglich ist. Zur Zeit, d.h. Mitte 1986, stellt sich die Situation so dar: durch den Rückgang des Dollarkurses ist der Markt für Solarzellen in Bewegung gekommen, die Preise für fertige Module liegen derzeit bei 15-25 DM/W, je nach Modulgrösse. Spezialausführungen für Marine- oder tragbare Anwendungen sowie besonders leichte Panele sind entsprechend teurer. Bei den jetzt auf den Markt drängenden Modulen aus amorphen Zellen läßt sich ein Preisvorteil noch nicht so recht erkennen, was sich in den nächsten Jahren aber sehr wohl ändern kann. Die weitere Preisentwicklung wird stark davon abhängen, ob es gelingt, durch neue Großanlagen und durch viele verschiedene Kleinanwendungen eine Ausweitung des Marktes zu erreichen und damit höhere Stückzahlen zu verkaufen.

Aber bleiben wir bei der Kostensituation heute. Die Solarstromanlage besteht ja nicht nur aus Solarpanelen, auch die Installation, Regler, Akkus und Wandler müssen angeschafft werden. Tab. 11 gibt einen ungefähren Überblick über die Kostenstruktur für autonome Stromversorgungsanlagen zwischen 100 und 1000 W.

Der Versuch, die daraus resultierenden Stromkosten pro Kilowattstunde für eine Hausversorgungsanlage mit 500 W Solarzellenleistung und 10 kWh Speicherkapazität abzuschätzen, zeigt, daß der resultierende Strompreis mit den heutigen Kosten für Strom aus dem Netz absolut nicht konkurrieren kann. Bei dieser Abschätzung sind die Kosten für zusätzliche Installationsarbeiten und die Umstellung einzelner Geräte nicht mit einbezogen, da die dadurch erzielbaren Energieeinsparungen ja auch bei einer Netzversorgung zu Buche schlagen würden.

	spezifische Anlagenkosten	Energieertrag	Kostenanteil Strompreis** DM/kWh
Solargenerator	15-25 DM/W	20 kWh/W*	0,75 - 1,25
Laderegler	1-2 DM/W	20 kWh/W*	0,05 - 0,10
Akku-Speicher	0,70 DM/kWh vgl.Tab.	70% über den Speicher	0,50 - 1,10
Wechselrichter	2-3 DM/W	20 kWh/W*	0,10 - 0,15
Installation	1 DM/W	20 kWh/W*	0,05
Gesamtkosten für Solarstrom			**1,45 - 2,65 DM/kWh**

* bei 20 Jahren Lebensdauer
** bei 20 Jahren Abschreibung der Anlagenkosten ohne Kapitalkosten

Tab. 11: Kostenstruktur für autonome Stromversorgungsanlagen in unseren Breiten (Stand 1986)

Die Kostenaufstellung zeigt auch, daß die Bauelemente Speicher und Wechselrichter derzeit etwa die Hälfte der Gesamtkosten ausmachen; anders als bei den Solarzellen ist bei diesen Bauelementen nicht mit erheblichen Preisrückgängen zu rechnen, handelt es sich doch um gängige Bauteile der Industrieelektronik.

Fazit: Der Strom in autonomen Anlagen wird auch in näherer Zukunft von den Kosten her nicht mit Netzstrom konkurrieren können. Deshalb ist es unter rein ökonomischen Gesichtspunkten im allgemeinen wenig sinnvoll, ein Haus mit bestehendem Netzanschluß autonom versorgen zu wollen. Daß man in einigen Fällen auch eine andere Rechnung aufmachen kann, zeigt das Beispiel in Kapitel 6.1.

Dort wo kein Netzanschluß zur Verfügung steht oder der Neuanschluß mit Kosten von 10.000 DM und mehr bezahlt werden muß, sieht die Rechnung sofort anders aus; hier hat die autonome Stromversorgung mit Solarzellen ganz klar ihre Vorzüge, auch im Vergleich zu wartungs- und reparaturanfälligen Notstromgeneratoren, die zudem noch Brennstoff verbrauchen, lärmen und stinken. Die Beispiele in Kapitel 6 zeigen, daß man mit einer Investition von 20.000-30.000 DM (ggf. mit zusätzlichem Selbsthilfeanteil) eine durchaus solide Solarstromversorgung für ein Wohnhaus

50 kW Photovoltaik-Anlage

Betrachtungszeitraum: 20 Jahre
Ertrag in südlichen Ländern: 100.000 kWh/a

Kosten in 20 Jahren:	
Investitionskosten (15 DM/W)	750.000 DM
Brennstoff	0 DM
Gesamt ohne Grundstückskosten	**750.000 DM**

50 kW Diesel-Generator-Anlage

Betrachtungszeitraum: 20 a — Ertrag: 100.000 kWh/a

Kosten in 20 Jahren:	
Investitionskosten (1200 DM/kW)	60.000 DM
Brennstoffkosten (1 DM/l)	800.000 DM
Gesamt ohne Bedienung und Wartung	**860.000 DM**

aufbauen kann; kleinere Anlagen zur Versorgung von Caravans, Schrebergarten- und Wochenendhäusern im Sommerhalbjahr lassen sich je nach Anspruch und Verbrauch schon für 2.500-5.000 DM realisieren.

Soll der Strom von der Sonne vom Preis her mit dem Strom aus AKW's und anderen Großkraftwerken konkurrieren können, bleibt aus heutiger Sicht nur der Weg an's öffentliche Netz: Solarstromüberschüsse werden über netzgeführte Wechselrichter der Allgemeinheit zur Verfügung gestellt, umgekehrt liefert das Netz den Strom für sonnenlose Zeiten. Der Vorteil liegt auf der Hand: man kann auf teure Akkus verzichten und bei einem Preisrückgang der Solarzellen auf 3-4 DM/W beginnt diese Lösung für größere Anlagen im kW-Bereich auch wirtschaftlich interessant zu werden. Geeignete netzgeführte Wechselrichter sind zur Zeit in der Entwicklung und dürften bei entsprechender Serienproduktion um 2-3 DM/W Spitzenleistung kosten. Damit läßt sich die kWh Solarstrom für 20-30 Pf produzieren - ohne schädliche Abgase, Lärm, Radioaktivität und diverse Endlagerungsprobleme.

Der Frage, aus welchen Quellen der Stromverbrauch in der Nacht und an sonnenarmen Tagen erzeugt wird, wollen wir hier nicht weiter nachgehen; es gibt viele, gute Möglichkeiten! Ein großer Teil unseres Spitzenstrombedarfs am Tage und besonders um die Mittagszeit kann auf jeden Fall hervorragend aus Solarstromanlagen gedeckt werden, die direkt am Netz arbeiten.

Abb. 82: Vergleich einer Solarstromanlage mit einem Dieselgenerator zur Stromversorgung in südlichen Ländern (ohne bestehendes Versorgungsnetz)

5. Installationshinweise

5.1 Gefahren vermeiden!

Für die Installation einer Solarstromanlage gelten in Bezug auf Sicherheit dieselben Regeln wie bei jeder anderen Hausinstallation auch. Die Gefahr, einen gefährlichen elektrischen Schlag zu bekommen, ist bei Niederspannungen bis 48 V zwar nicht gegeben, aber ab etwa 20 V merkt man die Spannung schon als Kribbeln in den Fingern. Also sollte man sich nicht zu leichtsinnigen, "fliegenden" Installationen und lose herumliegenden, nicht isolierten Kabelenden verleiten lassen. Ein geladener Akku enthält mehr Energie, als man sich im allgemeinen vorstellt, und er kann sie in sehr kurzer Zeit freisetzen! Es wäre nicht das erste Mal, daß ein glühendes Kabel einen größeren Brand auslöst. Neben möglichen Sach- und Personenschäden wäre damit auch der "sanften Technik Sonnenenergie" kein guter Dienst getan. Unsachgemäße und nachlässige Elektroinstallationen sind geradezu eine Einladung für's Unglück!

Auch 12 und 24 V-Anlagen mit Akkus sind Stromversorgungsanlagen im Sinne des VDE (Verein Deutscher Elektrotechniker) und unterliegen damit den einschlägigen Regeln (VDE 0100). Die wichtigsten Regeln für Installationen mit "Schutzkleinspannungen bis 50 V" sind naheliegend und leicht einzuhalten: ausreichende Schutzisolierung von Kabeln und Geräten, Absicherung aller Versorgungsleitungen entsprechend den verlegten Kabelquerschnitten durch Schmelzsicherungen oder Sicherungsautomaten, sowie die Verwendung von Steckern und Steckdosen, die nicht mit Installationen für höhere Spannungen (z.B. 220 V) verwechselt werden können.

Nach den Bestimmungen des VDE dürfen elektrische Anlagen nur von "Elektrofachkräften" errichtet werden; dies gilt auch für die Instandsetzung, Änderung, Erweiterung und Wartung bestehender Anlagen. Als Elektrofachkraft gilt, "wer aufgrund seiner fachlichen Ausbildung, Kenntnisse und Erfahrungen, sowie Kenntnis der einschlägigen Bestimmungen die Arbeiten sachgemäß ausführen und mögliche Gefahren erkennen kann". Wer Arbeiten an netzversorgten Anlagen ausführt, braucht zusätzlich noch die Zulassung vom zuständigen Stromversorgungsunternehmen.

Über die Ausführung von konventionellen Elektroinstallationen gibt es eine ganze Reihe von guten, verständlichen Büchern (z.B. aus der Berufsbildung), mit denen man sich Grundwissen und nützliche Tips anlesen kann. Häufig hilft schon ein Gang in die öffentliche Stadtbibliothek. Die praktische Erfahrung können diese Bücher freilich nicht ersetzen.

5.2 Installation

Die Montage der Solarmodule und der richtige Aufstellungsort für Akkus wurde ja in den früheren Kapiteln bereits eingehend behandelt. Um diese beiden Bauelemente zu verbinden und um alle möglichen Verbraucher anschließen zu können, empfiehlt es sich auf jeden Fall, einen Schaltkasten zu montieren, in dem alle Kabel zusammenlaufen und so wichtige Bauteile wie Sicherungen, Laderegler, Meßinstrumente und eine solide Klemmleiste für den Anschluß der Kabel untergebracht sind. Der Kasten sollte verschließbar sein (Kindersicherung) und möglichst nahe bei den Akkus an einem leicht zugänglichen Ort an der Wand befestigt werden. Für eine Hausinstallation wird man natürlich einen größeren Kasten brauchen als für das Bordnetz eines Caravans oder Bootes. Für kleinere Bordnetze reichen vielfach schon die Anschlußmöglichkeiten einiger gut ausgestatteter Laderegler mit eingebauten Sicherungen, Schaltern und Meßinstrumenten völlig aus.

Abb. 83 zeigt im Blockschema, welche Elemente und Funktionen im Schaltkasten unterzubringen sind.

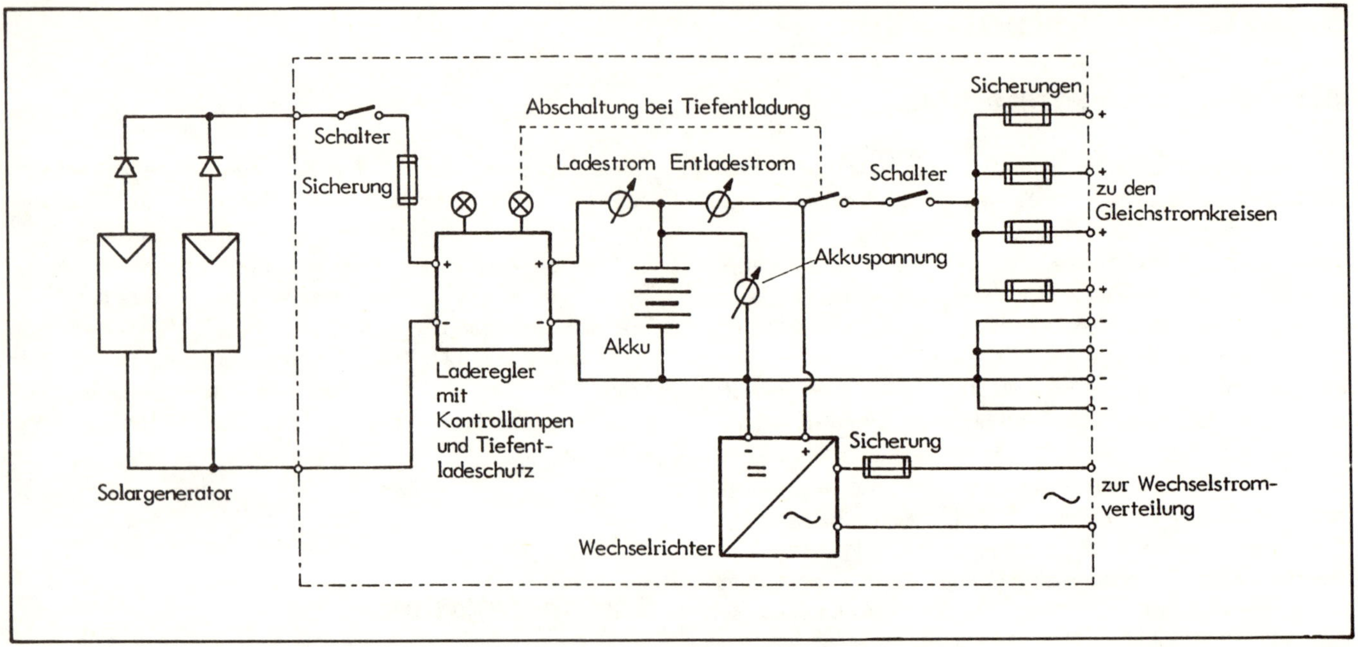

Abb. 83: Baugruppen und Bauelemente, die in einem Schaltkasten unterzubringen sind.

Tab. 12: Strombelastbarkeit von isolierten Kupfer-Kabeln nach VDE 0100 und ihre zulässige Absicherung

Kabelradius mm	Leiter-querschnitt mm^2	Strombe-lastbarkeit Ampere	Absicherung Ampere
0,49	0,75	12	10
0,56	1,0	15 = 15A/mm^2	14
0,69	1,5	20	20
0,89	2,5	27	25
1,13	4	36	35
1,38	6	47	50
1,78	10	65 = 6A/mm^2	63
2,26	16	87	80

5.3 Kabel

Kabel werden gebraucht, um Strom zu transportieren. Sie bestehen aus einer oder mehreren Kupfer- oder Alu-Adern mit Isolierhüllen aus nichtbrennbarem Kunststoff oder Gummi. Zwar sind alle Metalle elektrische Leiter und können somit Kurzschlüsse verursachen, wegen des geringen elektrischen Widerstands verwendet man für Kabel aber vorzugsweise Kupfer.

Auch wenn der elektrische Widerstand von Kupfer recht niedrig ist, so ist er dennoch vorhanden und meßbar; er nimmt zu, je länger das Kabel und je kleiner der Leiterquerschnitt ist.

spez. Widerstand des Materials	x	Kabellänge	/	Leiterquerschnitt	=	Widerstand des Kabels
q_{Cu}	x	l_{kabel}	/	F_{leiter}	=	R_{kabel}
0,0179 (Kupfer) Ohm m/mm²	x	10 m	/	4,0 mm²	=	0,0448 Ohm

Beim Stromdurchgang verursacht der Kabelwiderstand einen Spannungsverlust (U), der sich mit Hilfe des Ohm'schen Gesetzes berechnen läßt; und da es bei jedem Kabel eine Hin- und Rückleitung gibt, muß der Kabelwiderstand mit dem doppelten Wert angesetzt werden.

2x Kabelwiderstand	x	fließ. Strom	=	Spannungsabfall
$2 \times R_{kabel}$	x	I	=	U_{kabel}
2x 0,0448 Ohm	x	10 Ampere	=	0,896 Volt

Wie man sieht, wird der Spannungsverlust mit steigendem Kabelwiderstand und zunehmendem Strom durch das Kabel größer. Mit dem Spannungsverlust ist gleichzeitig auch ein Leistungsverlust verbunden, der im Kabel verheizt wird; das sind sozusagen die "Reibungsverluste" beim Stromtransport.

Strom im Kabel	x	Spannungsabfall	=	Leistungsverlust
I		U_{kabel}		N_{kabel}
10 Ampere	x	0,896 Volt	=	8,96 Watt

Berücksichtigt man, daß der Spannungsabfall als Produkt aus Kabelwiderstand und Strom durch das Kabel berechnet wird, kann man folgende allgemeingültige Aussage treffen; der Leistungsverlust beim Stromtransport nimmt zu

- mit steigendem Kabelwiderstand und
- mit dem Quadrat des fließenden Stroms.

Da das Kabel durch den Leistungsverlust warm wird, sind zur Vermeidung von Brandgefahr und Beschädigungen an den Leitungen zulässige Höchstwerte für die genormten Kabelquerschnitte festgelegt worden. Für die meistgebrauchten Kupferkabel sind diese Werte in Tab. 12 zusammengestellt. Bei 220 V-Installationen dürfen die Leitungen nur bis zu der angegebenen Höchstgrenze belastet werden und müssen ihrem Querschnitt entsprechend abgesichert sein. Da wir in unseren Gleichstrom-Versorgungsanlagen mit sehr viel niedrigeren Spannungen aber erheblich höheren Strömen umgehen, interessiert uns auch noch das Verhältnis der Verlustleistung im Kabel zur übertragenen Nutzleistung, also der relative Verlust:

Kabelverlust	/	Nutzleistung	=	relativer Verlust
$I^2 \times R_{kabel}$	/	$U_{system} \times I$	=	n (x 100%)
100 x 0,0896 W	/	12 V x 10 A	=	0,075 = 7,5% (12V)
25 x 0,0896 W	/	24 V x 5 A	=	0,019 = 1,9% (24 V)

Vergleicht man im Beispiel den relativen Verlust bei gleicher übertragener Nutzleistung (120 W) und 12 bzw. 24 V Systemspannung, sieht man, daß durch die Verdoppelung der Betriebsspannung die Verluste (absolut und relativ) auf ein Viertel zurückgehen. Umgekehrt betrachtet, muß das Kabel in einer 12 V Installation den vierfachen Querschnitt aufweisen wie in einer 24 V Anlage, um zu gleich niedrigen Übertragungsverlusten zu kommen. Oder noch anders ausgedrückt, kann ein Kabel bei 24 V Systemspannung gegenüber 12 V-Anlagen die vierfache Leistung übertragen. Installationen mit vielen oder leistungsstarken Verbrauchern sind daher vorteilhaft in 24 V (in Sonderfällen auch 48 V) auszuführen.

Bei der Ausführung der Installation stellt sich nun die Frage anders herum: "Welchen Kabelquerschnitt muß ich wählen, damit die Verluste in den Zuleitungen bei einer gegebenen Kabellänge im Rahmen bleiben?" Einige Hersteller empfehlen - nicht ohne tieferen Sinn -, daß die Leistungsverluste im Solarkreis 3% und in den Verbraucherkreisen 7% nicht überschreiten sollten. Für die beiden gängigsten Betriebsspannungen sind in Tab. 13 die höchstzulässigen Leistungen in Abhängigkeit von Kabellänge und -querschnitt angegeben, bei denen die Leitungsverluste unter 3

Kabelquerschnitt mm²	Kabellänge in m / spez. Widerstand Ohm/m	1	2	4	6	8	10	15	20	30
		12 Volt 3% Verlust								
1,5	0,02381	181	91	45	30	23	18	12	9	6
2,5	0,01429	302	151	76	50	38	30	20	15	10
4	0,00893	484	242	121	81	60	48	32	24	16
6	0,00595	726	363	181	121	91	73	48	36	24
10	0,00357	1209	605	302	202	151	121	81	60	40
16	0,00223	1935	968	484	323	242	194	129	97	65
25	0,00143	3024	1512	756	504	378	302	202	151	101
		12 Volt 7% Verlust								
1,5	0,02381	423	212	106	71	53	42	28	21	14
2,5	0,01429	705	353	176	118	88	71	47	35	24
4	0,00893	1129	564	282	188	141	113	75	56	38
6	0,00595	1693	847	423	282	212	169	113	85	56
10	0,00357	2822	1411	705	470	353	282	188	141	94
16	0,00223	4515	2258	1129	753	564	452	301	226	151
25	0,00143	7055	3527	1764	1176	882	705	470	353	235
		24 Volt 3% Verlust								
1,5	0,02381	726	363	181	121	91	73	48	36	24
2,5	0,01429	1209	605	302	202	151	121	81	60	40
4	0,00893	1935	968	484	323	242	194	129	97	65
6	0,00595	2903	1451	726	484	363	290	194	145	97
10	0,00357	4838	2419	1209	806	605	484	323	242	161
16	0,00223	7740	3870	1935	1290	968	774	516	387	258
25	0,00143	12094	6047	3024	2016	1512	1209	806	605	403
		24 Volt 7% Verlust								
1,5	0,02381	1693	847	423	282	212	169	113	85	56
2,5	0,01429	2822	1411	705	470	353	282	188	141	94
4	0,00893	4515	2258	1129	753	564	452	301	226	151
6	0,00595	6773	3386	1693	1129	847	677	452	339	226
10	0,00357	11288	5644	2822	1881	1411	1129	753	564	376
16	0,00223	18060	9030	4515	3010	2258	1806	1204	903	602
25	0,00143	28219	14110	7055	4703	3527	2822	1881	1411	941

Die Zahlenwerte in der Tabelle geben die **Leistungsgrenzen (in Watt)** an, bei denen in einem zweiadrigen Kupferkabel die Verluste kleiner sind als 3% bzw. 7%, wie es für Solarstromanlagen empfohlen wird. Man sieht deutlich die höheren zulässigen Leistungen in einem 24 Volt-Netz.

Zulässige Belastung von Kabeln in Solarstromanlagen

bzw. 7% bleiben. Für andere Gegebenheiten muß man mit der oben angegeben Formel selber rechnen!

Kabel bis 2,5 mm² Querschnitt gibt es noch in allen Baumärkten zu kaufen, meist mit 3 und 5 Adern. Durch Parallelschalten von 2 Adern mit 2,5 mm² entsteht ein Kabel mit 5 mm² Querschnitt: bei 5 adrigem Kabel bleibt dann neben der doppelten + und - Leitung noch eine Ader für andere Zwecke frei. Größere Querschnitte kann man über den Elektrofachhandel bzw. als einadriges Kabel im Autozubehör beziehen. Ein Qualitätsunterschied ist noch zu beachten: es gibt Kabel mit eindrähtigen Adern, die besonders bei großen Querschnitten nur schlecht biegsam sind, und sogenannte Litze oder feindrähtige Kabel, bei denen jede Ader aus mehreren Einzeldrähten zusammengedreht ist. Litze ist flexibler und läßt sich folglich besser verlegen. Zuleitungen mit Stecker für bewegliche Geräte sollten immer in Litze ausgeführt werden, da eindrähtige Leitungen bei häufiger Bewegung leicht brechen!

Da wir es bei der Installation mit Gleichstrom zu tun haben, ist stets auf richtige Polung zu achten, also nur + mit + und - mit - verbinden! Um Fehler zu vermeiden, haben die Kabel verschiedenfarbige Isolierungen, wobei man immer und überall dieselbe Farbcodierung verwenden sollte, z.B. + = rote Ader, - = schwarze Ader. Anderenfalls steht man bei Reparaturen und späteren Erweiterungen vor einem selbstgemachten Chaos.

Da Kabel Geld kosten und die Leitungsverluste auch nicht unerheblich sind, lohnt es sich immer, das Netz so zu planen, daß die Leitungswege möglichst kurz werden. Kleine Verbraucher in den einzelnen Räumen können zu Gruppen zusammengefaßt und über eine ausreichend bemessene Hauptleitung mit der Schalttafel verbunden werden. Leistungsstarke Verbraucher sollten über getrennte Leitungen versorgt werden. Durch das Kabel zwischen Akku und Schaltkasten fließt der gesamte Stromverbrauch, es muß daher kurz und besonders solide bemessen sein!

Tab. 13: Maximale Belastbarkeit von Kabeln in Solarstromanlagen in Abhängigkeit von Kabellänge, -querschnitt und Leitungsverlusten

Sollen mehrere Großverbraucher mit 220 V Wechselstrom versorgt werden, kann man dafür ein eigenes kleines 220 V-Netz installieren bzw. das bestehende Hausnetz nutzen und an den Wechselrichter anschließen - aber niemals bei noch bestehendem Netzanschluß, solange nicht die Netzsicherungen entfernt sind!

5.4 Verbindungen

Insgesamt fallen die Kabelquerschnitte in einer 12 bzw. 24 V-Installation erheblich größer aus als bei gewöhnlichen Netzinstallationen, so daß man an vielen Stellen mit gängigen Lüsterklemmen nicht mehr auskommt. Bis 6 mm² Querschnitt kann man sich mit Kabelschuhen und Steckverbindungen aus der KFZ-Technik helfen, die z.B. in kleineren Verteilerdosen ganz praktisch sind. Für noch größere Querschnitte und für Stellen, an denen viele Kabel zusammen-

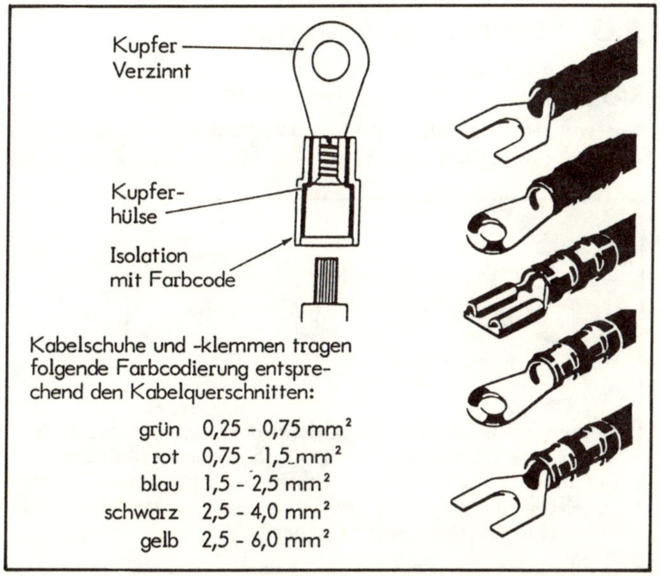

Abb. 84: Gebräuchliche Kabelschuhe und Kabelklemmen

laufen, gibt es Klemmleisten aus der Starkstromtechnik, die heute in jeden besseren Schaltkasten eingebaut werden. Wer Schwierigkeiten hat, für seinen Zweck passende Klemmen zu finden, kann sich auch selbst eine Klemmleiste nach Maß anfertigen: in eine nicht brennbare Kunststoffplatte (vorzugsweise Pertinax oder glasfaserverstärktes Epoxyd) werden im Abstand von 2-3 cm Löcher von 6 mm Durchmesser gebohrt und 6 mm Messing-Gewindeschrauben eingeschraubt, so daß nach vorn längere Gewindebolzen herausstehen. Die abisolierten Kabelenden werden dann in passende Kabelösen oder -schuhe (KFZ-Bedarf) geklemmt oder gelötet, auf die Bolzen gesteckt und mit Mutter und Kontermutter festgeschraubt.

Ziel aller Bemühungen muß es sein, gute und dauerhafte elektrische Verbindungen herzustellen; die Übergangswiderstände sollten so klein wie möglich sein, nachdem wir bei den Kabeln schon erheblichen Aufwand zur Vermeidung von Leitungsverlusten getrieben haben.

5.5 Sonstiges Zubehör

Sicherungen sollten unbedingt für **alle** Leitungen vorgesehen werden, vielleicht mit Ausnahme der Verbindung zwischen Schaltkasten und Akku. Für kleine Bordnetze liefert auch hier der KFZ-Bedarf geeignetes Material. Müssen größere Ströme über 10 A abgesichert werden, sollte man jedoch solidere Ausführungen wählen, wie sie in der normalen Hausinstallation üblich sind. Haushalts-Schmelzsicherungen haben einen recht hohen Innenwiderstand, die allgemein gebräuchlichen Sicherungsautomaten sind daher die bessere Wahl (Sicherungsströme: 10, 16, 25, 32 A); sie haben auch gleich den Schalter eingebaut, mit dem man bei Bedarf einzelne Leitungsstränge einfach abschalten kann.

Schalter werden hauptsächlich für Beleuchtung und andere Kleingeräte gebraucht. Für diese Zwecke sind die gewöhnlichen Schalter aus der 220 V-Technik durchaus geeignet, denn sie können Ströme bis 16 A schalten und sind als Auf- und Unterputzausführungen überall erhältlich. Zum Anklemmen größerer Kabelquerschnitte als 1,5 mm² sollte man allerdings entsprechende Kabelschuhe verwenden. Für grössere Ströme muß man auf Modelle aus der Starkstromtechnik zurückgreifen, sofern man nicht gleich Sicherungsautomaten mit Schalter einbaut.

Bei **Steckern und Steckdosen** für Gleichstrom kommt es zum einen darauf an, daß die Polarität (+ und -) nicht versehentlich vertauscht werden kann, und zum anderen, daß die Stecker von Gleichstromgeräten nicht in die normalen 220 V-Dosen passen dürfen. Umgekehrt dürfen die

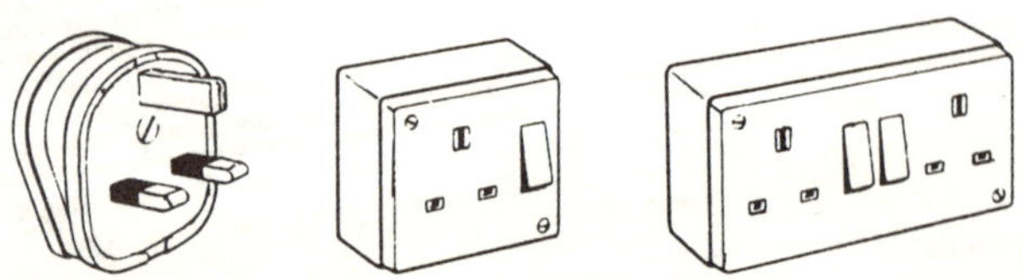

Stecker und Steckdosen für Gleichstromnetze; die Stecker enthalten eine Sicherung (14 A), die Steckdosen (Aufputz- und Unterputz-Ausführung) einen Schalter. An die Stecker können Kabel bis zu 6 mm² angeklemmt werden, die Steckdosen nehmen Kabelquerschnitte bis zu 10 mm² auf.

Quelle: Firmenunterlagen der Fa. Wagner & Co, Marburg

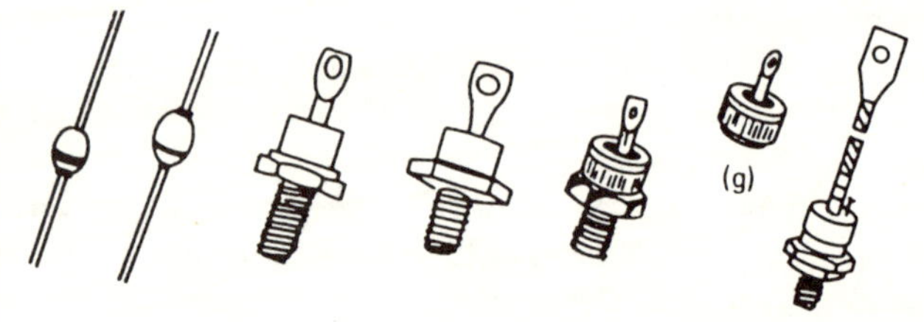

Abb. 86: Bauformen gebräuchlicher Leistungsdioden mit 1-100 A Strombelastbarkeit

Abb. 85: Stecker und Steckdosen für Gleichstrom-Installationen

220 V-Stecker aber auch nicht in die Gleichstrom-Dosen passen, sonst würden bei einem Versehen Motoren und Geräte mit Trafos unter Umständen Schaden nehmen. Auch hier bieten die KFZ-Technik bzw. die Camping- und LKW-Ausstatter geeignete Produkte; Stecker und Dosen, teilweise mit eingebauten Sicherungen, sind für Ströme bis 8 bzw. 16 A im Handel. Im übrigen gibt es auch in der Hausinstallationstechnik Sonderausführungen von Steckern und Steckdosen (in Auf- und Unterputzausführung) für Gleichstrom, deren Kontakte verpolungs- und verwechselungssicher angeordnet sind. Sie sind bis 16 A belastbar und kosten nur wenig mehr als das Standard-220 V-Material.

Geräte mit größerer Stromaufnahme sollten stets fest angeklemmt werden, wenn man nicht auf teure Industriekupplungen ausweichen will; die Übergangswiderstände in Steckdosen sind nämlich um einiges größer als bei festen Schraubklemmen-Verbindungen.

Anzeigeinstrumente: Einfache Volt- und Amperemeter gibt es recht preiswert im Radio- und Elektronikhandel, wobei die Beschaffung von Amperemetern mit dem geforderten Anzeigebereich von 20-50 A etwas schwierig sein kann. In Kap. 6.2 beschreibt Wolfgang Bredow, wie man einfache Standardinstrumente für unsere Zwecke anpassen kann. Für die Kontrolle der Akkuspannung ist eigentlich nur der Bereich von 10-15 V bzw. 20-30 V interessant; die dort beschriebene Schaltung spreizt den Meßbereich von Standardinstrumenten so, daß nur der interessante Spannungsbereich angezeigt wird und mit guter Genauigkeit abgelesen werden kann.

Es sind auch einfache und recht preiswerte Digitalvoltmeter im Handel, die wesentlich genauer anzeigen als die Zeigerinstrumente. Wer mag, kann sie einbauen: sie benötigen jedoch eine zusätzliche Stromversorgung, die aus schaltungstechnischen Gründen nicht direkt dem Akku entnommen werden kann; die Versorgungsspannung muß von der zu messenden Spannung entkoppelt sein, wozu meistens eine kleine 9 V Batterie (oder ein 9 V NiCd-Akku) eingesetzt wird.

5.6 Erdung und Blitzschutz

Solarpanele auf dem Dach oder an einem Traggestell hängen mit ihrem elektrischen Potential irgendwo zwischen Himmel und Erde. Metallrahmen und Zuleitungen können daher statische Elektrizität der Atmosphäre aufnehmen und sich aufladen, sofern die Panele und das Versorgungsnetz nicht an einer Stelle eine leitende Verbindung zur Erde haben. Um Schaden an Personen und empfindlichen Geräten zu vermeiden, muß die ganze Anlage daher "geerdet" werden. Dazu werden die Metallrahmen der Panele und größere Metallteile einer Tragkonstruktion über ein Erdungskabel mit der Wasserleitung (sofern noch aus Metall), der Fundamenterde des Hauses oder einem 2 m tief in die Erde getriebenen Metallrohr verbunden. Zur Erdung des Gleichstrom-Netzes wird außerdem der -Pol vom Schaltkasten aus über einen Widerstand von 500-1000 Ohm mit dieser "Erde" verbunden (Abb. 87). Bei kleineren Anlagen kann man den Widerstand auch weglassen und den -Pol direkt anschließen.

Ohne den Widerstand könnten in größeren Anlagen bei einem Kurzschluß der +-Leitung mit dem geerdeten Metallrahmen des Solargenerators oder der Tragkonstruktion unter Umständen gefährlich hohe Kurzschlußströme auftreten. Der Widerstand begrenzt diesen Kurzschlußstrom auf einige 10 mA und schafft gleichzeitig eine ausreichende Verbindung zur Erde.

Bei Blitzeinschlägen in der näheren Umgebung der Anlage können durch das magnetische Feld des Blitzkanals in den Verbindungsleitungen zwischen Solargenerator und Laderegler Spannungsspitzen beträchtlicher Höhe induziert werden. Wer ganz sicher gehen und die Laderegler-Elektronik vor diesen Spannungsspitzen schützen will, sollte in den Ableitungen vom Solargenerator 2 sogenannte Varistoren (spannungsabhängige Widerstände) gemäß Abb. 87 vorsehen. Der Widerstand der Varistoren ist unterhalb einer Grenzspannung praktisch unendlich groß. Wird diese Grenzspannung kurzzeitig überschritten, wird der Widerstand schlagartig sehr klein, so daß der schädliche Spannungsimpuls zur

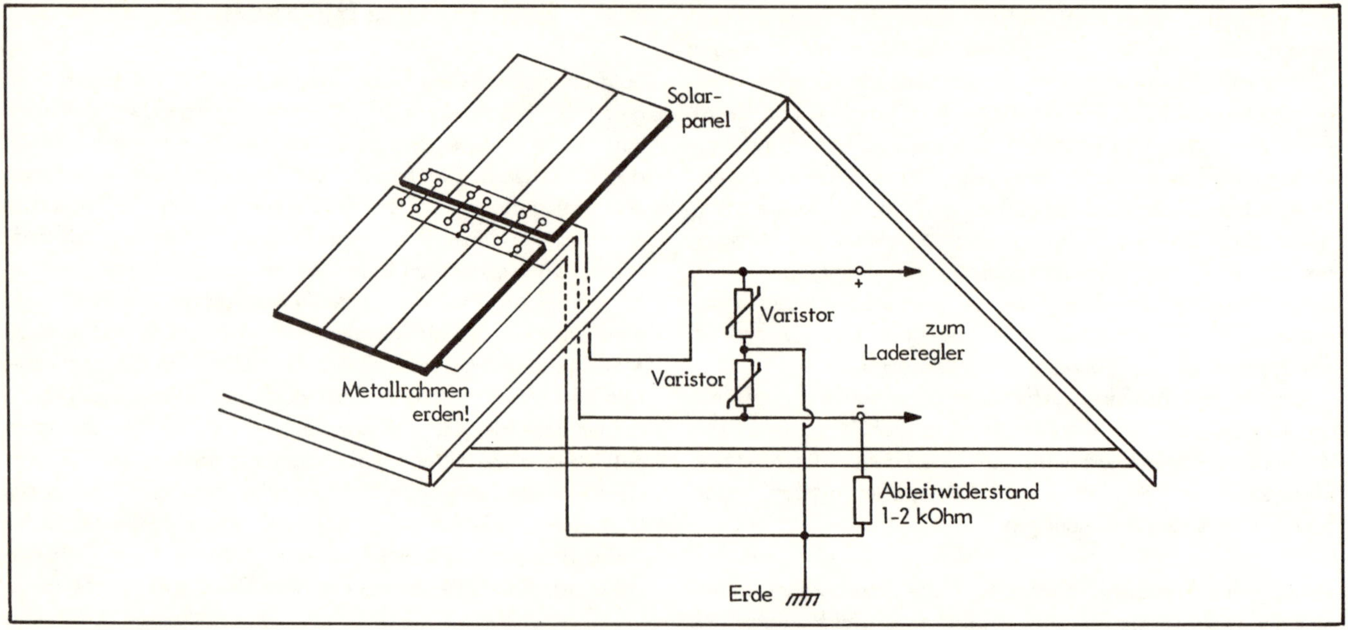

Abb. 87: Erdung und Schutz vor statischen Aufladungen

Erde abgeleitet wird. Varistoren sind nicht teuer, man kann sie für viele gängige Nennspannungen (z.B. 24, 48, 110 V) im Elektronik-Handel besorgen.

Die beschriebenen Maßnahmen dienen bisher allein der Sicherheit und dem Schutz der Stromversorgungsanlage. Wer zusätzlich zu diesen Maßnahmen für sein Haus eine Blitzschutzanlage vorsehen will, sollte sich vom Elektriker beraten und sie von Fachleuten ausführen lassen. Denn eine schlecht ausgeführte Blitzschutzanlage bringt weniger Sicherheit als gar kein Blitzschutz.

6. Praktische Anwendungen

Die letzten, zweifellos stark technisch orientierten Kapitel könnten bei manchem Leser den Eindruck erweckt haben, daß die Technik der solaren Stromerzeugung doch recht kompliziert und zudem sehr aufwendig ist und daß sie deshalb für ihn nicht infrage kommt.

Zugegeben, wer sich mit Volt, Ampere, Ohm, Watt und Kilowattstunden nicht gut auskennt, wird Schwierigkeiten haben, manche technischen Feinheiten zu verstehen; aber vielleicht findet sich ja schon in der Nachbarschaft ein Bekannter, der sich mit dem "Elektrokram" auskennt und auch gern bereit ist zu helfen.

Zugegeben, der Strom von der Sonne ist heute noch erheblich teurer als die Kilowattstunde aus der Steckdose; und man hört ja immer wieder das pauschale Argument der Kritiker, solare Stromversorgung sei bei uns unwirtschaftlich. Aber zum einen ist die Steckdose nicht überall in erreichbarer Nähe und zum anderen hat der letzte Reaktorunfall in der Sowjetunion - der größte in einer langen Reihe von Unfällen - gezeigt, daß die Energiewirtschaft uns allen neben der Stromrechnung noch andere Kosten aufgibt, die wir mit Geld, Gesundheit oder gar mit unseren Leben bezahlen müssen,- ob wir wollen oder nicht. Seien wir doch mal ehrlich: ginge es in unserem Leben nur nach Wirtschaftlichkeit, dürften wir weder Autofahren noch Schinken essen, von Bildung und kultureller Fortentwicklung ganz zu schweigen.

So gesehen ist das Bemühen um die Nutzung der Energiequelle Sonne auch ein Beitrag zu unserer kulturellen Fortentwicklung und ein Stück Daseinsvorsorge für unsere Kinder. Deshalb verdienen es die Bastler, die schon vor Jahren angefangen haben, sich mit solarer Stromerzeugung und anderen Nutzungstechniken zu beschäftigen, auch nicht, als Spinner belächelt oder abgetan zu werden. Ihre Erkenntnisse mögen zwar nicht immer wissenschaftlich qualifiziert sein, trotzdem kann man von ihren Ideen und Erfahrungen viel lernen.

So zeigen die Beispiele von drei guten Bekannten und Solarstrom-Bastlern im weiß Gott nicht sonnenverwöhnten Norddeutschland, daß der schrittweise Umstieg vom öffentlichen Netz auf Sonnenstrom auch für den Durchschnittsverdiener möglich ist und am Ende zu einer Stromversorgung aus Sonnenenergie führen kann.

6.1 Solarstrom für Wohnung, Laden und Gastwirtschaft in Dannenberg

Dannenberg ist eine kleine Provinzstadt in der Nähe der Elbe an der Grenze zur DDR, nicht weit von Gorleben, wo einst die bundesdeutsche Wiederaufbereitungsanlage für

Abb. 88: Das Haus von Wolfgang Noack in Dannenberg Der nachgeführte Solargenerator im Hintergrund wirkt kaum größer als eine Fernsehantenne

Kernbrennstoffe (WAA) gebaut werden sollte und wo man heute den atomaren Müll in der Erde verschwinden läßt. Joachim Noack betreibt dort zusammen mit seiner Freundin seit mehr als 10 Jahren eine Gastwirtschaft, wohnt im selben Haus und führt mit Freunden nebenan noch einen kleinen Laden für biologische Farben und Solartechnik.

Die Idee, mit Solarstrom anzufangen, entstand 1979 aus der Diskussion um die WAA in Gorleben und mögliche Alternativen zur Kernenergie. Da verbaler Protest allein wenig nützt, galt es, praktische Alternativen zu erproben und damit ein Beispiel für andere zu geben. Vom Ersparten kaufte er sein erstes 36 W Solarpanel, um eigene Experimente mit Solarzellen anzustellen. Diese ersten Versuche waren so ermutigend, daß er einige Zeit später gleich 20 Module (a 36 W) hinzukaufte, damals wegen des niedrigen Dollarstands noch zum Preis von 680 DM/Stück. Diese Investition war der Grundstock für eine kleine Solarbau-Firma, zusammen mit 3 Freunden machte er sich an die Arbeit.

Um zunächst einmal seine Wohnung netzunabhängig zu machen, wurden auf dem Dach des Hauses 4 Panele mit je

Abb. 89: Der nachgeführte Solargenerator wird gerade auf 8 Panele erweitert. *Photo: J. Noack*

Abb. 90: Der Schaltkasten im Obergeschoß des Hauses *Photo: J. Noack*

36 W Spitzenleistung installiert. Sie sind dreh- und schwenkbar an einem Mast befestigt und können über 2 Getriebemotoren der Sonne nachgeführt werden. Die Motorsteuerung für die automatische Nachführung wurde selbst gebaut, sie ist noch heute Bestandteil des beeindruckenden Schaltkastens in seiner Wohnung. Durch die Nachführung konnten sie die Energieausbeute der Panele gegenüber festmontierten Panelen erheblich steigern, schätzungsweise um 20-30%. Aufgrund des Selbstbaus der Nachführung und Steuerung war diese Lösung erheblich preiswerter als die Montage von 2 zusätzlichen Panelen. Gespeichert wurde der Strom zunächst in 3 Bleiakkus (12V/230Ah, für Antrieb und Beleuchtung), die zu einem 24 V-Speicher zusammengeschaltet sind. Bei voll geladenem Akku stand damit eine Reserve von 7,3 kWh zur Verfügung.

Die meisten Verbraucher in der Wohnung wurden unter Mithilfe eines Elektromeisters auf 24 V Gleichspannung umgestellt: Farbfernseher (40W), Schwarz-Weiß-Fernsehportabel mit Radio (15W), Stereoanlage (20W) und die Beleuchtung (11 Lampen mit 15-40W). Zusätzlich schaffte Joachim Noack noch einen guten Wechselrichter (Wirkungsgrad über 90%) an, um die verbleibenden 220 V-Geräte betreiben zu können: Bügeleisen, Staubsauger, Waschmaschine (mit Warmwasser-Anschluß ausgerüstet), Nähmaschine, Rechenmaschine, Föhn sowie Bohrmaschine und Handkreissäge. Durch diese Umrüstung und sparsamen Umgang mit dem Strom gelang es, den Verbrauch auf 0,5 kWh/Tag oder weniger zu beschränken. Im September 1980 hat er dann den Stromanschluß für seine Wohnung, die mitten im Stadtzentrum liegt, gekündigt, einfach um zu beweisen, daß es auch ohne geht.

Zur Deckung des "Winterlochs" legte er bei Bedarf noch einige zusätzliche Panele aus dem Vorrat der Solarfirma auf's Dach und klemmte sie mit an; im Sommer stand häufig Strom im Überfluß zur Verfügung, so daß die Gruppe daran ging, auch den Laden und die Kneipe mehr und mehr in die Solarstromversorgung einzubeziehen. Stand bei der Umrüstung der Wohnung noch das idealistische Bestreben im Vordergrund, "zu zeigen, daß es auch ohne geht", spiel-

20 Module a 680 Dm/Stück	13.600 DM
1 Akkustation mit Regal	4.200 DM
1 Wandler, max. Leistung 2,4 kW	1.350 DM
1 Gas-Motor-Generator mit Gasmischer	1.330 DM
1 Ladeeinrichtung 220V nach 12/24V	185 DM
1 Warmwasser-Solaranlage	1.350 DM
1 Verteilerkasten (ohne Steuerung)	350 DM
div. Kabel und Installationsmaterial	450 DM
1 Kühlschrank 24 V	980 DM
1 Gefriertruhe 24 V	1350 DM
1 Umbau des Geschirrspülers	35 DM
1 Umbau der Waschmaschine	35 DM
2 Ventilatoren 24 Volt	280 DM
18 Beleuchtungskörper umrüsten	1.000 DM
1 Material für Gasbackofen (Selbstbau)	250 DM
2 Schnellkochtöpfe	84 DM
1 Grauwasseranlage	160 DM
Gesamtkosten	**25.659 DM**

Nach Angaben von Joachim Noack

Tab. 14: Kosten der Solarstrom-Anlage in Dannenberg

Tab. 15: Energie- und Kosteneinsparungen im Laufe der letzten Jahre nach Angaben von J. Noack

Verbrauch	Strom	Gas	Wasser
1978	7792 kWh	3050 m³	261 m³
1979-81	Umstellungsphase:		
Solarzellen, Kollektoren, Energie- und Wassersparmaßnahmen			
1982	2039 kWh	2119 m³	143 m³
1983	1903 kWh	1629 m³	106 m³
1984	782 kWh	1496 m³	100 m³
1985	610 kWh	985 m³	33 m³
jährliche **Ersparnis** gegenüber 1978	bei 20Pf/kWh 1.436 DM	bei 70Pf/m³ 1.445 DM	bei 4 DM/m³ 912 DM
Ersparnis gesamt:			**3.843 DM/Jahr**

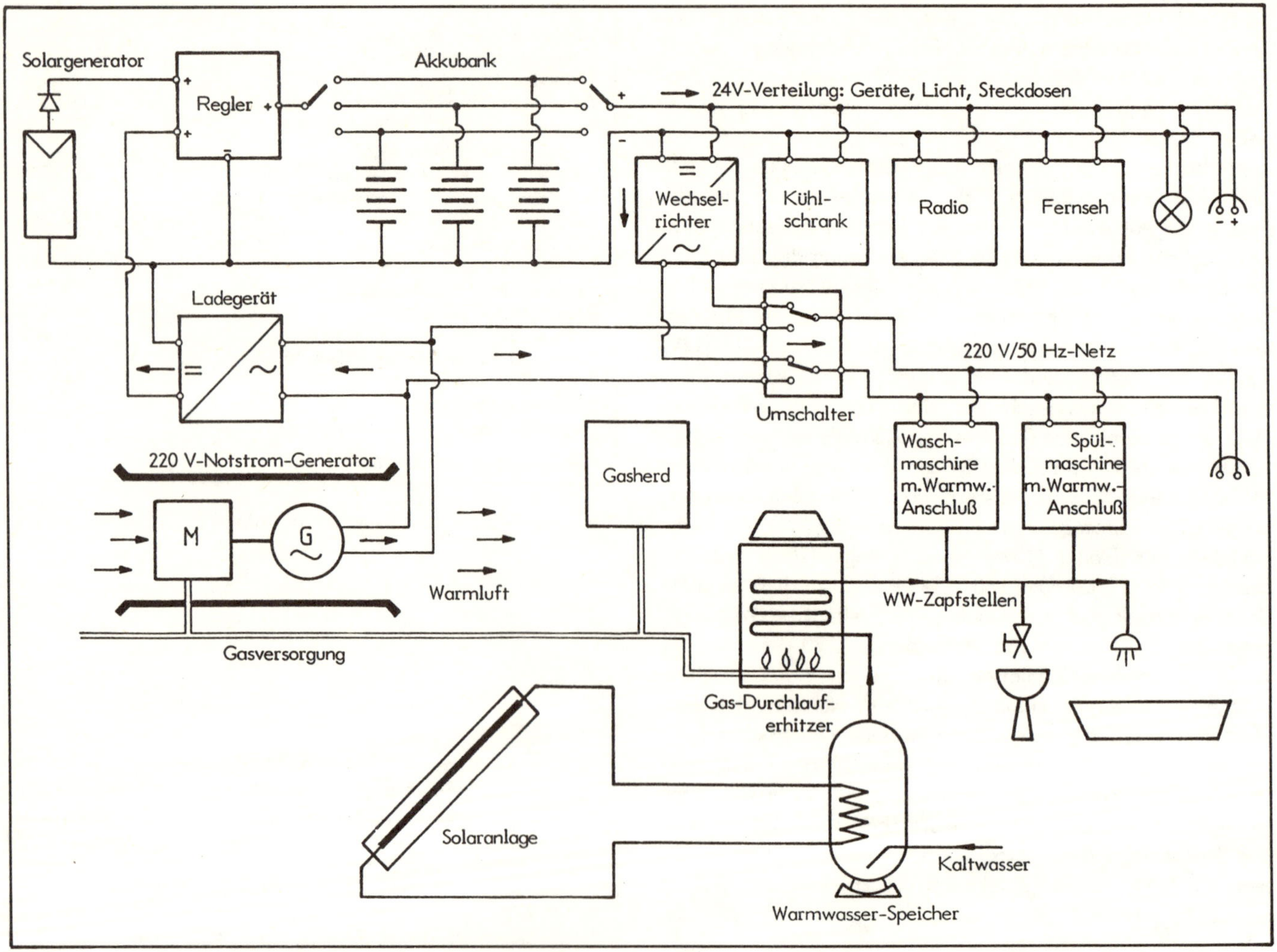

Abb. 91: Blockschaltbild der Anlage: interessant ist die Kombination von photovoltaischer und thermischer Nutzung

ten bei der Umrüstung von Laden und Wirtschaft auch finanzielle Überlegungen eine Rolle: durch den gewerblichen Tarif betrug die Stromrechnung für Laden und Wirtschaft zusammen immerhin 300-400 DM/Monat, also gut 4000 DM im Jahr (vgl. Tab. 15), die an die Hastra (den örtlichen Stromversorger) abgeführt werden mußten. Da würde sich eine Investition von beispielsweise 30.000 DM für die vollkommene Autarkie in 7-8 Jahren bezahlt machen.

Also hat er noch einmal investiert und die Anlage erweitert: der Solargenerator wurde auf 24 Module mit einer Nennleistung von zusammen etwa 1000 W aufgestockt; diese zusätzlichen Module sind fest auf dem Flachdach des Anbaus montiert; zum bestehenden Akkusatz kamen zwei weitere 24 V-Sätze mit 170 Ah und 110 Ah hinzu, so daß nun eine Speicherkapazität von etwa 670 Ah bei 24 V (= 16 kWh) bereitsteht. Zur Abdeckung des Winterlochs schaffte er einen 1 kW Kawasaki-Notstromgenerator (Treibstoff Flüssiggas) an, der im Winter einige Stunden laufen muß und mit seiner Abwärme die Heizung einiger Nebenräume unterstützt (per Luftheizung). Die Beleuchtung in Laden, Schaufenster und Wirtschaft wurde auf 24 V umgerüstet, die Glühbirnen durch PL-Leuchtstofflampen mit Vorschaltgerät ersetzt. Die Umbaukosten lagen bei 50-60 DM pro Lampe. Im Laden steht ein zweiter Wechselrichter, um 220 V für Schreib- und Kaffeemaschine zu erzeugen. In der Wirtschaft werden neben der Beleuchtung inzwischen auch alle Kleingeräte wie Kaffeemaschine, Eierkocher und Stereoanlage mit Solarstrom betrieben. Der Geschirrspüler wurde an die Warmwasserversorgung (durch Sonnenkollektoren und Gas-Durchlauferhitzer) angeschlossen und der elektrische Heizstab abgeklemmt. Die Pumpenmotoren werden über Handschalter an der Maschine vom Wechselrichter in der Wohnung versorgt. Da das Wasser nicht mehr im Gerät aufgeheizt werden muß, kann der Spülgang schon nach 10 min. beendet werden.

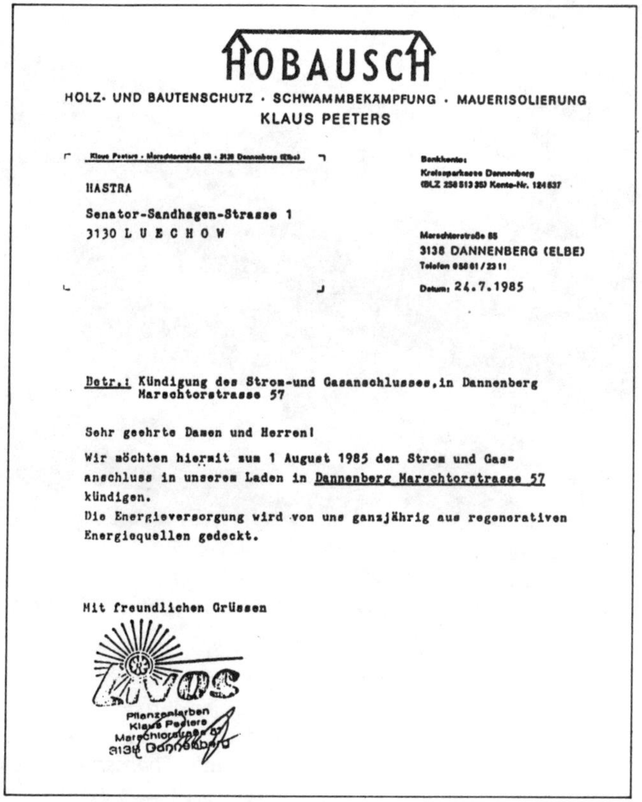
HOBAUSCH
HOLZ- UND BAUTENSCHUTZ · SCHWAMMBEKÄMPFUNG · MAUERISOLIERUNG
KLAUS PEETERS

Klaus Peeters · Marschtorstraße 55 · 3138 Dannenberg (Elbe)

HASTRA

Senator-Sandhagen-Strasse 1
3130 L U E C H O W

Bankkonto:
Kreissparkasse Dannenberg
(BLZ 258 513 35) Konto-Nr. 124 837

Marschtorstraße 55
3138 DANNENBERG (ELBE)
Telefon 058 61 / 23 11

Datum: 24.7.1985

Betr.: Kündigung des Strom-und Gasanschlusses,in Dannenberg Marschtorstrasse 57

Sehr geehrte Damen und Herren!

Wir möchten hiermit zum 1 August 1985 den Strom und Gasanschluss in unserem Laden in Dannenberg Marschtorstrasse 57 kündigen.
Die Energieversorgung wird von uns ganzjährig aus regenerativen Energiequellen gedeckt.

Mit freundlichen Grüssen

LIVOS
Pflanzenfarben
Klaus Peeters
Marschtorstraße 57
3138 Dannenberg

Zusammen mit der Umrüstung der Geräte und der Installation des neuen 24 V-Netzes kostete die Erweiterung alles in allem etwa 25.000 DM (vgl Tab. 14), ein Teil der Module war ja aus dem ersten Großeinkauf bereits vorhanden; die Arbeitszeit, auch die des Elektromeisters in der Solargruppe, wurde nicht berechnet. Im Sommer 1985 konnte der Stromanschluß für den Laden ebenfalls abgemeldet werden. Nur die Wirtschaft hängt noch am Netz, da das Problem der Vorrats- und Bierkühlung noch nicht entgültig gelöst ist. Zwar ist ein zweiter 24 V-Gefrierschrank für die Wirtschaft bereits bestellt und der Kompressor für eine Faßkühlung steht schon im Keller, aber die Umrüstung braucht eben Zeit, vor allem wenn man neben der normalen Arbeit alles selbst macht.

Joachim Noack ist mit seiner Anlage insgesamt schon recht zufrieden. Strom ist genug vorhanden, bei zusätzlichem Bedarf könnte der Solargenerator leicht noch erweitert werden. Hätte er noch einmal die Wahl, würde er sich wieder für ein autonomes System entscheiden, zumal bei den Solarzellen ein Preisrückgang in Aussicht steht. Der Betrieb von Beleuchtung und Geräten am 24 V-Netz hat sich gut bewährt, die neuen Leuchtstofflampen halten "ewig" und die Geräte sind allesamt sparsamer geworden. Aber es gibt auch noch einige Probleme: als während unseres Gesprächs der Wandler eingeschaltet wurde, tönte aus

Abb. 92: Anlage Läger in Clenze
Leistung des Solargenerators: 280 W
Speicherkapazität der Akkus: 15 kWh bei 24 Volt

Abb. 93: Autonome Hausversorgung fernab vom Netz in Königshorst: die 12 Module (a 40 W) sollen demnächst auf einer Nachführeinrichtung installiert werden. Speicherkapazität der Akkus: 13 kWh
alle Photos: J. Noack

dem mitlaufenden Casettenrecorder (mit eigenem NiCd-Akku) ein durchdringender Pfeifton. Feinheiten wie gute Entstörung, aber auch das selbsttätige Ein- und Ausschalten des Wandlers sind bei dem verwendeten (deutschen) Fabrikat wohl noch nicht befriedigend gelöst. Auch der Bedienungskomfort ließe sich noch verbessern: klar, daß der Besitzer eines eigenen, selbstgebauten Solarkraftwerks seine Anlage im Griff hat; Überwachung der Akku-Ladespannung, Umschalten auf den 2. oder 3. Akkusatz, Schutz vor Tiefentladung, Handgriffe am Wechselrichter usw. sind noch Aufgaben des Operators, der sein System studiert hat und entsprechend handelt. Um das Kapitel Stromversorgung nach so vielen Jahren Arbeit am Thema einmal abzuschliessen und vergessen zu können, aber auch damit Nichteingeweihte zurechtkommen, müssen sicherlich noch einige Details perfektioniert werden. Aber das ist heute noch nicht das Problem von Joachim Noack.

Aufbauend auf den praktischen Erfahrungen in diesem Haus hat die Fa. Solarbau Clenze inzwischen auch andere Häuser mit einer autonomen Stromversorgung ausgerüstet, so z.B. das Werkstattgebäude der eigenen Firma und einige andere Gebäude, die fernab vom Netz liegen (Abb. 92 - 94).

Abb. 94: Hauptschaltkasten und Nebenverteiler sind in konventionellen Schaltschränken untergebracht.

6.2 Der Einstieg in den Ausstieg - dieses Haus verzichtet auf Atomstrom!

Bei den Bredows sieht man schon vor der Haustür, daß hier Sonnenenergiefans wohnen: auf dem Vorbau über dem Hauseingang stehen festmontiert und genau nach Süden ausgerichtet 4 Solarpanele (je 36 W Spitzenleistung), der Grundstock für eine autonome, solarelektrische Hausversorgung, die in den nächsten Jahren schrittweise aufgebaut werden soll. Als sie das Haus aus den 50er Jahren vor gut einem Jahr kauften, war klar, daß nicht nur die fälligen Renovierungs- und Instandsetzungsarbeiten durchgeführt werden sollten, Wolfgang Bredow wollte beim Umbau auch die Möglichkeiten der Sonnenenergienutzung zur Warmwasserbereitung, Heizung und Stromerzeugung voll ausschöpfen. Aber mit einem normalen Lehrergehalt geht das eben nur schrittweise. Über seine bisherigen Erfahrungen und zukünftigen Pläne hat er nachfolgenden Bericht geschrieben.

Wolfgang Bredow: Ein Solarzellen-Praktikum

Der Anfang

Grau ist alle Theorie. Genauso grau war auch der Dezembertag 1985, an dem ich unsere ersten 4 Solarzellen-Panele auf dem Dach montierte. Ich wollte einfach wissen, was daran ist an der eigenen solaren Stromerzeugung. Und da ich ausnahmsweise einen passenden Geldbetrag "übrig" hatte, konnte das Experiment starten.

Sicher sind 4000 DM für einen guten Quadratmeter Solarzellen viel Geld, zumal die Theorie ja nicht gerade eine besonders hohe Energieausbeute verspricht. Aber so wie sich gewisse Leute im Urlaub mit Photoapparaten für mehrere Tausend Mark behängen und bestenfalls ein paar schöne Urlaubsbilder produzieren, so habe ich dieses Experiment erst einmal auf das Konto "Hobby" verbucht. Nichts gegen Photoamateure, ich bin selber einer, trotzdem sehe ich bei meinem Solarzellenpraktikum doch noch eine andere Qualität: hier geht es auch um die Entwicklung einer alternativen Energieversorgung, die für uns einmal zukunftsweisend sein könnte. Für mich als Elektro-Ingenieur stand natürlich die solare Stromversorgung im Vordergrund, zumal bei der Renovierung die gesamte Elektroinstallation des Hauses erneuert werden muß. Aber inzwischen liegen auch die Zutaten für eine solare Warmwasser-Versorgung bereit und warten auf den Einbau.

Abb. 95: Bei den Bredows steht der Solargenerator direkt über dem Hauseingang

Dimensionierung

Zunächst einmal galt es herauszufinden, wieviel Energie die Solarzellen sinnvollerweise liefern sollen. Da das Haus über eine normale 220 V-Installation verfügt, wird die solare kWh vermutlich immer die teuerste sein. Andererseits bietet unsere Ausgangssituation die Möglichkeit, erst einmal Teilbereiche auf Solarstrom umzustellen und eventuell später die gesamte Stromversorgung in eigener Regie zu übernehmen. Eine Überschlagsrechnung zeigt die Größenordnung für eine rein solare Stromversorgung:

* Unser Haushalt hatte bisher einen Stromverbrauch von 1500 kWh/Jahr, Warmwasserversorgung und Kochen erfolgen mit Gas, der Geschirrspüler ist an die Warmwasser-Versorgung angeschlossen!
* Ein 36 W Solarpanel liefert einen Jahresertrag von etwa 30-40 kWh, so daß für eine Versorgung unserer derzeitigen Stromverbraucher im Haus ausschließlich mit Solarstrom etwa 40 Panele erfoderlich wären.

Dies ist eine "Milchmädchen-Rechnung" deshalb, weil die Tag-Nacht- sowie die Sommer-Winter-Schwankungen, Wirkungsgradverluste bei der Speicherung und andere technische Kleinigkeiten noch nicht berücksichtigt sind. Diese erste Rechnung zeigt aber auch, daß keine utopisch hohe Zahl von Solarpanelen nötig wäre. Bleibt die Frage, wieviel Panele man sinnvollerweise installieren sollte, um maximalen Nutzen daraus zu ziehen.

Für uns waren zunächst einmal folgende Überlegungen entscheidend:

* Zur Überbrückung der Tag-Nacht-Schwankungen muß der Solarstrom gespeichert werden. Als Systemspannung wählten wir 12 V, da für diese Spannung aus der KFZ- und Camping-Technik viele Geräte verfügbar sind.
* Beim Umbau des Dachgeschosses sollte die gesamte Elektroinstallation dort auf 12 V umgestellt und möglichst ganz von Solarzellen versorgt werden.
* Die Anlage sollte jederzeit erweiterbar sein, so daß später auch die untere Etage sowie andere Energiequellen angeschlossen werden können.
* Die Anlage muß so einfach und überschaubar wie möglich aufgebaut sein, damit auch Laien damit zurecht kommen.

Eine kleine Marktanalyse ergab, daß es nur sehr wenige ernsthafte Lieferanten für Solarpanele gibt, von 7 angeschriebenen Firmen antworteten 3 sofort, 1 nach einem halben Jahr und 3 gar nicht. Die Preise lagen ziemlich einheitlich bei ca. 1000 DM/Panel. Um die Zahl der benötigten Panele für die Versorgung des Dachgeschosses festzulegen, habe ich dann für alle Stromverbraucher die Stromaufnahme und tägliche Betriebszeit zusammengestellt und kam auf einen Gesamtverbrauch von 34 Ah/Tag (= 405 Wh/Tag). Es ist gar nicht so leicht, die Laufzeiten bestimmter Verbraucher abzuschätzen und es bleibt die Frage, ob nicht später noch größere Verbraucher hinzukommen. Für eine erste Dimensionierung ist die Rechnung allerdings gut genug und die Praxis des ersten Jahres zeigt, daß die Werte im Sommer eher zu hoch liegen.

Ich bestellte 4 Panele und konnte sie am nächsten Tag am Bahnhof abholen.

Die Panele

Ein einfacher Preisvergleich zeigte, daß sich der Selbstbau von Panelen aus Einzelzellen nicht lohnt, abgesehen von dem erheblichen Montageaufwand für ein selbst fabriziertes Panel. Ich wählte Panele mit 36 Zellen/Modul, die selbstregulierenden mit 30 Zellen schienen mir im Hinblick auf eine spätere Erweiterung der Anlage ungeeignet, und Panele mit noch mehr Zellen sind meines Erachtens im kühlen Norden reine Geldverschwendung.

Da ich die Panele später einmal in das Dach eines noch zu bauenden Gewächshauses integrieren will, habe ich sie zunächst provisorisch auf einem Flachdach montiert. Ein geeigneter Rahmen mit Stützen war aus alten Wasserrohren schnell zusammengeschweißt bzw. geschraubt, durch Verstellen der Rückenstütze kann ich im Frühjahr und Herbst die Neigung der Panele dem Sonnenstand recht gut anpas-

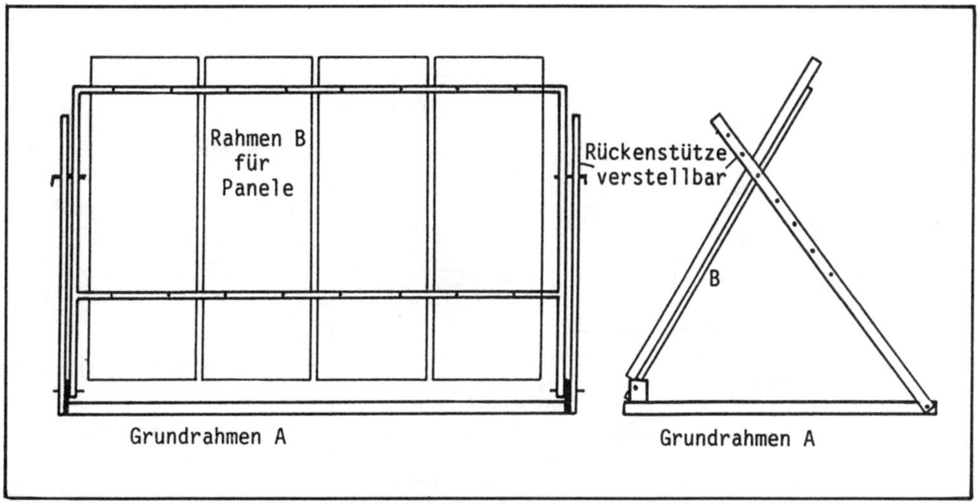

Abb. 96:
Montage der Solarpanele auf einem einfachen Eisenrahmen mit verstellbarer Rückenstütze zur Einstellung der optimalen Neigung

sen. Eine automatische Nachführung nach dem Tageslauf der Sonne wäre zwar wirkungsvoller, aber auf eine komplizierte Mechanik wollte ich doch lieber verzichten. Das Gestell wurde auf dem Flachdach nach Süd-Südost (im Westen werfen einige hohe Bäume am Nachmittag Schatten) ausgerichtet und mit Haken gesichert. Selbst bei schwersten Stürmen habe ich bisher keine Bewegung oder Schwingungen beobachtet.

Die Elektroinstallation

Nun gilt es, den Strom von den Panelen zum Verbraucher zu bringen. Für die Speicherung standen einige alte Autoakkus bereit, die ich mir in weiser Voraussicht schon besorgt hatte. Sie sind zwar für den Einsatz in der Solarstromanlage absolut nicht ideal, dafür aber kostenlos gewesen. Nun ist es nicht damit getan, einfach nur ein Kabel von den Panelen zum Akku zu legen; man sollte in jedem Fall eine einfache Schaltmöglichkeit sowie einige Meßinstrumente zur Überwachung der Akkus vorsehen, so daß aus der einfachen Kabelverbindung schnell ein kleiner Schaltkasten wird.

Die 220 V-Elektriker haben es recht einfach: es gibt Normen und Vorschriften für derartige Installationen, so daß man weitgehend auf eigene Überlegungen verzichten kann. Bei der 12 V-Anlage ist es dagegen sinnvoll, sich einige eigene Gedanken zu machen; ich habe für mich so etwas wie eine eigene Norm entwickelt, bei denen auch Fragen der Beschaffung entsprechender Teile berücksichtigt sind.

Lichtschalter: Hier werden jeweils ganz normale Lichtschalter aus der 220 V-Technik eingesetzt, die in der Regel für 10 A zugelassen sind. Es gibt sie in verschiedenen Bauformen für Auf- und Unterputz, als Ein- und Umschalter, usw.

Steckdosen: Hier ist eine spezielle Ausführung nötig, da sichergestellt sein muß, daß + und - Pole nicht vertauscht werden können. Außerdem sind unter Umständen sehr hohe Ströme bis zu 100 A zu verarbeiten. Ich habe 3 verschiedene Ausführungen in Betrieb: für Kleingeräte (Radio, Meßgeräte, Digitaluhr) gibt es die weitverbreiteten Koaxial-Steckverbindungen (6 mm Ø), die eine kurzschlußfreie Verbindung erlauben und auf der Netz- wie auf der Verbraucherseite einsetzbar sind.

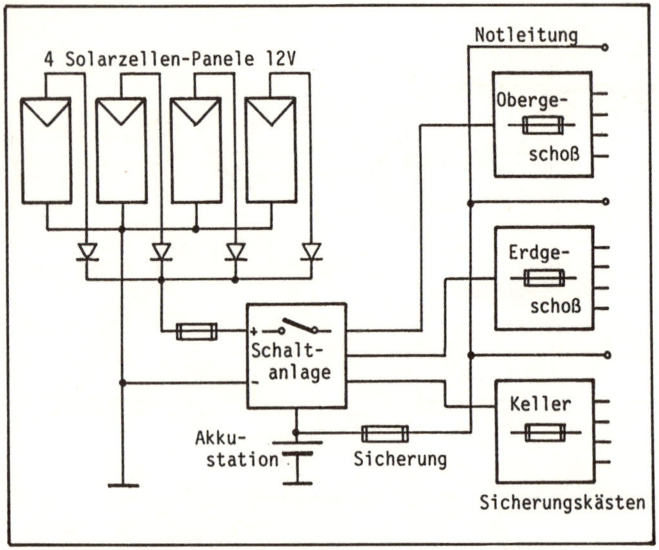

Abb. 97: Blockschaltbild der Anlage: jedes Panel ist über eine Schottky-Diode entkoppelt.

Für mittlere Verbraucher bis ca. 20 A bieten sich die Koaxial-Steckverbindungen aus der KFZ-Technik an. Es gibt sie in solider Qualität fast überall im Zubehörhandel. Die Steckdosen gibt's auch hier in Unterputz- und Aufputzversion, auch mit Montagekasten oder mit Deckel. Beim Kauf der Stecker muß man auf die Qualität achten, denn es gibt erbärmliche Billigausführungen. Auf keinen Fall sollte man die Stecker für Zigarettenanzünder verwenden, da sie ausgesprochen minderwertig sind. Für noch höhere Stromstärken bietet der professionelle und militärische Bereich passende, aber sehr teure Ausführungen.

Sicherungen: Die Sicherungsautomaten der normalen Hausinstallation mit 10, 16, 25 und 32 A lassen sich auch hier gut verwenden. Sie können gleichzeitig als Schalter in Schalttafeln eingesetzt werden und verursachen nur einen relativ geringen Spannungsabfall. Schmelzsicherungen haben dagegen einen zu hohen Spannungsabfall und sollten nicht verwendet werden.

Lampen: Sie sind eigentlich ein Kapitel für sich, da die Beleuchtungstechnik noch lange nicht "ausgekocht" ist. Vorerst sind bei uns hauptsächlich Glühlampen aus der KFZ-Technik in Betrieb. Es gibt sie in allen möglichen Leistungsstärken, u.z.

* mit 2, 4 und 5 W für Kontrollanzeigen,
* mit 10, 15 und 18 W für kleinere Beleuchtungsaufgaben und
* mit 21, 21 + 5, 45 und 55 W für die Raumbeleuchtung.

Für noch größere Beleuchtungsaufgaben stehen 100 und 150 W Lampen aus Film- und Diaprojektoren zur Verfügung. Die entsprechenden Fassungen lassen sich leicht vom KFZ-Schrott besorgen und in alle vorhandenen Lampengehäuse einbauen. Sinnvoller, da energiesparender, wäre allerdings der Einsatz von Leuchtstofflampen. Komplette Lampen gibt es im Campingzubehör in den Leistungsstufen 8, 13, 16, 24 und 40 W. Sie kosten zwischen 20 und 40 DM, sind allerdings nicht sonderlich formschön. Wir haben auf Leuchtstofflampen bisher verzichtet, weil uns die Umrüstung aller Lampen einschließlich des Wandler-Vorschaltgerätes einfach zu teuer war.

Kabel: Die standardmäßigen Kabel mit 3x 1,5 mm^2 und 3x bzw. 5x 2,5 mm^2 Querschnitt sind preiswert und für unseren Zweck ganz gut geeignet. Auf eine eindeutige und konsequente Farbkennzeichnung von + (rot) und - Pol (blau oder schwarz) muß unbedingt geachtet werden. Aus dem handelsüblichen Kabel 5x 2,5 mm^2 läßt sich durch Parallelschalten von je zwei Adern ein preiswertes 2x 5 mm^2 Kabel machen, wobei eine Ader für andere Zwecke übrig bleibt.
Für die Belastung von Kabeln gilt die Faustregel, daß man 1 mm^2 Querschnitt mit etwa 10 A belasten darf. In 12 V-Anlagen sollte man diese Grenze aber nicht ausreizen, die Leitungsverluste werden bei längeren Kabeln viel zu groß. In unserer Anlage werden die Kabel im Schnitt mit 1-2 A/mm^2 belastet.

Die Installation habe ich dann nach folgenden Regeln vorgenommen:

* Lichtschalter und Steckdosen werden auf Putz montiert; auch die Kabel liegen auf Putz in Kabelkanälen oder unter der Wandverkleidung. Alle Schaltkontakte werden mit Funkenlöschkreisen (vgl. Abb. 101) versehen, um Schaltfunken zu unterdrücken.
* Von jedem Solarpanel führt ein getrenntes Kabel (2x 2,5 mm^2) in den Keller zum Schaltkasten und Akku, um Rückwirkungen der Panele untereinander zu vermeiden und in der Schaltanlage jedes Panel ggf. prüfen zu können.
* Jede Etage erhält einen eigenen Sicherungskasten, der über ein besonders dickes Kabel (2x 16 mm^2) mit der Akkustation verbunden ist.
* Jedes Zimmer ist mit 2 Stromkreisen direkt an den Sicherungskasten angeklemmt: ein Kreis für Beleuchtung, ein Kreis für die Steckdosen.
* Alle Lichtleitungen werden mit dem Querschnitt 2x 2,5 mm^2 verlegt (Absicherung 16 A).
* Alle Steckdosen werden mit 2x 6 mm^2 Kabel angeschlossen und mit 25 A abgesichert.

Durch die Kabelkanaltechnik ergibt sich eine relativ einfache und überschaubare Installation, die jederzeit ohne großen Aufwand geändert werden kann. Hauptkabel und Sicherungskästen verschwinden hinter den Türen des zentralen Versorgungsschachtes, durch den auch Wasser- und Heizungsinstallation verlegt sind. Abb. 97 bzw. Abb. 102 zeigt das Blockschema der Installation. Eine solche Gleichstromversorgung mit sternförmiger Verteilung und niedriger Spannung käme auch baubiologischen Überlegungen nach Störstrahlungsfreiheit der Hausinstallation entgegen.

Eine Sonderleitung mit 2x 1,5 mm^2 läuft außerdem direkt unter Umgehung aller Schaltanlagen von einem Akku durch einige Räume. An diese Leitung werden nur bestimmte Kleinverbraucher angeschlossen, die vom restlichen Netz möglichst unbeeinflußt bleiben sollen, wie eine Digitaluhr, Radio und eine Notbeleuchtung. Sie werden auch bei Tiefentladung der Akkustation oder defekter Ladekontrolle versorgt.

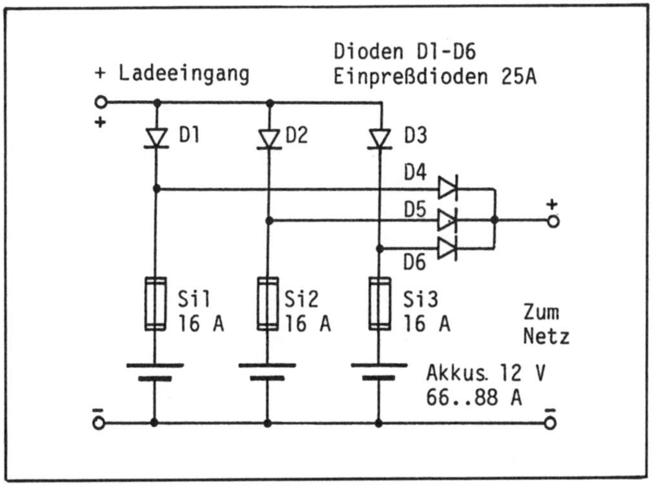

Abb. 98: Akkustation: um die gebrauchten modifizierten Starterakkus parallelschalten zu können, sind sie über Dioden entkoppelt.

Batteriestation und Schaltkasten

Von den Solarpanelen laufen die 4 Kabel zu einem Strang zusammengefaßt zum Schaltkasten im Keller. Erst hier sind alle - Leitungen auf einer Klemmleiste zusammengefaßt. Die + Leitungen sind an 5 Schottky-Rückstromdioden (5 A) angeklemmt, die ein Entladen des Akkus über die Panele (Entladestrom 20 mA/Panel) sowie Rückwirkungen der Panele untereinander (z.B. bei Verschattung oder Kurzschluß einzelner Zellen) ausschließen. Hinter den Dioden werden die + Leitungen zusammengefaßt und laufen über einen 16 A-Sicherungsautomaten zur Akkustation. Ich habe an dieser Stelle noch weitere Sicherungen vorgesehen, um später andere 12 V-Energiequellen anschließen zu können, z.B. einen Windgenerator, einen Notstromgenerator, ein Trimmfahrrad u.ä..

Bei der Festlegung der Speicherkapazität der Akkustation ging ich von der Überlegung aus, daß genügend Vorrat vorhanden sein sollte, um unseren Strombedarf von 35 Ah pro Tag für 6-10 Tage zu decken. Denn im Winter kommt es häufiger vor, daß die Sonne für 1-2 Wochen nicht richtig scheint. Also wäre eine Ladungsreserve von 200-300 Ah schon recht ordentlich. Natürlich kann man hingehen und einfach einen Akku entsprechender Größe kaufen und einsetzen. Mir schien es jedoch sinnvoll, die Speicherkapazität in mehrere Blöcke aufzuteilen und wechselweise zu laden, um bei Wartungsarbeiten und Reparaturen am Akku die Stromversorgung nicht ganz abschalten zu müssen. In unserem Fall waren 5 gebrauchte Autoakkus mit Kapazitäten um die 70 Ah vorhanden (kostenlos), die ich natürlich einsetzen wollte.

Das Zusammenschalten mehrerer Akkus ist aber nicht ganz problemlos: ich hatte zunächst alle Akkus parallel geschaltet, was bei Akkus gleicher Nennspannung, gleichen Alters und gleicher Größe relativ gut funktioniert. Bei geringen Unterschieden ihrer Ladezustände treten aber Ausgleichsströme zwischen den Akkus auf, die eine Volladung der besten Akkus verhindern. Je älter die Akkus sind, umso größer wird die Gefahr, daß durch den Defekt einer Zelle die ganze Anlage ausfällt. Dies ist auch einmal passiert: eine Zelle eines Akkus hatte einen Kurzschluß bekommen (typisches Altersleiden), wodurch die anderen Zellen des betreffenden Akkus überladen wurden und solange gasten, bis die Zellen nahezu trocken waren. Fazit: ein Akku defekt, alle anderen entladen! Bei ständiger Kontrolle des Säurestands wäre das vermutlich nicht vorgekommen, aber wer wird schon im Normalbetrieb jeden Tag alle Zellen kontrollieren.

Ich habe mir dann mit einer Schaltung nach Abb. 98 geholfen: die Akkus sind zwar immer noch parallelgeschaltet, untereinander aber über je eine Leistungsdiode auf der Generator- und Verbraucherseite entkoppelt. Als Dioden habe ich sogenannte Einpreßdioden (25 A; Anode bzw. Kathode mit dem Gehäuse verbunden) verwendet, von denen pro Akku je eine gemeinsam in einem Kühlkörper für die Generator- und Verbraucherseite sitzen. Die Dioden verhindern das Fließen von Ausgleichsströmen zwischen den einzelnen Akkus, so daß alle möglichen Akkus gleicher Nennspannung ohne Rücksicht auf Ladezustand und Alter eingesetzt werden können. Sinkt die Spannung eines Akkus z.B. durch einen Zellenkurzschluß unter die Ladespannung der anderen Akkus, passiert auch nichts weiter, der Akku trägt nur nicht mehr zur Gesamtkapazität bei. Als Nachteil muß man bei dieser Schaltung in Kauf nehmen, daß durch die Entkoppelungsdioden jeweils 0,7 V (bei normalen Leistungsdioden) bzw. 0,3-0,4 V (bei Schottky-Dioden) an Spannung verloren geht und daß die Aufteilung der Lade- und Entladeströme auf die einzelnen Akkus sehr ungleichmäßig sein kann. Die kostenlosen Akkus, mit denen ich inzwischen schon von Bekannten versorgt werde, wiegen diese Nachteile bisher für mich wieder auf.

Meßgeräte

Die Messung der Spannungen an verschiedenen Stellen des Netzes sowie einiger Ströme ist in einer Hausanlage nicht nur sinnvoll, sondern teilsweise einfach notwendig. Ich messe den Lade- und Entladestrom mit getrennten Amperemetern vor und hinter der Akkustation, so daß ich aus der Differenz beider Anzeigen sehen kann, wieviel Strom in die Akkus fließt bzw. aus ihnen entnommen wird. Durch einen entsprechend bemessenen Shuntwiderstand (sehr kleiner Widerstand parallel zum Instrument, vgl. Abb. 99) habe ich Standard-Amperemeter (Meßbereich 100 µA, Innenwiderstand 100 Ohm) für die Anzeige von 50 A umgebaut. Die genaue Größe des Shuntwiderstands muß durch Vergleich der Anzeige mit einem geeichten Amperemeter abgeglichen werden.

Zur Spannungsmessung habe ich die verschiedenen Meßpunkte (Ladespannung der Panele, Spannungen der einzelnen Akkus, Netzausgangsspannung) auf einen Umschalter mit 8 Schaltstellungen gelegt, so daß ich mit einem einzigen Voltmeter die verschiedenen Meßstellen über den Schalter anwählen kann. Als Instrument wurde dasselbe Standardinstrument wie oben verwendet und durch einige zusätzliche Bauelemente zum Voltmeter mit gespreizter Anzeige umgebaut (Abb. 99). Eine 10 V-Zenerdiode sorgt dafür, daß die

Anzeige erst ab 10 V Spannung reagiert; der Vorwiderstand (P+R) wird mit Hilfe eines Vergleichsinstrumentes so eingestellt, daß der Endausschlag z.B. bei 16 V liegt. Die Spreizung des Meßbereichs bringt eine bessere Ablesegenauigkeit und Kontrolle in dem hier interessanten Spannungsbereich.

Automatische Ladekontrolle

Eine automatische Überwachung der Akkuspannung ist auf die Dauer unumgänglich. Als alter Bastler habe ich eine einfache und preiswerte Schaltung selbst aufgebaut (vgl. Abb. 100), auch um die Ausgabe für einen vielleicht komfortableren, aber teureren fertigen Laderegler zu sparen. In der Schaltung messen zwei Komparatoren die Akkuspannung und vergleichen sie mit 2 einstellbaren Sollwerten. Beim Überschreiten der Gasungsspannung wird über Relais B der Ladestrom zum Akku abgeschaltet, beim Unterschreiten der Entladeschlußspannung mittels Relais A die Verbindung zu den Verbrauchern (Netz) getrennt. Zwei Leuchtdioden zeigen den Zustand des Schaltgerätes an:

1. Akku tiefentladen: beide Relais im Ruhezustand; über den Ruhekontakt B wird der Akku zwar geladen, kann aber über A (Ruhekontakt Aus) nicht entladen werden. Da kein Relais angezogen hat und keine Lampe leuchtet, ist der Stromverbrauch der Schaltung minimal.
2. Normaler Spannungsbereich: die grüne Lampe leuchtet, Relais A hat angezogen (Ein), der Akku kann ge- und entladen werden.
3. Gasungsspannung erreicht: grüne und rote Lampe leuchten, beide Relais haben angezogen, Relais B unterbricht die Zufuhr von weiterem Ladestrom, der Akku kann nur noch entladen werden.

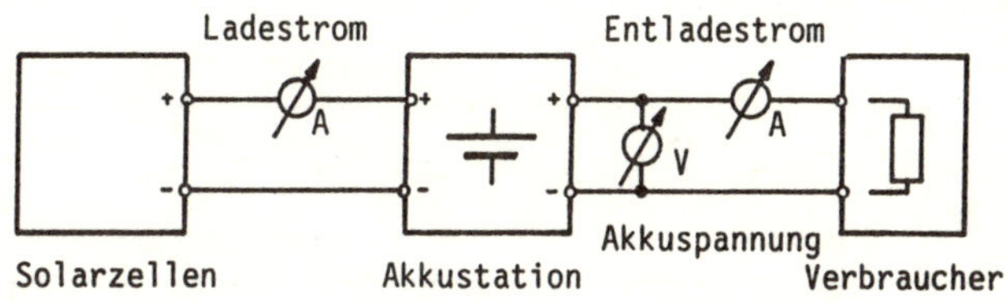

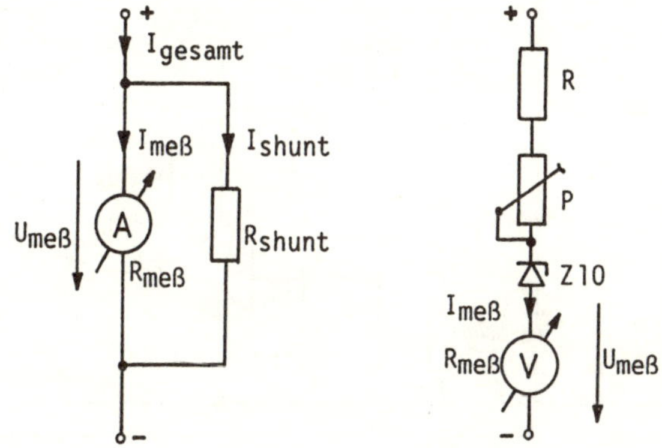

Meßbereichserweiterung des Amperemeters:

Gewünschter Anzeigebereich: $I_{gesamt} = 50$ A
Meßbereich des Instruments: $I_{meß} = 1$ mA
Innenwiderstand des Instruments: $R_{meß} = 300$ Ohm

$I_{gesamt} = I_{meß} + I_{shunt}$

$R_{shunt} = U_{meß} / I_{shunt} = R_{meß} \times I_{meß} / (I_{gesamt} - I_{meß})$

Als Näherung bei empfindlichen Meßinstrumenten wie im Beispiel kann man folgende Formel benutzen:

$R_{shunt} = R_{meß} \times I_{meß} / I_{gesamt} = 300 \times 0{,}00002$ Ohm $= 0{,}006$ Ohm

Meßbereichsdehnung des Voltmeters:

Gewünschter Anzeigebereich: 10 ... 16 V
Nennspannung der Zenerdiode: 10 V, z.B. Z10
Daten des Meßinstrumentes wie oben

$U_{meß} = R_{meß} \times I_{meß}$

$U_{gesamt} = U_{meß} + U_{widerstand} + 10\ V\ (U_Z) = 16\ V$

$R + 0{,}5\ P = 6\ V/I_{meß} - R_{meß} = 6$ kOhm $- 300$ Ohm $= 5{,}7$ kOhm

Abb. 99: Strom- und Spannungsmessung: um einfache Standardinstrumente verwenden zu können, wurde der Meßbereich durch äußere Beschaltung erweitert.

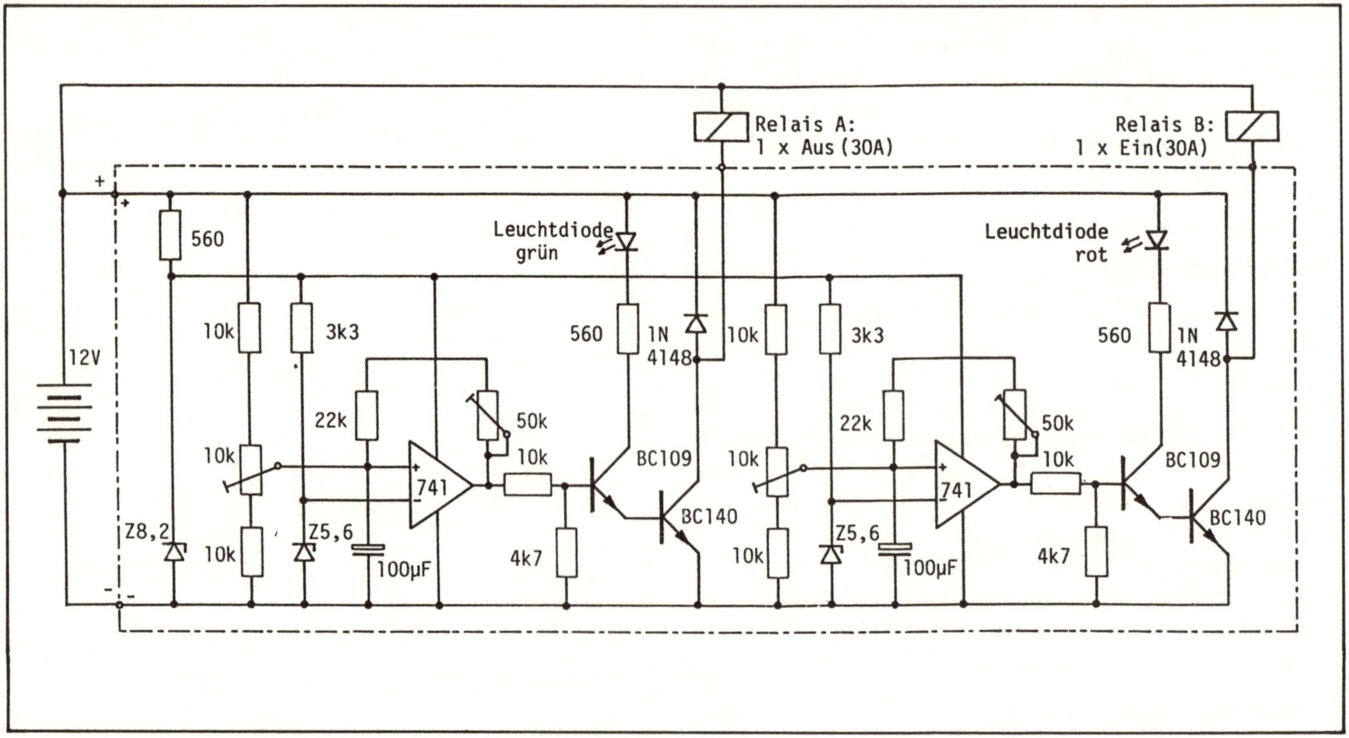

Abb. 100: Schaltung für eine einfache Spannungsüberwachung, die den Akku vor Überladung und Tiefentladung schützt

Die Schaltschwellen für die 3 Bereiche sind einzeln einstellbar und sollten mit einem geeichten Instrument dem jeweiligen Akkutyp angepaßt werden:

untere Schwelle: 10,5 - 11,0 V
obere Schwelle : 13,8 - 14,6 V

Die Werte können von Akku zu Akku variieren. Abb. 101 zeigt den Anschluß des Gerätes an die Akkustation.

Die Gesamtschaltung

Die ganze Anlage ist aus den eben geschilderten Bausteinen aufgebaut., wobei ich schon spätere Erweiterungsmöglichkeiten mit eingeplant habe:

* bei den Energiequellen vorerst noch ein Akku-Ladegerät mit Netzanschluß für sonnenarme Perioden, ein Klein-Windkraftwerk (Elwi 1) mit 500 W Leistung, ein Notstromgenerator mit Gasmotor (1 kW) und, wenn alle Stricke reißen, ein Trimmfahrrad mit einem 300 W-Generator.
* auf der Verbraucherseite ist durch den Einbau des Sicherungskastens im Erdgeschoß die Voraussetzung für den Anschluß weiterer Verbraucher bereits geschaffen. Dort liegt neuerdings auch ein "dickes" Kabel zum Betrieb eines 600 W-Wechselrichters, um diverse Elektrowerkzeuge in der Werkstatt mit Solarstrom zu betreiben und Versuche mit anderen 220 V-Verbrauchern anzustellen.

Erfahrungen und Perspektiven

Die wichtigste Erfahrung bisher war wohl, daß man die Effektivität der Solarstromversorgung leicht unterschätzt. Abgesehen von 2 trüben Wintermonaten hatten wir immer genug Solarstrom, im Sommer sogar zuviel. Hinzu kommt, daß eine kWh bei 12 V mehr wert ist als eine kWh bei 220 V: so habe ich einmal mit einem Luxmeter die Helligkeit einer 40 W-Glühlampe (220 V) in unserer Deckenlampe mit der einer 45 W-Biluxlampe (12 V), die im gleichen Lampengehäuse montiert war, verglichen; bei fast gleicher Leistungsaufnahme liefert die 12 V-Lampe fast die 5-fache Luxzahl. Ein anderes Beispiel ist unser SW-Fernsehgerät mit 30 cm Bildröhre; beim Anschluß an 220 V verbraucht er genau 30 W (gemessen mit "Wattavi"-Leistungsmeßgerät); als portables Gerät mit 12 V-Anschluß ausgerüstet, nimmt er bei 12 V Anschluß 1,6 A, also 19,2 W auf - Ersparnis 36%. Durch den Transformator und die Spannungsregelung im Gerät wird bei 220 V-Betrieb eben ein guter Teil des Stroms nur in Wärme verwandelt. Und diese Schaltungstechnik ist bei allen Geräten der Unterhaltungs- und Computertechnik üblich.

Eine weitere verblüffende Messung ergab, daß meine Bohrmaschine beim Betrieb über den Spannungswandler einen besseren Wirkungsgrad hatte als mit der Netzspannung selbst: anscheinend ist der Betrieb von Universalmotoren (Kollektormotoren) mit Rechteckspannung günstiger als mit der Sinusspannung aus dem Netz; möglicherweise hat die Bohrmaschine aber auch aufgrund einer etwas zu niedrigen Ausgangsspannung des Wandlers einfach weniger Leistung aufgenommen. Andere Motorbauarten (Asynchron-Motoren in Kühlschrank, Waschmaschine, Heizungspumpe u.ä.) lassen sich nicht mit Rechteckspannungen betreiben!

Die Solarpanele, die eigentliche Quelle des Stroms, machen überhaupt keine Probleme, sie sind wartungsfrei und überaus gutmütig; man kann sie schadlos kurzschließen oder leerlaufen lassen. Eine Reinigung der Abdeckung war bisher nicht erforderlich. Bei trübem Licht wiesen Kurzschlußstrom und Leerlaufspannung Unterschiede bis zu 50% auf, bei Sonneneinstrahlung sind die Daten aller Panele

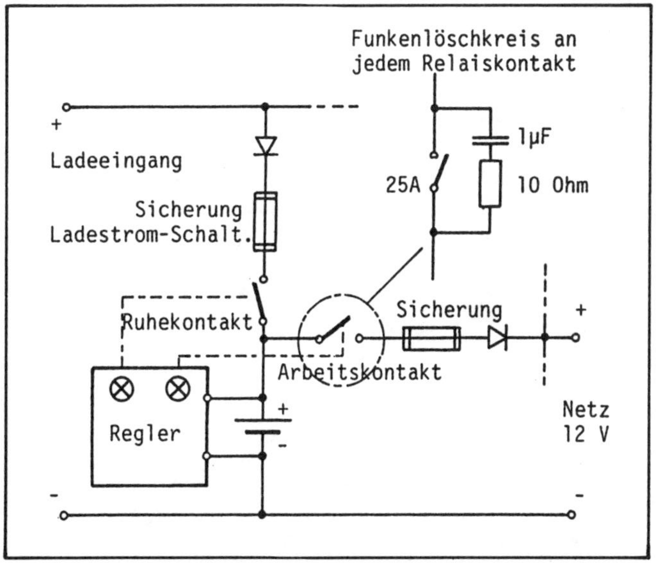

Abb. 101: Und so wird die Spannungsüberwachung in die Gesamtschaltung integriert

jedoch nahezu identisch. Trotz freier Aufstellung werden die Zellen merklich wärmer als die Umgebungstemperatur, so daß man bei Einbau in eine Dachfläche auf gute Hinterlüftung zur Kühlung der Zellen achten sollte.

Nach einigem Lehrgeld bei der Parallelschaltung der Akkus komme ich bis jetzt mit den gebrauchten Starter-Akkus ganz gut zurecht. Trotz ihres Alters und wahrscheinlich verminderter Kapazität sind sie, glaube ich, noch für 1 oder 2 Jahre Stationärbetrieb gut, bevor sie endgültig in den Recyclingprozeß kommen; für kostenlosen Nachschub habe ich bis jetzt eine sichere Quelle. Auch wenn der Lade-Entlade-Wirkungsgrad ziemlich schlecht ist, sind sie doch konkurrenzlos billig. Sicherlich werde ich bei Gelegenheit einmal geeignetere Akkus, eventuell auch neue kaufen. An der automatischen Akkuüberwachung wird noch einiges zu entwickeln sein, insbesondere will ich die Anzeige der Spannungen und der Ladekontrollschaltung gut sichtbar im Wohnbereich unterbringen und vor der Tiefentladung ein Signal zur Vorwarnung geben.

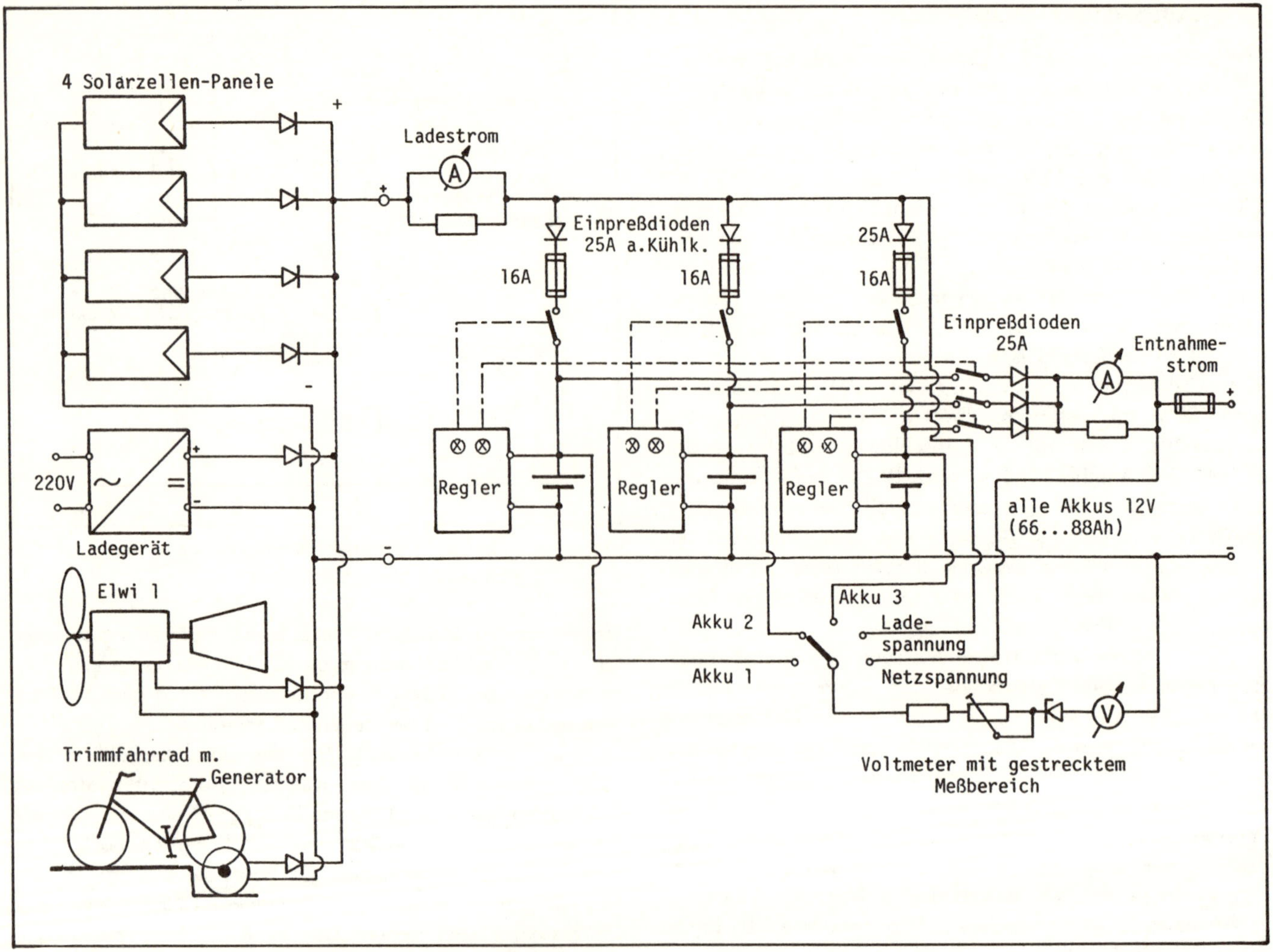

Abb. 102:
Blockschaltbild der Anlage in einem fortgeschrittenen Ausbaustadium: für jeden Akku ist hier eine Entkoppelung über Dioden und eine eigene Spannungsüberwachung (Laderegler) vorgesehen - bei Verwendung alter, gebrauchter Akkus eine notwendige Angelegenheit. Da die Parallelschaltung der Akkus und die vielen Dioden doch spürbare Wirkungsgradverluste bringen, denkt Wolfgang Bredow inzwischen an die Anschaffung eines größeren, ortsfesten Akkus.

Die Installation hat ihre Tauglichkeit im täglichen Betrieb bewiesen. Die üblichen Haushalts-Sicherungsautomaten sind hervorragend geeignet. Dies ist besonders wichtig, da man im Umgang mit der "ungefährlichen" Spannung ja leichtsinnig werden kann; man kann alles anfassen und läßt dann gern einmal ein Kabel unter Spannung frei liegen. Ein Kurzschluß bei voll geladenem Akku und ohne Sicherungen kann fatale Folgen haben; wer einmal ein glühendes Kabel in der Hand hatte, weiß wovon ich rede.

Soweit mein Bericht über das erste Jahr Solarstrom-Versorgung. Da wir bei totalem Verzicht auf den Netzanschluß unsere Stromrechnung von 740 DM/Jahr (und die Preise steigen ständig) sparen könnten, ist mein Fernziel die autonome Versorgung des Hauses. Sicher wird das noch eine Weile dauern und diverse Entwicklungsarbeit erfordern. Andererseits gewinne ich dadurch Zeit, um Erfahrungen zu sammeln und die Anlage schrittweise zu erweitern. So wird im nächsten Jahr ein neuer Kühlschrank fällig, der dann ein 12V-Gerät sein wird und ein weiteres Panel zur Versorgung erfordert. Schließlich ist noch eine Kleinwindkraftanlage geplant, die in unserer Gegend etwa soviel Strom liefern kann wie 4-6 Panele und mithilft, den Versorgungsengpaß im Winter zu beheben.

Der Einstieg in die solare Stromversorgung ist ermutigend und hat sich auf jeden Fall gelohnt. In einigen Jahren werden wir dann sagen können: dieses Haus verzichtet auf Atomstrom!

6.3 Strom aus Sonne und Wind in der Stadt

Mitten in Hannover in einem Viertel mit mehrgeschossigen, alten Häusern aus der Jahrhundertwende wohnt Heiner Menzel, Inhaber eines Radio- und Fernsehgeschäftes und daher ebenfalls von Berufs wegen mit Strom und Elektronik vertraut. Zusammen mit Freunden und Bekannten hat er vor Jahren das vom Abriß bedrohte Haus gekauft und hergerichtet. Die Aufteilung in separate Eigentumswohnungen hat dem Gemeinschaftsbewußtsein der Bewohner nicht geschadet, wie verschiedene vorbildliche Aktivitäten der Hausgemeinschaft von der Hausbegrünung bis zur Verbesserung der Energieversorgung des Gebäudes zeigen.

Heiner Menzel wohnt zusammen mit seiner Freundin auf 2 Etagen unterm Dach, wobei im oberen Dachgeschoß durch großzügig bemessene Dachflächenfenster ein heller, schöner Wohn- und Atelierraum mit begrünter Dachterrasse entstanden ist. Hier hängt auch in einer Ecke der Schaltkasten mit zahlreichen Meßinstrumenten für die Solar- und Windstromanlage, die das obere Dachgeschoß und auch einige Zimmer im Stockwerk tiefer mit Strom versorgen.

Von der Technik her ist die Anlage sehr sorgfältig und professionell ausgeführt. 15 festmontierte Solarmodule (Leistung ca. 300 W) sowie 4 nachgeführte Module (120 W) liefern ihren Strom (400-1200 Wh/Tag) parallel in 2 Akkustationen. Die Systemspannung ist 12 V, aufgrund seiner größeren Kapazität wird der 300 Ah Akku (ortsfester Typ) im Atelier vorrangig geladen. Im Stockwerk tiefer stehen noch einmal 2x 100 Ah Speicherkapazität (Langzeit-Starterakkus mit niedriger Selbstentladung), so daß insgesamt eine Reserve von 6 kWh verfügbar ist. Parallel zu den beiden Solargeneratoren liefert ein kleines Windrad (100W) bei entsprechendem Wind ebenfalls Strom in die Speicher. Über den Energieertrag liegen bisher allerdings keine genauen Messungen vor. Der Ladestrom aus den 3 Erzeugern kann an 3 Amperemetern in der Schalttafel abgelesen werden, ebenso auf der Verbraucherseite die Spannungen und Entladeströme für beide Akkusätze.

Zur Überwachung des Ladezustands wird der Spannungsbereich zwischen 10,5 und 14,8V durch eine Leiter von

Abb. 103: Auch auf dem Dach eines Stadthauses läßt sich einiges machen ...

Leuchtdioden dargestellt, so daß man die verfügbare Ladung wie an einem Füllstandsanzeiger ablesen kann (obere Leuchtdiode an = Akku voll, untere Leuchtdiode an = Akku tiefentladen). Um schädliches Überladen der Akkus zu vermeiden, wird von einer Elektronik jede Stunde die Ladespannung gemessen und beim Überschreiten der Gasungsspannung (d.h. wenn beide Akkus voll sind) ein Schaltkontakt betätigt. Dieser Kontakt schaltet den 600 W-Wechselrichter zwangsweise ein; die daran angeschlossenen großen Verbraucher (z.B. ein Kühlschrank in der unteren Etage) ziehen nun soviel Strom, daß infolge der Belastung die Ladespannung unter die Gasungsspannung sinkt. Nach einer Stunde wird die Zwangslast abgeschaltet und erneut geprüft, ob die Ladespannung über die Gasungsgrenze ansteigt. Wenn nicht, bleibt der Wandler abgeschaltet (zum Betrieb anderer Geräte kann er separat gestartet werden), anderenfalls beginnt der Zyklus von vorn. Diese Art der Ladespannungsregelung nutzt den überschüssigen Strom noch für sinnvolle Zwecke und ist eine pfiffige Alternative zu den herkömmlichen Ladereglern. Gleichzeitig sorgt das immer wieder für kurze Zeit auftretende Überladen bis zur Gasung für eine gute Durchmischung der Akkusäure und für die Erhaltung der vollen Akkukapazität. Nach schlechten Erfahrungen mit gebrauchten Akkus (teilweise auch Nickel-Cadmium-Typen) haben sich vor allem die neuen, ortsfesten Typen im täglichen Betrieb bewährt und halten auch beim Einschalten großer Lasten wie z.B. des Wandlers eine konstante Spannung.

An die 12 V-Versorgung sind im oberen Dachgeschoß neben 2 Autoradios alle Lampen angeschlossen, zumeist PL-Leuchtstofflampen mit elektronischem Vorschaltgerät. Durch die hohe Schaltfrequenz geben sie ein helles, weißes Licht, daß nicht flackert und wenig Strom verbraucht. Heiner's Freundin, die sich im Atelierraum mit künstlerischer Metallbearbeitung beschäftigt, betreibt über den Wechselrichter ihre diversen Elektrowerkzeuge (Bohrmaschine, Polierscheibe). Sie hat sich auch der eher nüchtern wirkenden Leuchtstofflampen angenommen und künstlerisch gestaltete Lampengehäuse dafür gebaut, um der Technik einen wohnlicheren Ausdruck zu verleihen. In einer anderen Ecke des Raumes steht Heiner Menzel's Elektrolabor mit diversen Meß- und Stromversorgungsgeräten, die er ebenfalls alle über den 220 V-Wechselrichter mit Solarstrom versorgen kann. In der überwiegenden Zeit des Jahres ist genug Solarstrom vorhanden, um das obere Dachgeschoß autonom zu versorgen; Überschüsse, vor allem in den Sommermonaten, werden durch weitere Verbraucher in der Etage darunter genutzt. Bei Defiziten in der sonnenarmen

Abb. 104: Solarpanele und Windgenerator auf dem Dach des Hauses in der Ostwender Str.

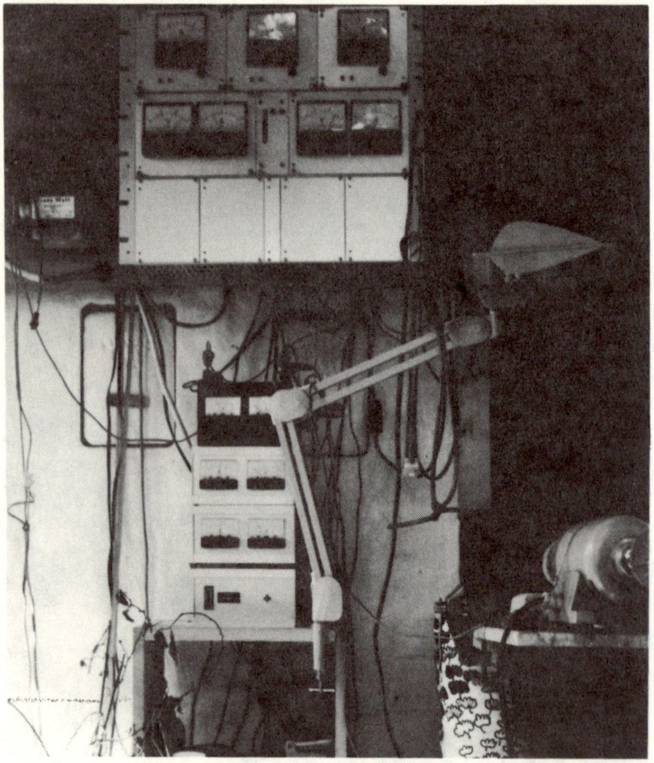

Abb. 105: Der Schaltkasten im Dachgeschoß ist gleichzeitig Meßstation und Versuchslabor

Zeit wird jedoch weiterhin auf den bestehenden Netzanschluß in der unteren Etage zurückgegriffen, da für Heiner Menzel die wirklich autonome Versorgung der Wohnung heute kein erstrebenswertes Ziel mehr ist. Er erklärt auch, warum:

"Meine Motivation, mit Solarstrom anzufangen, war eigentlich nicht der Wunsch nach einer autonomen Stromversorgung für unsere Wohnung. Vor einigen Jahren war ich damit beschäftigt, die elektrischen Komponenten für ein energieautarkes Haus in der Nähe von Lüchow-Dannenberg zu planen und zusammenzustellen. Und da ich Hemmungen hatte, unerprobte Anlagenteile einzubauen und sie Leuten in die Hand zu geben, die nichts davon verstehen, entschloß ich mich, das Element "Solarpanel mit Nachführung und Steuerung" erst einmal im eigenen Haus auf Zuverlässigkeit und Sturmfestigkeit zu prüfen. Also habe ich mal zwei 40 W-Module mit der von mir aufgebauten 2-achsigen Nachführung mittels Antennenrotoren im Zuge unseres Dachausbaus montiert. Da stellte sich dann gleich die Frage, wie wir den Strom sinnvoll nutzen können!

Da es mir damals weder vorstellbar noch wirtschaftlich sinnvoll erschien, den Strom ins öffentliche Netz einzuspeisen und dafür auch noch Geld zu bekommen, fand ich es interessant, zu untersuchen, wie man mit einem begrenzten Angebot an Umweltenergie die Versorgung eines Haushalts erreichen kann. Gleichzeitig wollte ich versuchen, die Verknüpfung der Energiequellen Sonne und Wind so zu optimieren, daß man mit möglichst wenig Speicherkapazität auskommt. Denn Bleiakkus oder NiCd-Akkus kosten nicht nur viel Geld, sie sind bei der Herstellung ebenso wie bei der Beseitigung stets ein umweltbelastender Faktor. Also habe ich zusätzlich zum Solargenerator noch das Windrad aufgestellt, ein kleines, aber technisch ausgereiftes, robustes und wartungsfreies Modell aus England, bei dem der Rotor direkt auf der Generatorwelle sitzt. Da in unserem Klima im Sommer mehr Sonnen- und im Winter mehr Windenergie nutzbar ist, sollte der Windgenerator grundsätzlich eine ähnliche Nennleistung haben wie die Solarpanele. Die Richtigkeit dieser Überlegung hat sich auch im Betrieb bestätigt, obwohl ich leider mangels registrierender Meßgeräte bisher keine genaue Aussage über das Verhältnis der Erträge aus Sonnen- und Windenergie machen kann. Um das Dachgeschoß zu versorgen, war aber mehr Leistung erforderlich als ich anfangs installiert hatte. Nun hatte ich mit Windenergie wenig Erfahrung und hier oben auf dem Dach auch nicht die Möglichkeit, ein großes Windrad aufzustellen. Also habe ich erst einmal den Solargenerator erweitert, zu den 2 nachgeführten Panelen zwei weitere angebaut und weitere 15 Module (20 W) feststehend auf der Dachfläche montiert, so daß sie mit den Dachflächenfenstern auch optisch einigermaßen harmonieren.

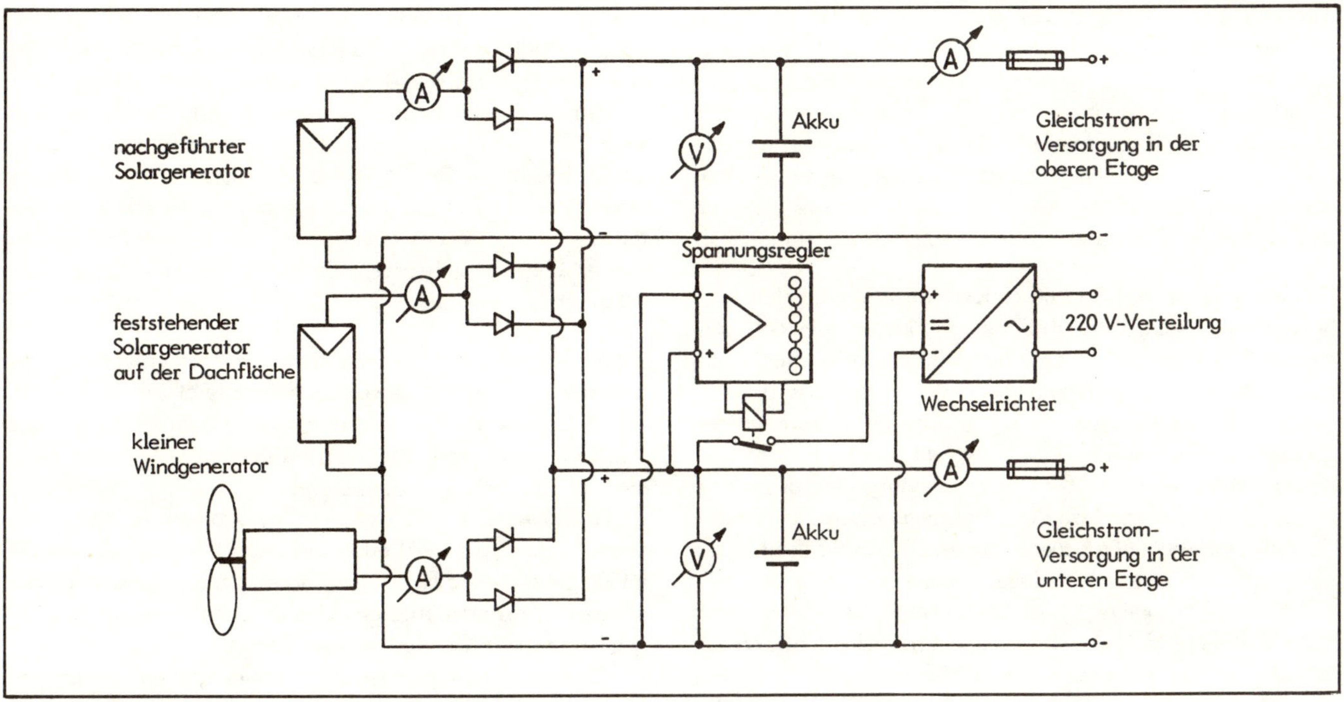

Abb. 106: Blockschaltbild der Anlage

Um ein Gefühl für den Energieertrag aus den einzelnen Komponenten zu bekommen, habe ich dann auch einfache Meßinstrumente (Ampere- und Voltmeter) angeschafft; da ich aber nicht immer zu Hause bin, kann ich über das genaue Verhältnis der Erträge eigentlich noch nichts sagen. Demnächst soll ein elektronisches Meß- und Aufzeichnungssystem aufgestellt werden, das die einzelnen Meßwerte der Anlage selbsttätig erfaßt und die laufenden Erträge auch gleich aufaddiert (integriert). Damit sollte es dann möglich sein, das günstigste Verhältnis der Erträge aus Wind- und Sonnenenergie, aus feststehendem und nachgeführtem Solargenerator zu ermitteln und Dimensionierungsrichtlinien zu erarbeiten.

Wir können heute den größten Teil unseres Strombedarfs hier oben aus der Anlage decken, die fehlenden kWh entnehmen wir dem bestehenden Netzanschluß. Insofern hat meine Beschäftigung mit der Anlage gezeigt, daß die autonome Stromversorgung mit Solarzellen möglich und machbar ist. Aber dies ist nur eine Wohnung in unserem großen Haus; und ich würde heute keinem raten, in einer Situation wie hier meinen Weg zu gehen! Die Speicherung des Stroms ist sehr aufwendig und die Autarkiebestrebungen sind zumindest in der Stadt nicht zeitgemäß, auch wenn sie aus einer Verweigerungshaltung gegenüber dem Atomstrom kommen. Gerade in der Stadt leben wir in einem vernetzten System, wo es sehr viel sinnvoller erscheint, überschüssigen Strom ins Netz zu speisen als ihn individuell zu "horten". Für die 3000 DM, die mein neuer Akkusatz gekostet hat, hätte ich schon wieder 4 Panele kaufen können, die Strom produzieren und 160W zusätzliche Leistung bringen. Trotzdem will ich nicht sagen, daß das Projekt sinnlos ist, denn zum einen bin ich auch erst durch die intensive Beschäftigung mit der Materie zu dieser Erkenntnis gekommen und zum anderen ist es natürlich gut, Erfahrungen mit der Solarzellentechnik zu sammeln. Wenn die nächste Generation der amorphen Zellen zu deutlich niedrigeren Preisen auf den Markt kommt, kann die solare Stromerzeugung auch in der Stadt durchaus eine sinnvolle Lösung sein.

Wenn man unsere Dachgeschoßwohnung einmal nicht isoliert sieht, sondern als Teil dieses Hauses mit der vorhandenen Infrastruktur (Gasanschluß, Stromanschluß, gemeinsame Gasheizung und zentrale Warmwasserversorgung), muß man konsequenterweise über die Versorgung des ganzen Hauses nachdenken. Wenn wir aber im "Energiemarkt" tätig werden wollen, ist es unsinnig, die vorhandene Infrastruktur zu ignorieren und beispielsweise eine autarke Stromversorgung aufzubauen. Für den Bruchteil der Kosten einer großen Solarzellenanlage können wir eine Wärme-Kraft-Kopplungsanlage (Gasmotor mit Generator, der Wärme für die Heizung liefert und Strom ins Netz speist) installieren, die nicht nur unseren Wärme- und Strombedarf weitgehend deckt, sondern auch noch Überschußstrom ins Netz liefert, und zwar nicht nur ein paar hundert Watt, sondern gleich etliche Kilowatt. Die Hausgemeinschaft hat nun in einer großen, gemeinsamen Meßaktion die Strom- und Wärmeverbräuche der einzelnen Wohnungen in ihrem zeitlichen Verlauf erfaßt, die als Planungsgrundlage für eine WKK-Anlage im Haus gebraucht werden. Mit Hilfe unserer Verbrauchsanalysen konnten wir mit unserem Stromlieferanten, den Stadtwerken Hannover, nach schwierigen Verhandlungen einen Tarif für den ins Netz gelieferten Strom aushandeln, der bei uns die Kosten der Stromerzeugung deckt und andererseits auch für die Stadtwerke günstiger ist als der entsprechende Strombezug aus dem AKW Grohnde. Letztendlich wird sich kein vernünftiger Mensch in unserer Gesellschaft der politischen Forderung entziehen können, eine angemessene Vergütung für elektrischen Strom zu bezahlen, der mit geringer oder ganz ohne Umweltbelastung produziert wird und der Gemeinschaft zu Verfügung steht.

Die Energiewerkstatt Hannover arbeitet zur Zeit an unserer WKK-Anlage, im Zusammenhang damit wird auch eine Wandler- und Regelungseinheit für die Netzeinspeisung von Strom aus Umweltenergie entwickelt. Durch die Aufteilung in ein Steuerungsmodul und diverse Leistungsmodule unterschiedlicher Größe wird es mit dieser Elektronik dann möglich sein, z.B. auch den Strom aus meinem Solargenerator oder aus einer größeren Windmühle so aufzubereiten, daß er ohne Zwischenspeicher direkt ins öffentliche Netz geliefert werden kann."

Damit dürften die Grenzen autonomer Stromversorgungs-Systeme wohl klarer geworden sein! Bleibt zu hoffen, daß die Elektronik für die Netzeinspeisung bald so perfekt und preiswert sein wird, daß dem massenhaften Einsatz technisch nichts mehr im Wege steht.

Trotzdem sind die Beispiele autonomer Anlagen nicht bedeutungslos; es wird auch in Zukunft immer wieder Gebäude geben, die z.B. aufgrund ihrer Lage autonom versorgt werden sollen oder müssen. Und da kann man aus den Beispielen unserer "Bastler" einiges lernen.

Es darf auch nicht der Eindruck entstehen, die genannten Beispiele seien die einzigen mit Solarstrom versorgten Wohnungen und Häuser in der Bundesrepublik. So berichtete Dipl.Ing. A.Stork in "Sonnenenergie und Wärmepumpe" (Nr.3/84) über mehrere Familien im bayrischen Raum, die sich nach dem Rezept "Stromsparen und auf Solarstrom umstellen" vom Netz unabhängig gemacht haben. Ebenso wird im Buch von Thomas Rotarius "Mit Alternativenergie leben" (Lahntal 1983) das Beispiel des Hauses "Im Eichholz" in der Nähe von Marburg beschrieben, das heute von Mitarbeitern der Solarfirma Wagner & Co bewohnt wird. Anstelle eines Netzanschlusses für 60.000 DM (850 m Anschlußleitung wären zu verlegen gewesen) entschied man sich vor einigen Jahren für eine unabhängige Stromversorgung aus Sonne und Wind. Bereits mit einer Investition von ca. 8000 DM für einige Solarpanele und einen 200 W-Windgenerator steht heute genügend Strom für die wichtigsten Verbraucher im Haushalt zur Verfügung. Und es gibt inzwischen sicher noch eine Menge Beispiele mehr.

6.4 Solarstrom ins Netz einspeisen

99% aller Haushalt in der Bundesrepublik sind an das öffentliche Netz angeschlossen. Für die allermeisten von ihnen wird die Abkoppelung vom Netz und der Einstieg in eine autonome Stromversorgung keine Alternative sein, auch dann nicht, wenn die Solarzellen in den nächsten Jahren erheblich preiswerter werden sollten. Der Beitrag von Heiner Menzel im vorigen Kapitel hat ja einige einleuchtende Gründe dafür gebracht. Also gilt es Lösungen zu entwikkeln - und zwar technische wie versorgungspolitische -, wie man den "umweltfreundlichen" Solarstrom am besten ins Netz bringt. Leider mangelt es da bei uns noch an guten Beispielen. Sicher, bei den derzeitigen Solarzellen-Preisen ist kein Geschäft damit zu machen. Eine einfache Überschlagsrechnung zeigt, daß solche Alternativen aber bei Zellenpreisen von 3 DM/W Spitzenleistung durchaus schon interessant sein können:

* Eine Solarzelle mit 1 W Spitzenleistung kann bei optimaler Ausrichtung in unserem Klima einen Ertrag von ca. 1 kWh/Jahr bringen, in 20 Jahren Betriebszeit also 20 kWh.
* Legt man die Investitionskosten von 5 DM/W Spitzenleistung (incl. Netzübergabestation) auf diese 20 kWh um, würde 1 kWh ohne Kapitalkosten etwa 20 Pf kosten, also weniger als die Privathaushalte heute effektiv für ihren Netzstrom bezahlen (Arbeits- und Grundpreisanteil zusammengerechnet). Und der Solarstrom verdient eigentlich noch einen "Umwelt-Bonus".

Beispiele für netzgekoppelte Solarstromanlagen sind in unserem Land noch dünn gesät. Man kann kein Geschäft damit machen und handelt sich als kleiner Betreiber obendrein eine Menge Schwierigkeiten mit den Stromversorgungs-Monopolen ein! Die Vorführprojekte fortschrittlicher Solarzellentechnik in Deutschland wie das Solarhaus München und das Solarkraftwerk auf der Insel Pellworm, werden von Großfirmen in Zusammenarbeit mit den regionalen Stromversorgern durchgeführt, die in erster Linie eigene Interessen verfolgen. Schauen wir uns diese Projekte etwas näher an:

Das Solarhaus München

Das Solarhaus München, mit 310 m² Wohnfläche und 350m² Nutzfläche ein "Beispiel" moderner, experimenteller Architektur, wurde zu Forschungszwecken mit 50 m² Solarzellenfläche ausgerüstet. Die Panele sind in die verglaste Südfront integriert und liefern bei einer Spitzenleistung von 5 kW einen Jahresertrag von rund 5000 kWh, eigentlich mehr als genug, um ein Haus mit energieeffizienten Verbrauchern voll zu versorgen. Um überschüssigen Strom ins

Abb. 107: Das Solarhaus in München ging als "das erste Photovoltaik-Haus in Europa" durch die Presse; die Solargeneratoren sind in das geneigte Glasdach oberhalb der Jalousien integriert und kaum zu erkennen.

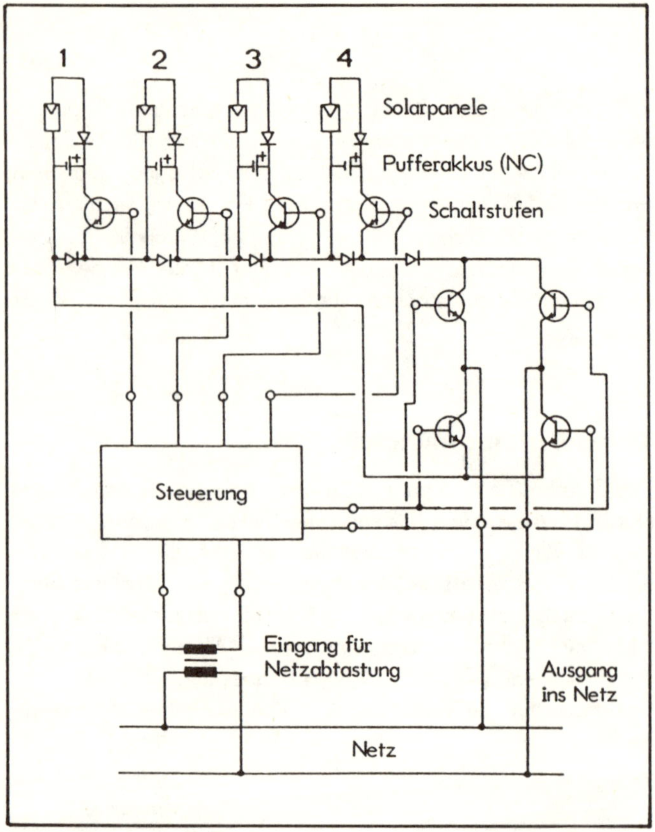

Abb. 108: Prinzipschaltbild des netzgeführten Wechselrichters *Quelle: (11)*

Netz einzuspeisen, wurde am Fraunhofer-Institut für solare Energieforschung in Freiburg ein neuartiger, netzgeführter Wechselrichter mit 6 kW Spitzenleistung entwickelt. Er wandelt den Solarstrom nach einer Zwischenspeicherung in Nickel-Cadmium-Akkus mit einem Wirkungsgrad von über 90% in technischen Wechselstrom 220 V/50 Hz um. Ziel des Forschungsprojekt, das vom BMFT und der Energiekommission der EG gefördert wird, ist es, an diesem Haus praktische Erfahrungen über das Zusammenwirken von Witterung, solarer Stromproduktion, Verbrauch im Haus und Einspeisung ins Netz zu sammeln.

Solche Untersuchungen sind notwendig und nützlich und in Verbindung mit einem spektakulären Haus sicherlich auch sehr öffentlichkeitswirksam. Wenn man jedoch weiß, daß das Haus im Winter durch eine elektrische Nachtspeicher-Fußbodenheizung geheizt wird, ist es als Beispiel für die sinnvolle Nutzung alternativer Energiequellen äußerst fragwürdig. Nicht nur, daß die Fußbodenheizung im Winter wohl 10 mal mehr Netzstrom verheizt als die Solarstromanlage im Jahr liefert, in Verbindung mit den großen südorientierten Glasflächen zur passiven Sonnenenergienutzung ist die Fußboden-Speicherheizung das denkbar schlechteste Heizungssystem, das man wählen konnte. Man darf gespannt sein, was die Forscher nach 5 jähriger Meßperiode an Ergebnissen präsentieren!

Das Solarkraftwerk Pellworm

Mit 300 kW Spitzenleistung gleich zwei Nummern größer als das Münchener Solarhaus und damit schon ein richtiges Kraftwerk, wurde Mitte 1983 auf der Insel Pellworm die größte Solarstromanlage in Europa in Betrieb genommen. Sie versorgt in erster Linie das Kurzentrum der Insel. Denn der saisonale Stromverbrauch des Kurzentrums ist dem jahreszeitlichen Verlauf des Solarstromangebots gut angepaßt. Überschußstrom wird ins Netz der Schleswag abgegeben. Gleichzeitig ist jedoch ein riesiger Akku-Speicher vorhanden, so daß, sollte die Netzversorgung vom Festland einmal unterbrochen sein, die Anlage auch eine Art Notstromversorgung für wichtige Verbraucher auf der Insel übernehmen kann. Es handelt sich hier also um einen Hybrid zwischen autonomer und netzgekoppelter Anlage.

Da der Überschußstrom wohl nicht kostendeckend vergütet wird, versucht man den an den Stromversorger abzugebenden Überschluß klein zu halten und "verheizt" den Solarstrom lieber in elektrischen Durchlauferhitzern und einer elektrischen Wärmepumpe für die Gebäudeheizung. So wird auch hier darauf geachtet, daß nicht zuviel Sonnenstrom ins Netz kommt.

Die Technik der Anlage muß man schon als gigantisch bezeichnen und es war wohl auch eines der Hauptziele des Projekts, die industriell verfügbaren Anlagenkomponenten - Solargeneratoren, Akkus und Wandler - im Großversuch auf ihr Zusammenwirken und ihre Zuverlässigkeit zu testen. Die 17568 Solarmodule mit einer Spitzenleistung von etwa 300 kW sind auf einer 1,8 ha großen Weide an Gerüsten montiert, so daß das Land weiterhin für die landwirtschaftliche Schafhaltung genutzt werden kann. Um die Systemspannung von 346 V zu erreichen, sind immer jeweils 48 Module (Leerlaufspannung 11,2 V, Kurzschlußstrom 2,4 A) in Reihe geschaltet; der Jahresertrag aller Module liegt bei 300 MWh. Da die Anlage nicht nur am öffentlichen Netz sondern auch als autonome Anlage betrieben werden soll, sind im Kraftwerksgebäude 2 gewaltige Akkustationen mit je 1040 kWh Speicherkapazität (2x 346 V, 3000 Ah) und einem Gesamtgewicht von gut 100 t untergebracht. Durch Zu- bzw. Umschalten von Solargenerator-Gruppen auf die eine oder andere Akkustation kann der ganze Generator stets im Punkt maximaler Leistung betrieben werden. Sind beide Stationen voll geladen und wird mehr Energie erzeugt als verbraucht, so fließt der Überschuß über einen 300 kW netzgeführten Wechselrichter ins Überlandnetz. Dieser Wechselrichter kann auch umgekehrt betrieben werden und bei zu geringem solaren Stromangebot bzw. zu hohem Verbrauch die Akkus aus dem öffentlichem Netz nachladen.

Das Kurzentrum selbst wird aus dem System über zwei gesonderte Sinus-Wechselrichter a 75 kW mit Netzspannung (Drehstrom 3x 380 V) versorgt. Über den Wirkungsgrad dieser Wechselrichter liegen keine Angaben vor. Die vielfältigen Steuerungsaufgaben übernimmt ein eigener Computer, der gleichzeitig auch alle notwendigen Daten für die wissenschaftliche Auswertung des Experiments aufzeichnet.

Kraftwerke dieser Art, meist nur nicht ganz so groß, werden inzwischen auch in anderen Ländern rund um die Welt gebaut und vornehmlich aus Forschungsmitteln oder mit Entwicklungshilfe-Geldern gefördert. Sie versorgen z.B.

Abb. 109: Das Solarkraftwerk auf der Insel Pellworm

Abb. 110: Systemschaltbild der Anlage Pellworm
Quelle: (12)

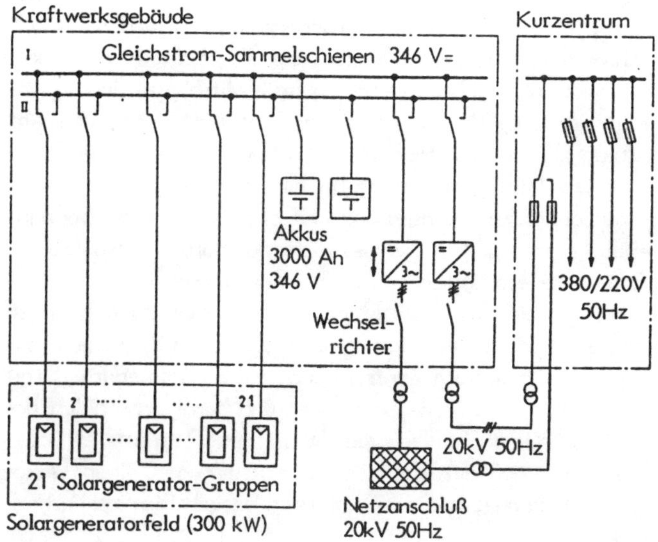

abgelegene Dörfer und Inseln, bevorzugt natürlich in den sonnenreichen Gegenden der Erde, und zeigen, daß die Solarzellentechnik auch im Großen funktioniert, wenn man von technischen Detailproblemen einmal abgesieht. Die beteiligten Firmen dürften dort ihr Lehrgeld inzwischen verdient und das erforderliche Know-how gesammelt haben. Andererseits helfen solche Großprojekte natürlich auch mit, den Preis für Solarzellen durch größere Produktionsmengen weiter zu senken.

So beeindruckend und pressewirksam Großanlagen wie Pellworm auch sein mögen, für die Handlungsmöglichkeiten eines jeden einzelnen bringen sie wenig oder gar nichts. Wir sollen warten, bis alles gründlich erforscht und genormt ist und den Stromversorgern und Konzernen die solare Stromversorgung in den Kram paßt ...

Projekt Netzverbund – auch der Strom hat kleine Quellen

Daß es auch anders geht, zeigt ein kurzer Blick über unsere Landesgrenzen: das Oekozentrum in Langenbruck/ Schweiz, etwa 35 km südöstlich von Basel, ist eine gemeinnützige Stiftung (für angepaßte Technologie und Sozialökologie), die sich aus Erträgen des Stiftungskapitals, projektbezogenen Planungs- und Ingenieurleistungen und Spenden finanziert. In dem ehemals leerstehenden Kinderheim, das in den letzten Jahren energietechnisch saniert und umgebaut wurde, arbeiten heute mehr als 20 feste und freie Mitarbeiter(innen), die teilweise auch dort wohnen. Die Projekte reichen von Ansätzen zur ökologischen Wirtschaftsweise über Kompostierung und Müllverminderung bis hin zu verschiedenen Techniken der Energieeinsparung und alle Formen der Sonnenenergienutzung. Hier geht es nicht nur darum, etwas zu erfinden, zu erarbeiten und zu beraten, sondern auch, Neuerungen in die Tat umzusetzen, Wissen vielen zugänglich zu machen und Breitenwirkung zu erzielen. Entsprechend suchen die Leute vom Zentrum auch die Zusammenarbeit mit einschlägigen Firmen, Gemeinden und den Hochschulen des Landes. Wer mehr über die Arbeit des Zentrums erfahren will, kann den aktuellen Jahresbericht gegen einen Unkostenbeitrag beziehen oder sich nach Besuchsterminen erkundigen.

Ein Projekt unter vielen interessiert uns hier besonders: im Rahmen des Gesamtprojekt „Netzverbund" wurde 1985 auf dem Flachdach des Zentrumsgebäudes eine Solarzellen-Anlage mit 1,8 kW Spitzenleistung aufgebaut, die den erzeugten Strom inzwischen direkt ins öffentliche Netz liefert. Herzstück der Anlage ist neben dem Solargenerator ein neu entwickelter Netz-Umrichter, der die Gleichspannung vom Solargenerator (190 V Systemspannung) in eine netzsynchrone, dreiphasige Wechselspannung umwandelt. Er sorgt gleichzeitig dafür, daß die Panele stets im Punkt maximaler Leistung arbeiten und die Anlage mit optimalem Wirkungsgrad läuft.

Das Motiv für die Entwicklung ist uns ja bereits bekannt: mit dem Ertrag eines 1,8 kW Generators (grob gerechnet 2300-2500 kWh/a in der Schweiz) läßt sich im Jahresmittel der Stromverbrauch eines Haushalts decken; will man die aufwendige Stromspeicherung in Akkus vermeiden, bleibt nur der Austausch mit anderen Verbrauchern und Erzeugern über das öffentliche Netz. Dabei kann die solare Produktionsspitze um die Mittagszeit einen wertvollen Beitrag zur Deckung der bekannten Mittags-Verbrauchsspitze leisten. Die Koppelung zwischen Solargenerator und Netz übernimmt der sogenannte Netz-Umrichter, der folgende wichtigen Anforderungen erfüllen muß:

- Spannung und Frequenz müssen genau mit dem Netz übereinstimmen
- die Energie soll bei größeren Leistungen symmetrisch auf alle 3 Phasen verteilt sein
- keine Störung des Netzes durch den Umrichter
- sofortiges Abschalten der Anlage bei Netzausfall
- Betrieb des Solargenerators auch bei extremer Witterung im optimalen Arbeitspunkt
- möglichst hoher Gesamtwirkungsgrad der Anlage im gesamten Bereich von 10-100% der Nennleistung
- galvanische Trennung zwischen Solarzellenfeld und Netz
- Ausbaumöglichkeiten im Hinblick auf höhere Leistungen und Inselbetrieb

Abb. 111: Solarstromanlage im Oekozentrum Langenbruck maximale Leistung: 1,8 kW

Abb. 112: Schaltschrank mit dem neu entwickelten, netzgeführten Wechselrichter; davor ein Teil der vielen Halbleiterbauteile, die bei den Versuchen auf der Strecke geblieben sind.
Photo: Ökozentrum Langenbruck

Ein solcher Netz-Umrichter ist in den letzten Jahren am Oekozentrum zusammen mit der ETH Zürich und Partnern aus der Kleinindustrie entwickelt worden. Abb. 113 zeigt das Funktionsprinzip und Blockschaltbild des Umrichters. Die schwankende Spannung des Solarzellenfeldes von 180-200 V im optimalen Arbeitspunkt wird in einer ersten Stufe, dem Gleichspannungswandler, in eine konstante Gleichspannung umgewandelt. Eine Regelung des Wandlers sorgt dafür, daß einerseits die Solarpanele stets im Punkt optimaler Leistung arbeiten und andererseits die gesamte elektrische Energie ins Netz abgegeben wird. Der darauffolgende, drei-

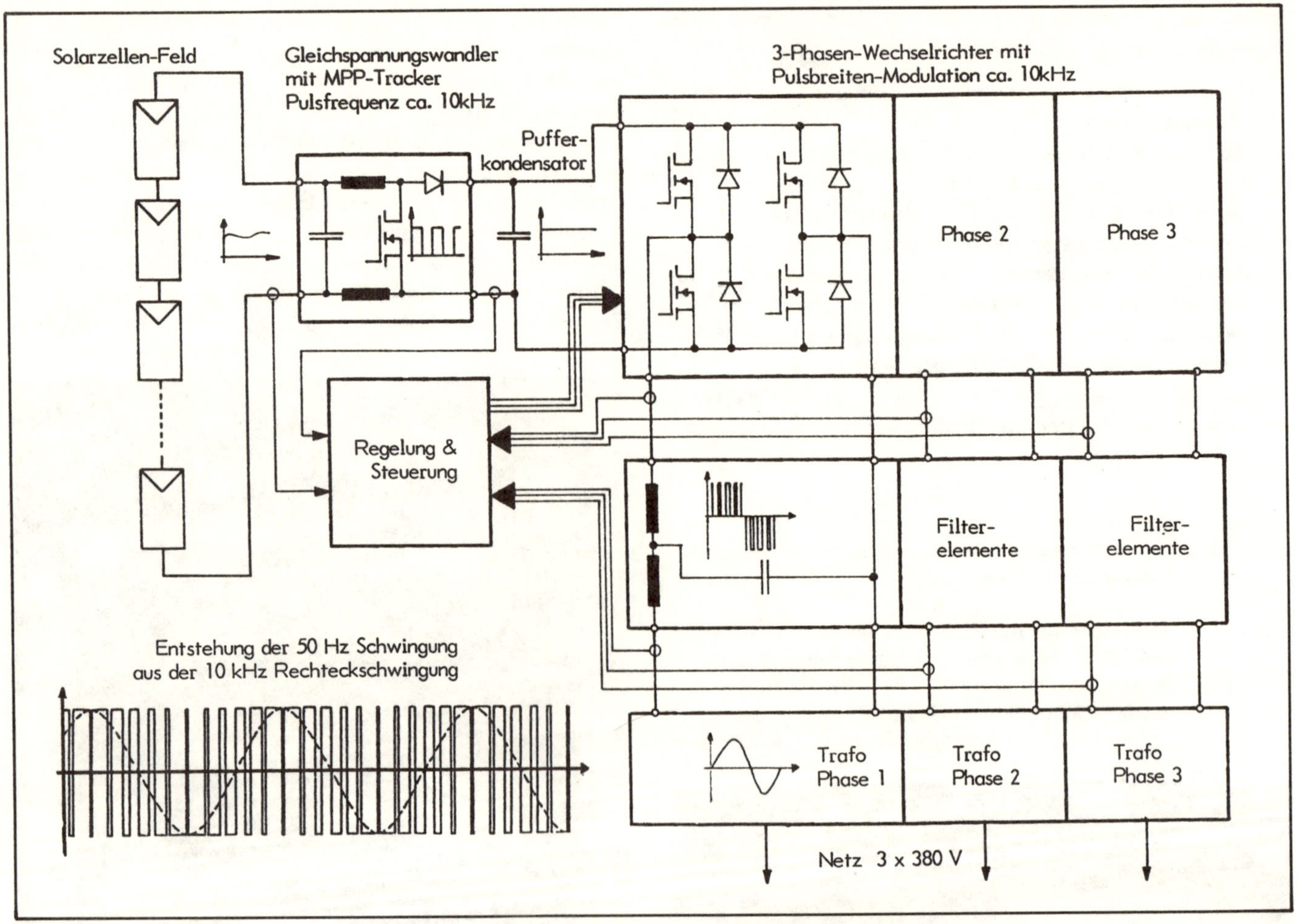

Abb. 113: Prinzipschaltbild des netzgeführten Solarzellen-Umrichters (vereinfacht)

phasige Wechselrichter besteht im wesentlichen aus 3 identischen Zerhackerstufen für jede Drehstrom-Phase: hier wird die Gleichspannung mit einer Schaltfrequenz von ca. 10.000 Hz in eine Folge von Impulsen mit konstanter Amplitude und wechselnder Impulsbreite zerhackt. Die Impulsbreite wird im Rhythmus der 50 Hz Wechselspannung verändert, so daß die breitesten Impulse den Scheitelwert der Sinusspannung und schmalere Impulse entsprechend kleinere Spannungswerte z.B. in der Nähe des Nulldurchgangs der Sinuswelle darstellen. Dieses Umwandlungsverfahren nennt sich "Pulsbreiten-Modulation" und wurde erst durch die Entwicklung leistungsfähiger Halbleiterschalter, den Leistungs-MOS-FET's, für diese Anwendung anwendbar. Da die Impulsfolge hinter den Zerhackern noch einen hohen Anteil sogenannter Oberwellen (Schwingungen mit höherer Frequenz als 50 Hz) enthält, müssen diese durch entsprechende Filterelemente zurückgehalten werden. Je ein großer Ringkern-Netztrafo (Leistung 800 W) für jede Phase sorgt für die galvanische Trennung der gesamten Anlage vom Netz.

Der Prototyp dieses Wandlers wurde nach einer längeren Versuchsphase im Frühjahr ´86 definitiv an die Solarzellenanlage angeschlossen und arbeitet seither störungsfrei im Dauerbetrieb. Zur Zeit wird eine Meßwerterfassung aufgebaut, die dann ein Jahr lang alle relevanten Betriebsdaten der Anlage aufzeichnen und auswerten soll. Sicher ist manches an diesem Prototyp noch nicht perfekt. Vor allem wäre der technische Aufwand für eine Serienproduktion des Gerätes noch viel zu hoch. So sind z.B. die Filterelemente jetzt noch so bemessen, daß eine wirklich saubere, oberwellenfreie Sinusspannung ins Netz geliefert wird. Aber die gute Filterung kostet nicht nur viel Geld, sondern bringt obendrein auch einige Umwandlungsverluste. Es bleibt daher die Frage zu klären, welche Ansprüche an die Spannungsform gestellt werden müssen und welcher Aufwand gerade bei kleineren Anlagen noch vertretbar ist. Auch an einigen anderen Stellen muß der Netzumrichter noch "abgespeckt werden: so könnte man auf die 3 teuren Netztrafos am Ausgang verzichten, wenn man die geforderte galvanische Trennung zwischen Netz und Solarstromanlage durch einen einzigen Trafo im Gleichspannungswandler besorgt. Die Optimierung des Anlagenwirkungsgrades ist ebenfalls noch nicht abgeschlossen.

Welche Bedeutung gerade der Wandlerwirkungsgrad für die Ökonomie der Anlage hat, zeigt eine kurze Überschlagsrechnung:

> 1% Wirkungsgradverlust bei einer 2 kW Solarzellenanlage heißt, daß 20 W Zellenleistung zusätzlich installiert werden muß, um den Verlust auszugleichen; bei derzeitigen Preisen von 20 DM/W Solarzellenleistung kostet der Verlust von 1% Wirkungsgrad also schon 400 DM.

Man sieht, bei der Entwicklung und Optimierung solcher Wandler sind saubere Ingenieurarbeit bis ins Detail und modernste Halbleitertechnik gefragt - also kein Feld für Elektrobastler zu Hause. Die Entwicklung des Langenbrukker Netzumrichters bis zu einem serienreifen Gerät könnte in 1-2 Jahren abgeschlossen sein. Da aber angesichts der schlechten Vergütung für eingespeisten Netzstrom heute kaum jemand an der Anwendung dieser Technik interessiert ist, fehlt einfach noch der Markt für ein solches Gerät.

Die Kosten eines netzgeführten Wechselrichters werden in der Serienproduktion etwa mit den Preisen autonomer Sinus-Wechselrichter vergleichbar sein und bei 2000-3000 DM/kW liegen. Rechnet man die Anschaffungskosten auf die übertragenen kWh aus einer Solarsfrom-Anlage um (20 a Betriebszeit), trägt der Netzumrichter mit etwa 10-20 Pf/kWh zum Strompreis bei. Addieren wir den Kostenbeitrag für Solargenerator, Installation und Wirkungsgradverluste noch hinzu, kann der Erzeugungspreis für sauberen Solarstrom bei 0,35-0,50 DM/kWH liegen, vorausgesetzt, es gelingt in den nächsten Jahren, Solarzellen zum Preis von 4 DM/W zu fertigen; die Kosten der Installation sind in dieser Rechnung mit 1000 DM/kW berücksichtigt.

Parallel zur Entwicklung der Solartechnik haben sich die Leute vom Oekozentrum zusammen mit anderen Energieexperten auch um die Fragen des Netzverbundes und der Finanzierung dezentraler Energieanlagen gekümmert. Im Rahmen des Projekts „Netzverbund" werden z.B. die Stromproduktionsprofile eines Kleinwasserkraftwerks, eines Blockheizkraftwerks, des bestehenden Solargenerators und einer neu errichteten 18 kW-Windkraftanlage erfaßt, um die Auswirkungen zu studieren, die viele kleine Produktionsanlagen auf das Netz und die Deckung der Bedarfsspitzen haben.

Um die dezentrale und umweltfreundliche Stromerzeugung auch in der praktischen Anwendung voranzubringen, wurde im Frühjahr 1985 die "Arbeitgemeinschaft für dezentrale Energieversorgung (ADEV)" gegründet. Ziel dieser Genossenschaft ist es, sowohl durch informelle und praktische Unterstützung als auch durch Finanzierungshilfen den Bau und Betrieb von umweltfreundlichen Energieerzeugungsanlagen zu realisieren. Es sollen mehr Beispiele für sinnvolle,

In der Schweiz wird es ausprobiert: Alternativ im Quartett

Stromgewinnung nach dem Motto: „Klein ist fein"

Langenbruck/Schweiz. Der Bauer stapft mit grantigem Gesicht übers Feld und wünscht den Wagen des Fremden anders geparkt. Diese „Windmühle", nur 150 Meter abseits von seinem Hof, bringt ihm ungewohnt viele Besucher auf die abgelegene Jurahöhe genau auf der Grenze der Kantone Baselland und Solothurn. An die Windkraftanlage „Aeolus" hat er sich gewöhnt, an die Leute noch nicht. Da muß Robert Horbaty vermitteln und besänftigen.

In 18 Meter Höhe stemmt sich Robert Horbaty hinter den Rotorblättern in den Haltegurt und schraubt an Getriebe und Hydraulik: In den ersten Wochen des Betriebs muß er dem „Aeolus" noch einige Mucken austreiben. Aber die beiden Rotorblätter laufen rund und ab 12,6 Stundenkilometer Windgeschwindigkeit auch schnell genug, um mit einer Nennleistung von 18 Kilowatt Strom zu produzieren und ins öffentliche Netz einzuspeisen. Alternative Energieversorgung, dezentral, lauten die Stichworte. Robert Horbaty und seine Kollegen sollen erforschen, welche Rolle kleine Anlagen in der Energieversorgung eines Industriestaates wie der Schweiz spielen können.

Fünf Autominuten westlich, im Ökozentrum Langenbruck, werden die Zusammenhänge klar. Mit der Windkraftanlage hat das Ökozentrum sein Quartett alternativer Stromproduzenten komplett: Auf dem Dach der Forschungsstätte, 30 Kilometer von Basel entfernt, sorgt eine Photovoltaik-Anlage für Strom aus der Sonne; ein Wegstück weiter produziert ein kleines Flußkraftwerk Strom aus Wasserkraft, und in einem Nebengebäude sorgt ein Blockkraftwerk für Strom aus Diesel und für Wärme zugleich. Der Auftrag an die Wissenschaftler lautet herauszufinden, wie die vier Produktionsweisen zueinander passen, wieviel Energie sie wann erzeugen und in welchem Maße sie sich ergänzen. Aus Schweizer Bundesmitteln wird das Projekt mitfinanziert, in Bern soll dann auch Ende 1987 Bericht erstattet werden.

Wirklichen Sinn gibt das Forschungsvorhaben erst mit der Philosophie der Leute von Langenbruck. Das heutige System der Stromversorgung ist in ihren Augen völlig unsinnig: Große Kraftwerke auf der einen Seite produzieren elektrische Energie und leiten sie über ein weitflächiges Netz an die Konsumenten auf der anderen Seite weiter. Ein Ein-Weg-System nennt Robert Horbaty, das, ein Zwei-Weg-System stellt er gegenüber. Grundsätzlich, so seine Argumentation, könnte jeder Stromkonsument mit kleinen Anlagen Stromproduzent sein, also jeder Haushalt, jeder Betrieb, jede Behörde. Was über den eigenen Bedarf hinausgeht, wird ins öffentliche Netz eingespeist. Das Netz übernimmt die Aufgabe, Strommangel hier und Überproduktion dort auszugleichen. „Netzverbund" ist das Forschungsprojekt des Ökozentrums überschrieben.

Stromgewinnung nach der Methode „klein ist fein" wird aber nicht so ohne weiteres weiters von jedermann akzeptiert. Mit der Windkraftanlage hat das Ökozentrum diese Erfahrungen bereits gemacht. Eine wirtschaftlich sinnvolle Nutzung der Windkraft ist nur an exponierten Standorten mit viel und starkem Wind möglich. Horbaty und seine Kollegen fanden auf einem Bergsattel beim Bölchen einen bevorzugten Standort, mußten sich aber bald einer Allianz aus Landschaftsschützern, Verkehrsverein und Jägern geschlagen geben: Kein Windrad sollte hier die Gegend „verschandeln" und ausgesetzte Gemsen vertreiben. Notgedrungen suchte Horbaty weiter und fand schließlich als beste Alternative den Sool, wo die Anlage nun steht.

Der Widerstand am Bölchen hat das Ökozentrum schlauer gemacht. Bei der Diskussion um den zweiten Standort wurden die Landschaftsschützer in die Pflicht genommen und ermahnt, sie müßten ja wohl weiterdenken als nur bis zum Anblick einer Windkraftanlage in bislang freier Landschaft. Ob denn die Großkraftwerke mit ihrer Emissionen nicht weit mehr Schaden anrichteten, ob weitere Speicherseen in den Alpen nicht mehr Landschaft zerstören?

WINDKRAFTANLAGE „Aeolus".
Bild: Wolfgang Göckel

Alle an der Ablehnung des ersten Standorts beteiligten Gruppen sollten Farbe bekennen. Als Ort der Diskussion schuf das Ökozentrum die „Arbeitsgemeinschaft für dezentrale Energieversorgung" (ADEV) und richtete sie als Finanzierungsgenossenschaft für dezentrale Anlagen ein. Unter den 40 Gründungsmitgliedern finden sich Natur- und Landschaftsschützer, Wissenschaftler, Politiker und sogar die Elektra Baselland, das große Energieversorgungsunternehmen der Region.

Mit der Elektra Baselland hat das Ökozentrum manchen Kampf ausgefochten, die Anlässe sind nicht anders als in der Bundesrepublik. Mit höchstens acht Rappen im Winter vergütet die Elektra eine von Fremden in ihr Netz eingespeiste Kilowattstunde Strom; von einem „Ökobonus" wie in Dänemark ist auch in der Schweiz keine Rede. Für die Windkraftanlage errechnet Horbaty tatsächliche Kosten von 10 Rappen pro Kilowatt: 75 000 Mark kostete die Anlage des deutschen Herstellers Aerodyn, geschätzt werden 35 000 Kilowattstunden Jahresproduktion, die Amortisationszeit wird auf 20 Jahre veranschlagt. „Mit 18 Rappen sind wir eigentlich bei den Leuten", sagt Horbaty. Und: Die Kernkraftwerksbetreiber müßten doch nur einmal all ihre Kosten zusammenstellen ...

Der Bauer oben auf dem Sool hat sich inzwischen angefreundet mit dem Rotor auf dem Betonturm. Doch die Einsicht in den Sinn des Energiegesetzes fehlt auch ihm. Da sieht er also den Rotor im Wind, liest am Stromzähler darunter die erbrachte Leistung ab – doch nebenan auf seinem Hof darf er diesen Strom nicht nutzen: Er ist nicht der Besitzer von „Aeolus". Also muß das Ökozentrum die Kilowattstunde für maximal acht Rappen an die Elektra Baselland verkaufen, und die Elektra wiederum verkauft den Strom an den Bauern zum fast doppelten Preis. „Verstehen's Sie vielleicht?" fragt Horbaty.

Wolfgang Göckel

Aus "Badische Zeitung", Freiburg 1986

dezentrale Energieversorgungsanlagen geschaffen werden, kurz, die ADEV will umweltfreundlichen Strom produzieren und nicht nur Papier in Form von Studien und Forschungsarbeiten. Informationen über rationelle Energie-Nutzungstechniken sollen darüber hinaus helfen, den Energiebedarf generell zu verringern, denn "eingesparte Energie ist die sauberste und billigste Energie"!

"Leider sind wir heute häufig gezwungen, unsere Energie in Aktivitäten zu stecken, die etwas verhindern wollen (Großkraftwerke, diverse AKW's, usw.); die ADEV will jedem Bürger und jeder Bürgerin die Möglichkeit geben, sich aktiv für den Aufbau einer umweltverträglichen Energieversorgung zu engagieren." Um die momentane - wohlverstanden einem kurzfristigen Denken entspringende - Unwirtschaftlichkeit kleiner Windkraft-, Wasserkraft-, Solarzellen-, Wärmekraftkopplungs- und Biogasanlagen zu überbrücken, die umweltfreundlich Strom produzieren und ins Netz abgeben, sucht die ADEV Darlehen zu günstigen Zinsen und langer Laufzeit. Dieses Geld investiert sie in den Bau und Betrieb solcher Anlagen. Würde dezentral erzeugter Strom - wie es das Energiegesetz der Stadt Basel bereits vorsieht - überall ähnlich vergütet wie Elektrizität aus einem Großkraftwerk (je nach Betrachtungsweise etwa 12-22 Rp/kWh), könnten sehr viel mehr Anlagen schon heute wirtschaftlich betrieben werden. Darüber hinaus, so fordert die ADEV, müßten sauber produzierende Anlagen mit einem Ökobonus belohnt werden, z.B. durch einen Subventionsbetrag von einigen Rappen je produzierter kWh. Dies würde die raschere Amortisierung der heutigen Mehrkosten und eine größere Verbreitung solcher Anlagen auf dem Markt ermöglichen.

Vom Konzept her ist die ADEV also auch eine Art Anlage-Gesellschaft für "Öko-Kapital". Im Vorstand sitzen Wissenschaftler und Ingenieure mit Politikern und Naturschützern aus den beiden Kantonen Basel-Stadt und -Land zusammen. Sie haben inzwischen 300.000 Fr an Darlehen eingeworben, die mit Zinssätzen von 1-3% honoriert werden. Mit diesem Geld sind bisher zwei größere Wärme-Kraft-Kopplungsanlagen sowie eine Windkraftanlage gebaut worden, die auch aus betriebswirtschaftlicher Sicht mit Gewinn arbeiten. Weitere Projekte sind in der Vorbereitung. Es ist klar, daß mit zunehmender Zahl erfolgreicher ADEV-Projekte auch die Bereitschaft der Darlehensgeber steigen wird, ihr Geld in neue, umweltverträgliche Energieanlagen zu investieren.

Für die Dezentralisierung und "Humanisierung" der Energieproduktion spricht auch eine ganz simple menschliche Erfahrung: "wer mit Holz heizt, weiß, daß Arbeit damit verbunden ist, er hat eine Beziehung zu seiner Energieproduktion und wird sparsam damit umgehen. Kann der Besitzer einer dezentralen Energieproduktionsanlage seine überschüssige Energie kostendeckend verkaufen, wird der Sparerfolg sicher ähnlich groß sein".

Fazit: eine volkswirtschaftlich sinnvolle Energieproduktion und eine intakte Umwelt schließen sich nicht aus; umweltfreundliche Energietechnik ist innovativ und schafft neue Betätigungsgebiete für Industrie und Gewerbe.

Wir wünschen dieser schweizerischen Initiative viel Erfolg und hoffen, daß sie Vorbild für ähnliche Initiativen in der Bundesrepublik ist.

Kontaktadresse:
Ökozentrum Langenbruck
Schwengistr. 12
CH 4438 Langenbruck BL / Schweiz

Abb. 114: Trittfester Solargenerator auf einem Bootsdeck *Photo: AEG, Wedel*

6.5 Tips für den Aufbau mobiler Anlagen

Während das Feld der netzgekoppelten Hausanlagen in den nächsten Jahren noch äußerst schwierig sein wird, zeigt die solare Stromversorgung in mobilen Anlagen heute schon ihre Stärken: sie funktioniert überall, ist nahezu wartungsfrei und produziert den Strom sauber und ohne störenden Lärm. Jeder Camping-Freund oder Besitzer eines Segelbootes, der auf den Komfort elektrischer Geräte nicht verzichten will, wird diese Vorzüge sehr zu schätzen wissen. Sicherlich kann man den Akku eines Wohnwagen-Anhängers während der Fahrt über die Lichtmaschine des Autos laden lassen, bei längeren Standzeiten kommt es dann aber schnell zu Engpässen. Und nur für's Laden des Akkus den Motor laufen zu lassen, schadet nicht nur dem Motor und der Umwelt, sondern stört auch die Ruhe, die man gesucht hat.

Was wir über Technik, Dimensionierung und Installation solarelektrischer Systeme gelernt haben, trifft grundsätzlich auch für Solarstromanlagen in Campingwagen und auf Booten zu. Einige Tips und Besonderheiten sollen hier noch behandelt werden.

Installationen auf Booten

Seewasser ist ein aggressives Medium. Geräte, die unter normalen Klimabedingungen jahrelang halten, können an der See durch die salzhaltige, feuchte Luft und durch Spritzwasser innerhalb von Wochen korrodieren und irreparabel zerstört werden. Die ersten Installationen einfacher Standard-Solarpanele auf Booten haben dies zum Schaden mancher Besitzer mehrfach bewiesen.

Inzwischen gibt es Solarpanele in seewasserbeständiger Ausführung, bei denen die Zellen trittfest eingebettet sind, so daß man darauf laufen kann. Auch die Anschlußkästen und Zuleitungen müssen wasserdicht und korrosionsbeständig sein. Marine-Panele sind durchweg kleiner als die Standardpanele, sie werden mit Leistungen von 5-20 W angeboten. Da der Platz an Deck meist sehr beschränkt ist, bieten die geringen Abmessungen den Vorteil einer flexiblen Montage. Leider müssen diese Vorzüge recht teuer bezahlt werden. Das liegt nicht nur an den Mehrkosten für bessere Materialien, sondern insbesondere an den hohen Fertigungskosten für einen noch sehr kleinen Markt. Um günstigere Einkaufspreise zu erzielen, kann es daher vorteilhaft sein, in Club's o.ä. Sammelbestellungen zu organisieren.

Der Stromverbrauch an Bord ist im allgemeinen nicht sehr hoch: meist werden die Positionslichter, ein Radioempfänger, ggf. Navigationsinstrumente, Bilge-Pumpe und Horn sowie einige Lampen für die Kabinenbeleuchtung aus dem 12 V-Bordnetz mit einem tiefentladungsfesten Akku versorgt. Bei der Dimensionierung der Solarpanele tauchen dann 2 Schwierigkeiten auf: zum einen ist es manchmal schwer zu sagen, wie oft und wie lange das Boot genutzt wird, und zum anderen ist während der Fahrt und bei wechselnden Ankerplätzen eine stets nach Süden orientierte, geneigte Aufstellung der Panele kaum möglich.

Bei der Abschätzung des Verbrauchs kann man im wesentlichen 2 Fälle unterscheiden. Wird das Boot nur gelegentlich an schönen Wochenenden genutzt und liegt dann in der restlichen Zeit vor Anker oder am Steg, besteht die Hauptaufgabe eines Solargenerators darin, in den langen Nutzungspausen den Bootsakku geladen zu halten bzw. langsam wieder aufzuladen. Man ist dadurch weder auf eine Ladestation im Hafen angewiesen, noch muß man den Akku ausbauen und zu Hause am Ladegerät frisch halten. Für diesen Zweck genügt ein 5-10 W-Panel je 100 Ah Akkukapazität; auf einen Laderegler kann man verzichten, da Ladeströme von weniger als 1/10 I_{10} dem Akku auch beim Überschreiten der Gasungsspannung nicht schaden. Sind höhere Akkukapazitäten installiert, wählt man die Panelleistung im angegebenen Verhältnis entsprechend größer. Auf Booten, die häufiger und auch für Nachtfahrten genutzt werden, ist der Stromverbrauch im allgemeinen höher. Nun sind Solargeneratoren leicht zu erweitern, so daß man auch ohne komplizierte Rechnung die erforderliche Panelleistung im Versuch ermitteln kann. Stellt man nach der Erweiterung um 1-2 Panele immer noch fest, daß der Akku häufig entladen und der Strom knapp ist, kann man leicht noch ein 3. oder 4. Panel hinzufügen. Auf jeden Fall ist dann ein passender Laderegler vorzusehen, um bei längeren Liegezeiten ein schädliches Überladen des Akkus zu vermeiden.

Wer größere Stromverbraucher an Bord betreiben will, sollte sich schon die Mühe einer Dimensionierungsrechnung machen (vgl. Kap. 4). Da der größte Bedarf meist während der Fahrt auftritt, können ein kleiner Windgenerator oder eine Außenbord-Wasserturbine die solare Stromversorgung sinnvoll ergänzen.

Bei der Montage der Panele wird man immer Kompromisse schließen müssen; man kann sie entweder fest einbauen oder beweglich installieren. Bei der Festmontage wird man sie annähernd waagerecht an Deck oder auf dem Kabinendach anbringen, so daß sie unabhängig von der Lage oder der Fahrtrichtung des Schiffes besonnt werden. Natürlich geht dadurch der höhere Ertrag eines genau nach Süden orientierten, geneigten Solargenerators verloren. Andererseits kann der Generator an Bord diebstahlsicher befestigt werden und auch in der Winterpause den Akku geladen halten. Für die Montage sollte man einen möglichst unverschatteten Platz wählen, da schon eine einzige verschattete Solarzelle den Ertrag des ganzen Panels merklich schmälert.

Die bewegliche Montageart hat den Vorteil, daß man den Solargenerator jeweils so ausrichten kann, daß er den besten Energieertrag liefert. Diese Methode verlangt zwar mehr Bedienung und Aufmerksamkeit, kann dafür aber gegenüber festeingebauten Panelen beinahe die doppelte Leistung liefern. Eine diebstahlsichere Befestigung erfordert bei der beweglichen Montage etwas mehr Nachdenken, sofern der Generator auch in der Ruhezeit an Bord bleiben soll.

Die Marine-Panele enthalten in der Regel bereits eine Entladeschutzdiode, so daß der elektrische Anschluß nicht weiter schwierig ist. Das Panel wird direkt mit dem Bordakku verbunden; mehrere Panel werden parallel geschaltet und ggf. über einen Laderegler angeschlossen. Die Verbindungsleitungen sollten auch hier so kurz wie möglich gehalten und mit ausreichendem Querschnitt verlegt werden. Durchführungen durch das Deck oder das Kabinendach müssen mit Polysulfid-Dichtungsmasse abgedichtet werden.

Solarstrom für Caravans

Da im allgemeinen die Dauerbeanspruchung durch Seewasser entfällt (außer bei Caravans, die ganzjährig an der Küste stehen), kann man normale Standardpanele verwenden und - verglichen mit Marine-Ausführungen - für dasselbe Geld eine erheblich größere Solarzellenfläche anschaffen. Aber das Problem der unregelmäßigen Nutzung und damit die Frage nach der richtigen Panelgröße stellt sich hier gleichermaßen.

Während der Fahrt kann der Bordakku parallel zum Starterakku aus der Lichtmaschine geladen werden, so daß man sein Ziel mit vollem Bordakku erreicht. Wer alle 2-3 Tage

größere Strecken weiterfährt, wird höchstens ein kleines 5-10 W Panel für die Ladungserhaltung in Ruhezeiten brauchen. Will man aber längere Zeit an einem Ort verbringen, sollte man den Solargenerator aber schon so dimensionieren, daß der Stromverbrauch in dieser Zeit dem Solarstromertrag entspricht. Es empfiehlt sich daher wie bei anderen Solarstromsystemen, großen Wert auf stromsparende Geräte zu legen. Elektrische Kühlschränke sind auch hier die größten "Stromfresser"; konventionelle Ausführungen mit schlechter Isolierung verbrauchen allein schon den Strom von 2-3 35 W-Modulen. In Kap. 3.5 finden sich einige Hinweise auf sparsamere Alternativen, die am 12 V-Bordnetz betrieben werden können. Mit Hilfe der Dimensionierungsrechnung (Kap.4) wird der Energieverbrauch bestimmt und anschließend unter Berücksichtigung der Einstrahlungsdaten für die Hauptreiseziele die Größe des Solargenerators festgelegt. Bei der Bemessung des Speichers setzt das Gewicht des Akkus gewisse Grenzen. Wer im Sommer hauptsächlich in südlichen Ländern unterwegs ist, kann mit einem Speicher für 2 Tage ohne weiteres zurechtkommen; bei dem wechselhaften Wetter hierzulande ist eine Autonomie für 3-7 Tage unter Umständen durchaus angebracht.

Die Montage der Panele ist zwar um einiges einfacher als auf Booten, erfordert aber dennoch richtige Planung und sorgfältige Befestigung. Als Platz für eine feste Montage bietet sich das Dach an. Die Panele können entweder waagerecht auf eine Unterkonstruktion (Aluschienen o.ä.) geschraubt oder so auf einem verstellbaren Rahmen montiert werden, daß man sie am Standplatz hochklappen und optimal zur Sonne hin neigen kann. Im letzteren Fall ist man bei der Wahl des Standplatzes ein wenig eingeschränkt, da für den geneigten Solargenerator die Südorientierung am günstigsten ist.

Bei der festen Montage auf dem Dach muß man natürlich in der Sonne parken, was im Sommer bei schlechter Isolierung des Caravans nicht immer angenehm ist; andernfalls fällt die Stromausbeute allzu mager aus. Wer schattige Plätze bevorzugt, sollte den Solargenerator lieber separat aufstellen. Ein Kabel von maximal 10-15 m Länge wird wohl in allen Fällen ausreichen, um in der Nähe einen sonnigen Aufstellplatz zu finden.

Bei der Befestigung, egal ob auf dem Dach oder an einem transportablen Gestell, sollte man auf eine solide Ausführung achten; denn die Panele bieten Böen, Gewitterstürmen und dem Fahrtwind eine große Angriffsfläche. Es wäre doch schade, wenn durch schlichte Nachlässigkeit an dieser Stelle die ansonsten sehr langlebigen Panele zerstört würden. Die meisten Solarzellen-Händler bieten in ihrem Zubehörprogramm geeignetes Befestigungsmaterial an.

Die Kabel von den Panelen werden ganz normal über eine Rückstromdiode (sofern sie nicht bereits im Panel integriert ist), Sicherung und den Laderegler an den 12 V Akku des Bordnetzes angeschlossen. Die Elektroinstallation dürfte daher kaum Schwierigkeiten bereiten. Bei der Gelegenheit lohnt es sich jedoch, die bestehende Bordinstallation einmal zu überprüfen und zu dünne Kabelquerschnitte bzw. billige Steckdosen und Schalter ggf. zu ersetzen.

Abb. 115: Eine Möglichkeit der Montage von Solarpanelen auf Caravans Quelle: Fa.Wagner & Co, Marburg

Abb. 116: Faltbares Solarpanel mit 20 Watt Spitzenleistung für den mobilen Einsatz Photo: AEG, Wedel

Abb. 117: *Eines der ersten Serien-Solarmobile vor einer Solar-Tankstelle (aus amorphen Zellen) beim Start auf der Landesgartenschau in Freiburg*

6.6 Solarfahrzeuge

Die Idee, leise und abgasfreie Elektroautos zu bauen, ist nicht neu; schon in den Kindertagen des Automobils hat man mit Elektroantrieben experimentiert und auch entsprechende Fahrzeuge in Serie hergestellt. Wegen ihres hohen Akkugewichts und wegen beschränkter Fahrleistungen konnten sie sich gegenüber der Konkurrenz der Benzin- und Dieselmotoren damals nicht durchsetzen. In den letzten 2 Jahrzehnten hat nun die Massenmotorisierung durch Lärm und Gestank größte Umweltprobleme geschaffen, so daß verschiedene Automobilhersteller und Stromversorgungsunternehmen nicht zuletzt aus diesem Grund an der Weiterentwicklung des Elektroautos arbeiten. Im wesentlichen wurden bestehende Autotypen mit schweren Akkus ausgerüstet und der konventionelle Antrieb durch einen elektrischen ersetzt. Zur Serienproduktion eines solchen, sauberen Fahrzeugs ist es bisher leider nicht gekommen, nicht zuletzt deshalb, weil die auf das Gewicht bezogene Speicherkapazität der heute verfügbaren Akkus beim konventionellen Autokonzept nur mäßige bis schlechte Fahrleistungen zuläßt. Gut, man testet die elektrische Antriebstechnik in einigen Prototypen, die gelegentlich in einigen Großstädten zu sehen sind, und wartet ansonsten auf bessere Akkus.

Für den begeisterten Solarstrom-Fan stellt sich natürlich die Frage, ob nicht die Ausrüstung von Elektrofahrzeugen mit Solarzellen das Problem zumindest teilweise lösen kann. Und da man von den Entwicklungsabteilungen der Automobilfirmen allzuviel Innovationen wohl nicht erwarten kann, andererseits aber viele Köpfe mehr Ideen entwickeln als nur wenige, schlug der schweizerische Solaringenieur Josef Jenni 1984 vor, Entwicklung und Bau kleiner Elektrofahrzeuge durch eine "Solarmobil"-Ralley in der Schweiz anzuregen. Zusammen mit der Schweizer Sonnenenergie Vereinigung wurde ein Reglement erarbeitet und mit finanzieller Unterstützung von Sponsoren aus Handel und Gewerbe konnte schon im Juni 1985 die 1. "Tour de Sol" in Romanshorn am Bodensee starten. In 6 Tagesetappen mit jeweils 50-120 km/Tag führte die Strecke bis nach Genf (368 km), über normale Landstraßen und eingebunden in den üblichen Autoverkehr. Über 60 Teilnehmer traten mit ihren selbst entwickelten Fahrzeugen beim Start an, teilweise schon mit hochentwickelter Technik und gestyltem Design, teilweise aber auch mit "fliegenden Kisten" und mehr oder weniger pfiffigen Konstruktionen, an denen noch Minuten vor dem Start eifrigst gebastelt wurde.

Das Reglement sah 3 Fahrzeugkategorien mit folgenden Beschränkungen vor:

1. Kategorie: Fahrzeuge, die nur mit Sonnenkraft ohne Zusatzantrieb fahren; zugelassen waren maximal 6 m^2 Solarzellenfläche bzw. 480 W maximale Leistung, eine Speicherkapazität von höchstens 4,8 kWh und mindestens 3 Räder am Fahrzeug; das Schieben liegengebliebener Fahrzeuge war gestattet.

2. Kategorie: Fahrzeuge, die mit Sonnen- und Muskelkraft fahren; ergänzend zu den Beschränkungen der 1. Kategorie mußten diese Fahrzeuge mit einem zusätzlichen Tretantrieb ausgerüstet sein und mindestens 120 W Solarzellenleistung mitführen.

3. Kategorie: Sonderkonstruktionen und Fahrzeuge mit weniger als 120 W Solarzellenleistung, die man eher als solar unterstützte Fahrräder bezeichnen kann.

Der Spielraum, den das Reglement den Teilnehmern bot, zeigte sich in der Vielfalt der vorgeführten Konstruktionen, so daß die Vorzüge und Schwächen verschiedener technischer Lösungen vom Generator bis zum Antrieb deutlich wurden und verglichen werden konnten. Andererseits wurde die Zulassung bewußt auf kleine und leichte Fahrzeuge beschränkt, denn Ziel des Wettbewerbs war ja die Entwicklung von sauberen, individuellen Nahverkehrmitteln. Der rege Erfahrungsaustausch der teilnehmenden Teams vor, während und nach dem Rennen hat alle Beteiligten diesem Ziel

Abb. 118: Solarmobil der Kategorie 1 und Gewinner der ersten Tour de Sol 1985

Abb. 119: Solarmobil mit Tretantrieb

ein gutes Stück näher gebracht. Natürlich ist solch ein Rennen auch sehr publikumswirksam (zumindest in der Schweiz), es hat das Interesse an der Solarenergie wieder deutlich belebt.

Die Fahrzeuge der 1. Kategorie waren echte Elektroautos mit autonomer Stromversorgung, deren Akkus im Laufe des Tages über den mitgeführten Solargenerator stets soweit nachgeladen werden müssen, daß genügend Energie für die nächste Etappe gespeichert ist. Bei dem relativ schlechten Wetter während der Tour galt es, mit der Energie sehr haushälterisch umzugehen. Trotz ihres Anspruchs ist die Tour de Sol ein Geschwindigkeitswettbewerb, bei dem derjenige gewinnt, der durch geringes Fahrzeuggewicht, hohe Panelleistung, große Akkukapazität und optimale Wirkungsgrade aller Antriebskomponenten die besten Fahreigenschaften erzielt. Mit Motorleistungen von 2-5 kW (= 2,7-6,8 PS) wurden Höchstgeschwindigkeiten von über 70 km/h erreicht. Das Siegerfahrzeug, eine Entwicklung von Daimler-Benz zusammen mit der Schweizer Solarfirma Alpha Real, hatte durch einen besonders leichten (und sehr teuren) Silber-Zink-Akku einen Gewichtsvorteil von über 50 kg gegenüber vergleichbaren Konkurrenten und fuhr auf der 362 km langen Strecke einen Zeitvorsprung von über 2 Stunden heraus. Die Durchschnittsgeschwindigkeit dieses Fahrzeugs im normalen Straßenverkehr (mit Ampeln) lag immerhin schon bei 38 km/h. Von den 29 Fahrzeugen, die in der 1. Kategorie starteten, erreichten 27 Fahrzeuge das Ziel, 15 Teilnehmer mußten wegen des schlechten Wetters ihre Akkus am Netz nachladen und wurden nicht gewertet, 2 Fahrzeuge fielen aus.

Die Fahrzeuge der 2. Kategorie waren durchweg stärker für eine Verwendung im Alltagsverkehr konzipiert, wo Geschwindigkeit nicht an erster Stelle steht. Die Mehrzahl der Teilnehmer präsentierten modifizierte 3- und 4-rädrige Fahrradkonstruktionen mit zusätzlichem Solarantrieb. Obwohl durch Treten zusätzliche Antriebsleistung von 100-200 W zur Verfügung stand, waren die Fahrzeuge im ganzen gesehen langsamer als die der 1. Kategorie. Das liegt zum einen an dem erhöhten Luftwiderstand der Konstruktionen -

der Fahrer braucht ja Bewegungsfreiheit zum Treten - zum anderen aber auch an den geringeren Panel- und Motorleistungen sowie den entsprechend kleineren Akkukapazitäten dieser Fahrzeuge; denn ein Tretfahrzeug darf insgesamt nicht zu groß und zu schwer werden, soll das Treten noch einen Sinn haben. Dies erwies sich auch in der Praxis während der Tour: Teams mit großen Fahrzeugen und über 150 kg Leergewicht konnten sich nur schlecht oder gar nicht plazieren. Von den 26 Fahrern am Start erreichten 15 das Ziel ohne Nachladen, 2 gaben auf, die restlichen 9 mußten ihre Akkus am Netz nachladen und wurden nicht gewertet.

In der 3. Kategorie traten 4 Fahrzeuge an, die man als Fahrräder mit solarem Hilfsantrieb bezeichnen kann. Der Solargenerator ist kleiner als 120 W Spitzenleistung, Motorleistung und Akkukapazität sind sparsam und eher für eine Unterstützung des Tretantriebs ausgelegt. Das macht die Konstruktionen entsprechend einfach und preiswert, eben eine bequeme und gleichzeitig umweltfreundliche Alternative zum Fahrrad im Nahverkehr. Einige dieser Fahrzeuge werden inzwischen in kleinen Serien gebaut und sind käuflich zu erwerben. Die Sonnenkraft verleiht dem Radfahrer dabei mehr Ausdauer und Kraft am Berg, die überdachte Konstruktion (Abb. 119) bietet gleichzeitig guten Regenschutz.

Insgesamt hat die 1. Tour de Sol gezeigt, daß es durchaus möglich ist, Elektrofahrzeuge mit beachtlichen Leistungen zu bauen, aus denen sich praktische Alternativen für den individuellen Nahverkahr entwickeln lassen. Der Zwang zur autonomen Versorgung durch Solarstrom hat die Konstrukteure dazu angehalten, durch Leichtbau und Einsatz energieeffizienter Techniken das beschränkte Energieangebot in optimale Fahrleistungen umzusetzen. Dabei ist die Gewichtsminderung der eigentlich wichtige Schritt. Führen die bisherigen Prototypen (z.B. der Golf-City-Stromer, Pöhlmanns Luxusentwicklung EL u.a.) im allgemeinen allein 500 kg an Bleiakkus mit, um die ebenso schwere Karrosserie und 100-200 kg Nutzlast zu bewegen, kommen die Solarmobile der 1. Kategorie mit etwa 180-250 kg Fahrzeugge-

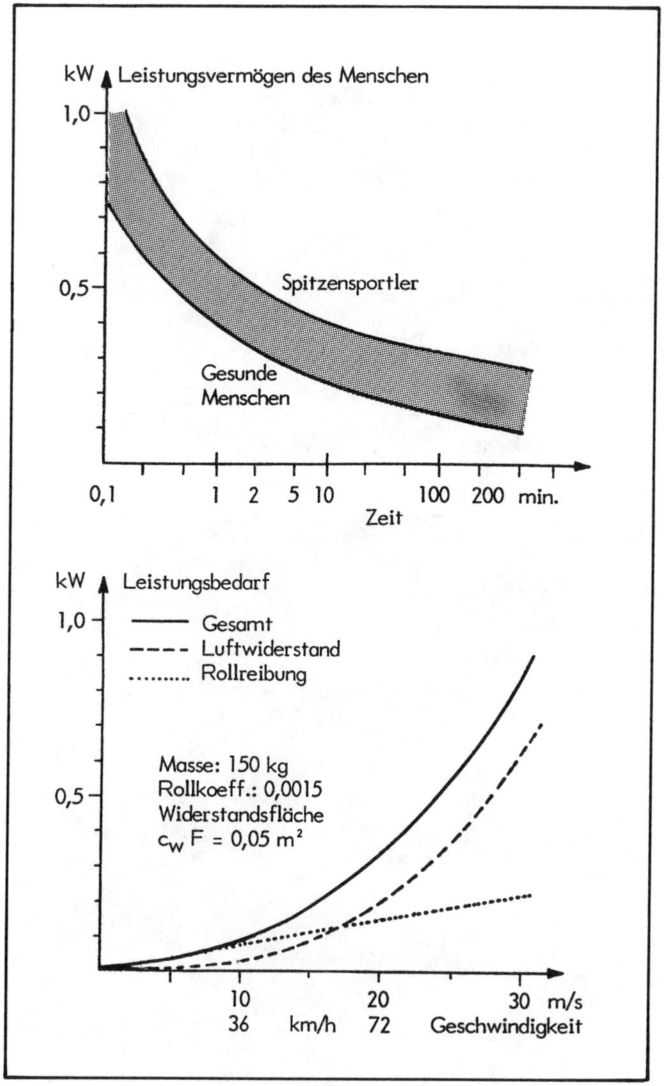

Abb. 120
oben: *Menschliches Leistungsvermögen als Funktion der Leistungsdauer*
unten: *Leistung, die zur Überwindung von Rollreibung und Luftwiderstand aufgebracht werden muß*
Quelle: (13)

wicht aus, wobei etwa 40-50% des Leergewichts auf die Akkus entfallen. Sicher, hier handelt es sich auch nicht um Nutzfahrzeuge sondern um Rennwagen. Trotzdem ist ein Vergleich der technischen Daten von konventionellen Fahrzeugen und Solarmobilen ganz aufschlußreich.

Ein Kleinwagen mit Benzinmotor wiegt heute etwa 600-700 kg, ist mit einer Motorleistung von z.B. 40 kW ausgestattet und verbraucht, sagen wir, 7 l Benzin auf 100 km. Berücksichtigt man den Energieinhalt des Benzins (8,3 kWh/l) und den Motorwirkungsgrad (30%), kann man die erforderliche mechanische Antriebsenergie für die 100 km Strecke berechnen, sie liegt bei 18-20 kWh/100 km (vgl. Tab. 15). Rund 70% des Energieinhalts von Benzin werden im Ottomotor in nutzlose Wärme umgewandelt. Würde man einen solchen Kleinwagen mit Elektroantrieb ausrüsten, wären bei 90% Wirkungsgrad des Elektromotors und 90% Wirkungsgrad für die Steuerungselektronik etwa 22,5 kWh auf 100 km an elektrischer Energie zu speichern. Ein Bleiakku für 100 km Reichweite wiegt dann etwa 450 kg, gerade soviel, wie die konventionellen Elektro-Prototypen auch mitführen.

Will man mit weniger Antriebsenergie auskommen, muß man zweierlei tun: durch Minimierung des Fahrzeuggewichtes und der spezifischen Rollreibung kann man den geschwindigkeitsunabhängigen Teil des Transportenergiebedarfs senken, der vor allem im Stadtverkehr sehr stark zu Buche schlägt (Anfahren und Abbremsen); bei höheren Geschwindigkeiten macht sich zunehmend der Luftwiderstand bemerkbar, den man durch aerodynamische Formgebung und kleine Querschnittsfläche senken kann. Tab. 15 zeigt, daß das Siegerfahrzeug der 1. Tour de Sol bei einer Durch-

Abb. 121: Einfache, leichte Serien-Solarmobile; im Hintergrund wieder eine Solar-Tankstelle (mobiler Solargenerator mit etwa 2 kW Spitzenleistung)

Abb. 122: Blick auf den Antrieb in einem Serien-Solarmobil Der Motor wirkt auf ein stufenloses Reibrad-Getriebe, das die Kraft über einen Zahnriehmen an die Räder weitergibt.

schnittsgeschwindigkeit von 37 km/h mit 2,7 kWh/100 km Transportenergie ausgekommen ist, also nur 1/7 der Antriebsenergie eines herkömmlichen Fahrzeugs gebraucht hat. Mit der Kapazität des eingebauten Akkus (4,3 kWh) hätte man ohne zusätzliche Solarerträge schon etwa 160 km weit fahren können.

Die Ursachen des verringerten Energieverbrauchs im einzelnen: das auf 1/3 verringerte Gewicht gegenüber konventionellen Autos, ein um den Faktor 2 geringerer Rollwiderstand (0,015 statt 0,03) und ein geringer Luftwiderstand (c_W-Wert = 0,25 bei geringer Querschnittsfläche) durch flache und aerodynamisch günstige Form. Ohne Frage handelt es sich hier um "Rennwagen", die auf optimale Leistung bei minimalem Energieeinsatz gezüchtet sind. Aber wie überall im Rennsport sind die dort gesammelten Erfahrungen Grundlage für Serienentwicklungen von morgen!

Werfen wir auch einen Blick auf das elektrische System der Solarmobile. Abb. 123 zeigt im Blockschaltbild Komponenten und Aufbau des Systems. Die Bordakkus werden ganz normal über einen Laderegler bzw. einen Maximum-Power-Tracker vom Solargenerator geladen. Eine ganze Reihe von Teilnehmern der Tour, vor allem die in der 2. und 3. Kategorie gestarteten, haben auf einen automatischen Laderegler verzichtet und die nötigen Schaltmaßnahmen energiesparend von Hand erledigt. Abgesehen von Eigenentwicklungen guter Maximum-Power-Tracker bietet diese

	Benzin-Kleinwagen	Sieger 85 Daimler-Benz	Fahrzeug der Kateg. II	Sieger 86 Kateg. I	Serien-Solar-Fahrzeug
Leergewicht (kg)	600	180	80	190	240
Zuladung (kg)	350	70	70	70	100
Höchstgeschwindigkeit (km/h)	120-150	70-80	40	110	>100
Reichweite (km)	500	160			100-150
Energie-Vorrat	30-40l Benzin	Silber-Zink-A.	Bleiakku	Bleiakku	Nickel-Zink-A.
(in kWh)	260-340	4,3	1,1	4,8	?
Energieverbrauch (kWh/100km)	60	2,7	0,8 - 1,5	?	?
mech. Antriebsenergiebedarf in kWh/100km	18	2,3	0,6-0,8	k.A.	k.A.
Motorleistung (kW)	40	2 x 0,9	0,2 - 0,5	2,4	2 x 3,5
Motorgewicht (kg)	>100			19	20
Betriebsspannung (V)		48	12 - 48	60	60
Akkukapazität (Ah)		90	20 - 30	80	?
Akkugewicht (kg)		52	25 - 35	100	90
Motorwirkungsgrad (%)	30	> 90	80 - 90	80 - 90	0,85
Steuerungswirkungsgrad (%)		96	90 - 100	96	> 90
Getriebe	4 gang	3 gang	1-5 gang	4 gang	2 gang
c_W-Wert (Windwiderstand)	0,33-0,45	0,25	?	0,22	?

Tab. 15: Technische Daten verschiedener Solarfahrzeuge im Vergleich mit einem normalen Kleinwagen

Abb. 123: Elektrisches Blockschaltbild von Solarfahrzeugen

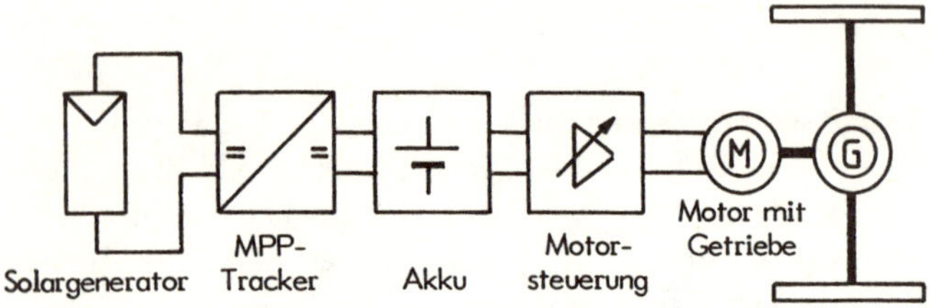

Seite der Elektrik wenig Neues. Als Akkus wurden im wesentlichen Langzeit-Starter- und Solartypen eingesetzt, die sich im großen und ganzen gut bewährt haben. Natürlich wären leistungsfähigere und leichtere Akkus wünschenswert, sie sind aber abgesehen von Labormustern und Prototypen einfach noch nicht verfügbar. Die Silber-Zink-Akkus, die das Fahrzeug von Daimler-Benz verwendete, eignen sich wegen ihrer schlechten Zyklenbeständigkeit und wegen des hohen Preises für Seriensolarmobile grundsätzlich nicht. Bei der Akkuspannung wurde zwischen 12 und 48 V - mehr war nach dem Reglement nicht erlaubt - alles ausprobiert, wobei die Erfahrung gezeigt hat, daß sich mit höheren Spannungen auch die besseren System-Wirkungsgrade erzielen lassen.

Die Antriebsseite bereitete die eigentlichen Schwierigkeiten bei den Solarmobilen, denn es gab so gut wie keine fertigen Bauteile, die für diesen Einsatz optimiert sind. Hier gilt es nicht nur, einen Elektromotor mit optimalem Wirkungsgrad auszusuchen, er muß ja auch in seiner Drehzahl und Leistung gut regelbar sein, um mit dem "Gaspedal" die Fahrtgeschwindigkeit beeinflussen zu können. Als Motoren wurden überwiegend Permanentmagnet-Gleichstrommotoren eingesetzt, wobei man vielfach Serienprodukte durch Neuwickeln des Ankers im Wirkungsgrad optimiert und der Systemspannung angepaßt hat. So konnten Motorwirkungsgrade von 80 bis über 90% erreicht werden, während es Serienmotoren in der Regel nur auf 70-80% Wirkungsgrad bringen. In Bezug auf die Motorleistung hat sich gezeigt, daß ein stärkerer Motor nicht unbedingt mehr Energie verbraucht als ein schwächerer. Vielfach wurden 2 Motoren vorgesehen, um die Leistungssteuerung zu vereinfachen und beim Anfahren und Fahren am Berg genügend Leistungsreserven zu haben.

Die Motorsteuerung ist im wesentlichen eine Spannungsregelung mit äußerst geringen Energieverlusten, die dafür sorgt, daß die Drehzahl des Motors vom Stillstand (Anfahren) bis zur maximalen Drehzahl stufenlos geregelt werden kann, und zwar möglichst unabhängig von der Belastung des Motors, also vom aufgenommenen Strom. Getaktete Schaltregler (mit Leistungs-MOS-FET'S als Schalter) erreichen immerhin Wirkungsgrade von 90-98%; sie müssen jedoch speziell für den jeweiligen Motortyp angepaßt sein und sind daher als fertige Baugruppe kaum im Handel erhältlich. Mit einigen Schaltungstricks ist es zudem möglich, mit dem Motor auch zu bremsen und z.B. auf Gefällestrecken die Bewegungsenergie wieder in Strom umzuwandeln, der dem Akku zugute kommt. Welch hoher technischer Stand inzwischen erreicht worden ist, zeigen die Leistungsdaten der diesjährigen Siegerfahrzeuge in Tab. 15.

Nach dem Erfolg der 1. Tour de Sol war klar, daß es eine Fortsetzung geben mußte, um die Erfahrungen dieses Rennens auszuwerten und die weiterentwickelten Modelle zu testen. So startete im Juni '86 die 2. Tour de Sol in Freiburg und führte in 6 Etappen über insgesamt 382 km nach Stuhr bei Zürich. Die Fahrzeuge der über 60 teilnehmenden Teams sind in diesem einen Jahr Entwicklungszeit wesentlich besser und schneller geworden, die Strecke allerdings auch anspruchsvoller, denn immerhin galt es 1500 Höhenmeter zu überwinden, einschließlich der Fahrt über den 1000 m hohen Brüning-Paß. Neben den rennsportlichen Kategorien 1 und 2 starteten in diesem Jahr in der 3. Kategorie erstmals sogenannte "Serien-Solarmobile", also Fahrzeuge, deren Hauptkomponenten bereits in kleinen Serien gefertigt werden und die auf der Tour ihre Gebrauchstauglichkeit beweisen sollten.

Da es im Nahverkehr nicht sinnvoll ist, große Solarzellenflächen mitzuführen, die das Fahrzeug unnötig groß und sperrig machen, erlaubte es das Reglement, die Akkus an mitfahrenden "Solartankstellen" zwischen den Etappen aufzuladen. Dadurch wurde es möglich, konkurrenzfähige Solarmobile mit größerem Platzangebot zu bauen, die schon eher wie ein Nahverkehrsmittel aussehen und nicht nur Motor mit Solarpanel und Trittbrett sind. Das Ergebnis des diesjährigen Rennens zeigt denn auch, daß die Serienfahrzeuge fast gleich schnell und zum Teil sogar schneller sind als Fahrzeuge der 1. Kategorie, obwohl sie aufgrund ihrer Größe mehr Platz für Zuladung und höheren Fahrkomfort bieten. Gegenüber 1985 hat sich die durchschnittliche Fahrgeschwindigkeit des Siegerfahrzeugs der 1. Kategorie um 13 km/h auf 50 km/h erhöht.

Nicht zuletzt durch die Solarmobil-Rennen hat in der Schweiz die Entwicklung von elektrischen Kleinfahrzeugen für den Nahverkehr große Fortschritte gemacht, vor allem die Fertigung leichter, aerodynamisch günstiger Kunststoffkarosserieen und die Optimierung der Antriebskomponenten. Für die nächsten Jahre denkt man bereits über eine Serienproduktion in größerem Maßstab nach; denn ein Markt wäre durchaus vorhanden. Elektro-Kleinfahrzeuge mit 2 Sitzplätzen und ein wenig Platz für Zuladung könnten - ergänzend zu einem guten öffentlichen Nahverkehrskonzept - viele Pendlerautos (typische Belegung: 1,3 Personen/Fahrzeug) ersetzen und und damit wesentlich zur Luftreinhaltung beitragen. In der Schweiz werden immerhin 28% des Benzins im Nahverkehr verbraucht! Die Kosten für ein Elektromobil dürften bei Serienfertigung unter 10.000 DM liegen, allerdings ohne Solarzellen, die dann als Solartankstelle auf dem Hausdach bzw. dem Dach der Arbeitsstelle liegen müßten.

Auf jeden Fall wird es 1987 wieder eine Tour de Sol geben; sie beginnt am 23.6.87 in Lausanne und führt in 5 Tagesetappen über Murten - Solothurn - Zürich - Weesen nach Vaduz. Wen es interessiert, der kann sich über zukünftige "Tour de Sol's" informieren bei:
SSES, Belpstr. 69, CH3007 Bern sowie bei dem
Internationalen Fahrer- und Konstrukteurverband Solarelektromobil FKVS, Postfach 273, CH3000 Bern 26.

Abb. 124: Schnellstes Serien-Solarfahrzeug auf der Tour de Sol 1986 mit Nickel-Eisen-Akku

Hinweise und Bezugsquellen

Die Nennung der Firmen und Hersteller ist nach Sachgebieten geordnet und erfolgt in der Reihenfolge der Postleitzahlen. Es sind hier nur die Firmen genannt, deren Unterlagen dem Verfasser vorlagen, so daß die Liste keinen Anspruch auf Vollständigkeit erhebt.

Vertrieb von Solarzellen, Panelen, Akkus und anderem Zubehör für solare Stromversorgungsanlagen

Solaris, Dipl.Ing. U. Heitfeld
Gärtnerstr. 88
2000 Hamburg 1 Tel.: 040/4904040

Fertigung und Vertrieb von Solargeneratoren kleiner Leistung (1-5 W), sowie dieverse solartechnische Geräte.

SUNTRONIC Solar-Electronic
Schwertfegerstr. 26
2400 Lübeck Tel.: 0451/894908

Photovoltaik Herstellung und Vertrieb: Solarmodule und vielfältiges Zubehör.

Wagner & Co GmbH
Zimmermannstr. 1
3550 Marburg Tel.: 06421/67055

Die Firma ist Generalvertreter für Solarmodule der Fa. Solec in Deutschland. Sie plant Anlagen und liefert sämtliche Komponenten für kleine und große solare Stromversorgungssysteme.

SVE Solarenergie Vertriebs & Entwicklungsgesellschaft
Borsigallee 59
6000 Frankfurt 60 Tel.: 06109/31071

Generalvertreter der Fa. Solarex in Deutschland: die Firma plant und baut solare Stromversorgungssysteme und liefert zugehörige Komponenten.

Zenit Energietechnik GmbH
M 7,21
6800 Mannheim Tel.: 0621/25360

Umfangreiches Lieferprogramm mit Bauteilen für solare Stromversorgungssysteme; Großhandel und Direktverkauf.

Conrad Electronic GmbH
Klaus-Conrad-Str. 1
8452 Hirschau Tel.: 09611/30111

Das umfangreiche Electronic-Lieferprogramm dieses Versandhauses enthält auch eine ganze Reihe von Solarpanelen und vielfältiges Zubehör für Solar- und Windstrom-Anlagen.

AEG AG, Abteilung Hausgeräte
Postfach 1036
8500 Nürnberg 1

Vertrieb der AEG-Module in Verbindung mit guten Haustechnik-Komponenten.

GWU - Solar- und Energiesparsysteme
Peter-Henlein-Str. 35
8500 Nürnberg 70 Tel.: 0911/435040

Vertretung der Fa. Siemens-Solar in Süddeutschland; die Firma gibt einen umfassenden Katalog heraus, der neben Solarmodulen auch das gesamte Zubehör für Solarstromanlagen beschreibt.

IBC, International Battery
and Solar Power Consulting
Am Kreuzberg 5
8623 Staffelstein Tel.: 09573/6504

Generalvertreter der Fa. Kyocera in Deutschland; die Firma plant Solarstromanlagen aller Art und liefert Komponenten: Solar-Akkus, Laderegler und Wandler.

ATEC-Electronic Vertriebs-GmbH
Mühlaustr. 29
8931 Schondorf Tel.: 08192/1099

Die Firma ist autorisierter Generalvertreter der Fa. Arco Solar und liefert neben monokristallinen und amorphen Solarzellen und -modulen ein umfangreiches Sortiment an Zubehör für den Aufbau solarer Stromversorgungssysteme: Akkus, Regler, Wandler, 12/24 V-Verbraucher, sowie Einzel-Solarzellen und Bastelmaterial.

Fabrimex AG
Kirchenweg 5
CH 8032 Zürich / Schweiz Tel.: 01/2512929

Generalverterter der Firma Arco Solar in der Schweiz mit einem umfangreichen Programm an Zubehör für Solarstromanlagen aller Art.

Neben den hier genannten Unternehmen, von denen ausführliche Produktunterlagen bzw. Kataloge vorlagen , gibt es eine ganze Reihe von Firmen und Ing.-Büros, die Planung und Bau von Solarstromanlagen übernehmen, Beratung vor Ort bieten und die zugehörige Hardware zu durchaus konkurrenzfähigen Preisen beschaffen können.

EnergieBISS Gesellschaft für Sonnenenergienutzung GmbH, Geisbergstr. 12-13, 1000 Berlin 30

PST-PRO SUN TECH GmbH, Fechnerstr. 19,
1000 Berlin 31 Tel.: 030/8618974

Microtherm Energietechnik GmbH, Pillauer Str. 47, 2000 Hamburg 70 Tel.: 040/6933018

TECHNOSOL, Dipl.-Ing. H.-W. Böhnke, Alter Postweg 41,
2150 Buxtehude Tel.: 04161/707638

Solarwerkstatt Bremen, Ing.-Büro für Beratung,Planung und Verkauf, Orleansstr. 88, 2800 Bremen 1, Tel.: 0421/446933

Reinhard Solartechnik GmbH, An der Riede 7,
2803 Weyhe Tel.: 04203/1317

Solarbau Clenze, Joachim Noack KG
Marschtorstr. 57; 3138 Dannenberg Tel.: 05861/8520

SOLAR SYSTEMS, Peter Stenhorst, Heidstr. 9
3257 Springe 1

Sanfte Energie GmbH, Energie- & Umweltzentrum,
3257 Springe 3 Tel.: 05044/380

SOLVIS Energiesysteme GmbH, Marienberger Str. 1
3300 Braunschweig Tel.: 0531/871088

UFE Umweltfreundliche Energieanlagen GmbH, Schlagenweg 8, 3400 Göttingen Tel.: 0551/371003

SOTEC, Dipl.-Ing. Frank Schulte, Aderstr. 93
4000 Düsseldorf 1 Tel.: 0211/372255

Solarstrom Schüren, Düsseldorfer Str. 80, 4100 Duisburg 46

Ing.-Büro Orlando Silva, Systemlösungen für Solartechnik, Gemarkenstr. 122a, 4300 Essen 1, Tel.: 0201/737868

energum - Gesellschaft für Energie- & Umweltplanung, Bahnhofstr. 5, 4400 Münster

Solar-Diamant System GmbH, Prozessionsweg 10
4441 Wettringen Tel.: 02557/442

Solarbüro PV GmbH, Schledhausener Str. 15
4516 Bissendorf 1

Energieladen Köln GmbH, Kattowitzer Str. 37
5000 Köln 80 Tel.: 0221/697678

ALTERNA, Fachhandel für Solartechnik und biologisches Bauen GmbH, Rastenweg 15, 5300 Bonn, Tel.: 0228/444244

Ökologische Bau- & Energietechnik, Liebfrauenstr. 1
6100 Dramstadt Tel.: 06151/76091

MAZDA-SOLAR, Breuberger Str. 18, 6117 Schaafheim
Tel.: 06073/88197

MSE Michel solar electronics, Waldstr. 1
6607 Quierschied-Göttelborn, Tel.: 06825/7501

Intersolar, Solare Energieanlagen Consulting, Ludwigstr. 7, Postfach 1180, 6783 Dahn, Tel.: 06391/5870

SET Solar-Energie-Technik GmbH, Industriestr. 1,
6822 Altlußheim Tel.: 06205/3525

Beck-Solartechnik, Solarstromanlagen & Zubehör, Gutleuthofweg 42, 6900 Heidelberg Tel.: 06221/800830

HEWE Solarenergie GmbH, Hauptstr. 2, 7831 Sasbach

Mildebrath Sonnenenergie, Marckolsheimer Str. 6
7831 Sasbach 0761/7226

Bomin Solar GmbH, Industriestr. 8
7850 Lörrach Tel.: 07621/5093

Ingenieurbüro für Solartechnik, Schillerstr. 1 a
7900 Ulm-Donau Tel.: 0731/69365

PRO SOLAR Energietechnik GmbH, Meersburger Str. 31,
7980 Ravensburg Tel.: 0751/17761

Ing.grad. Janko Kroschl, Weissenburger Str. 30
8000 München 80 Tel.: 089/4801243

Dr. Klaus Ackermann, Kanalweg 1a,
8048 Haimhausen bei München, Tel. 08133/1053

SOVONICS-INTERTRADE, Georg Huber, Miesberg 2
8063 Odelzhausen Tel.: 08134/6402

Solar Strom H. Straaß, Keltenweg 3
8130 Starnberg 5 Tel.: 08151/6060

Fritz Berger GmbH, Postfach 1160,
8430 Neumarkt 1 Tel.: 09181/330-0

Energiesparladen G.B.R., Gostenhofer Hauptstr. 51
8500 Nürnberg 70 Tel.: 0911-262535

SUNSET Energiesysteme GmbH, Industriestr. 22
8555 Adelsdorf Tel.: 09195/996

Solarkraft GmbH, Dorfbachstr. 10
8621 Weidhausen Tel.: 09562/7128

Solarelektronik H.-J. Oerter, Postfach 3270,
8700 Würzburg Tel.: 0931/612242

SOLARTEAM Beratungs- + Verkaufsgesellschaft, Streinesberg 5, A 4134 Putzleinsdorf Tel.: 07286/382

Muntwyler Energietechnik AG, Postfach 73
CH 3000 Bern 9 Tel.: 031/233309

Jenni Energietechnik AG, Lochbachstr. 22
CH 3414 Oberburg bei Burgdorf Tel.: 034/229777

STERN-SOLAR, Lorentz & Bürgin, Schwarzwaldallee 235,
CH 4058 Basel / Schweiz Tel.: 061/6916787

Holinger Solar AG, Rheinstr. 17
CH 4410 Liestal Tel.: 061/9210757

SUN CRAFT AG, Industriestr. 6a
CH6055 Alpnach-Dorf Tel.: 041/962996

Rene Brun Alternative Technik,
CH 7015 Tamis / Schweiz Tel.: 081/372537

Jürgen Nigg Lichttechnik-Apparatebau-Solartechnik,
Heinrichstr. 69, CH 8005 Zürich

Sonnen- und Windgeräte, Johann J. Wehrli, Schweighofstr. 313, CH 8055 Zürich / Schweiz

IWS Solar Import/Export, D. Sommer, Tösstalstr. 118
CH 8493 Saland / Schweiz Tel.: 0521/462882

Calonder Energy AG, Badenerstr. 18
CH 8953 Dietikon / Schweiz, Tel.: Schweiz 01/7409944

IBERSUN Gaspar Morey, Plaza Mayor, 10-1
E - 07002 Palma de Mallorca Tel.: 071/723476

Hersteller von Solarmodulen

AEG-Telefunken Anlagentechnik, Fachbereich Neue Technologie, Industriestr. 29,
2000 Wedel Tel.: 04103/702-1

SIEMENS SOLAR GmbH, Buchenallee 3
5060 Bergisch-Gladbach 1

AEG AG, Vertrieb Komponenten, Dornierstr. 7
7030 Böblingen

Telefunken Electronik, Postfach,
7100 Heilbronn

Solarex Trading SA, Case Postal 323
CH 1196 Gland / Schweiz

Hersteller von Akkus:

SAB NIFE GmbH, Naumannstr. 33
1000 Berlin 62 Tel.: 030/7841064

Varta Batterie AG, Sparte Gerätebatterien,
Postfach 210514, 3000 Hannover 21 Tel.: 0511/79031

HAGEN Batterie AG, Coesterweg 45
4770 Soest Tel.: 02921/7030

Varta Batterie AG, Sparte Industriebatterien, Dieckstr. 42
5800 Hagen Tel.: 02331/372-0

Akkumulatorenwerk Hoppecke, Postfach 1140
5790 Brilon 2 Tel.: 02963/61

Saft Akkumulatoren & Batterien GmbH, Behringstr. 13
8752 Mainaschaff Tel.: 06021/7211-14

Solar-Laderegler und Spannungswandler

Microtherm Energietechnik GmbH, Pillauer Str. 47
2000 Hamburg 70 Tel.: 040/6933018

Energiewerkstatt, Gesellschaft für rationelle
Energieverwendung mbH, Limmerstr. 81,
3000 Hannover 91 Tel.: 0511/2109123

Wagner & Co GmbH, Zimmermannstr. 1
3550 Marburg Tel.: 06421/67055

Burmeister-Elektronik, Postfach 1110
4986 Rödinghausen 2 Tel.: 05226/1515

Sun Power Solartechnik GmbH, Oeder Weg 159
6000 Frankfurt 1 Tel.: 069/5973061

Ing.-Büro Siegfried Uhlmann, Altdorfstr. 19
7830 Emmendingen 14 Tel.: 07641/8291

Notstromanlagen und Installationszubehör

Robert Bosch GmbH, Geschäftsbereich Eisemann
Postfach 2950, 7000 Stuttgart 1 Tel.: 0711/6605-1

Literaturverzeichnis

Solarzellen und solare Stromversorgung

Borsch-Laaks, Robert; Stenhorst, Peter: Das Solarzellen-Bastelbuch. Sanfte Energie Verlag, Springe 1983; Ökobuch Verlag, Freiburg 1985

Bundesministerium für Forschung und Technologie: Statusbericht Photovoltaik. Tagungsbericht des Kongresses in Berlin 1984; München / Bonn 1984

Bund für Umwelt und Naturschutz Deutschland, Hrsg.: Strom von der Sonne - eine kleine Einführung in die Elektrizitätserzeugung durch Solarzellen. Freiburg 1979

Buresch, Matthew: Photovoltaic Energy Systems - Design and Installation. McGraw-Hill, New York 1983

Davidson, Joel; Komp, Richard: The Solar Electric Home - a photovoltaics how-to handbook. Aatec Publications, Ann Arbor, Michigan 1983

Fachinformationszentrum Karlsruhe, Hrsg.: Informationspaket Photovoltaik. Bürgerinformation Neue Energietechniken; Karlsruhe 1983

Köthe, Hans Kurt: Praxis solar- und windelektrischer Energieversorgung. VDI Verlag, Düsseldorf 1982

Komp, Richard: Practical Photvoltaics. Aatec Publications, Ann Arbor, Michigan 1982

Kreith, Frank; Kreider, Jan F.: Principles of Solar Engineering. Hemisphere Publishing Corporation, Washington 1978

Lippold, Trogisch, Friedrich: Solartechnik - thermische und fotoelektrische Nutzung der Sonnenenergie. Verlag Ernst & Sohn, Berlin 1984

Maycock, Paul D.; Stirewalt, Edward N.: Photovoltaics - Sunlight to Electricity in One Step. Brick House Publications, Andover, Mass. 1981

Monegon, Technical Staff of: Solar Electricity - Making the Sun working for You. Gaithersburg 1981

Muntwyler, Urs: Praxis mit Solarzellen - Kennwerte, Schaltungen und Tips für Anwender. Franzis Verlag, München 1986

Paul, Terrance D.: How to Design an Independent Power System. Best Energy Systems, Necedah, Wisconsin 1981

Schweizerische Vereinigung für Sonnenenergie SSES, Hrsg.: Solarfahrzeuge - Technik und Praxis. Tagungsunterlagen zum SSES-Symposium, Luzern 1985

Solarex Corp., The Technical Staff of: Making & Using Electricity From The Sun. TAB Books, Blue Ridge Summit, Pa. 1979

Akkumulatoren

Varta AG, Hrsg.: Bleiakkumulatoren. VDI Verlag, Düsseldorf 1986

Varta AG, Hrsg.: Gasdichte Nickel-Cadmium-Akkumulatoren. VDI Verlag, Düsseldorf 1978

Witte, Erich: Blei- und Stahlakkumulatoren. VDI Verlag, Düsseldorf 1977

Klimadaten und Tabellen für die Berechnung der optimalen Aufstellung von Solargeneratoren

Bossel, Ulf: 1. Sonnenstand, Bestrahlungsdauer und Kosinusstunden für geneigte Flächen. sowie: 2. Berechnung von Solaranlagen nach dem Kosinusstunden-Verfahren. Solentec, Adelebsen 1978/79

Palz, W: Atlas über die Sonneneinstrahlung Europas - Band 1: Globalstrahlung auf horizontale Flächen. Kommission der Europäischen Gemeinschaft; Größchen Verlag, Dortmund 1979

Elektro-Installationstechnik und Schaltungspraxis

Boy, Hans-Günter; Dunkhase, Uwe: Elektro-Installationstechnik. Vogel Verlag, Würzburg 1985

Fachkunde Elektrotechnik. bearbeitet von Lehrern an beruflichen Schulen und von Ingenieuren; Verlag Europa Lehrmittel, Wuppertal 1984

Folkerts, Enno; Friedrichs, H.: Hausgeräte-, Beleuchtungs- und Klimatechnik. Vogel Verlag, Würzburg 1985

Herhahn, Albert; Winkler, Arnulf: Sicherheitsfibel für die Elektroinstallation. Vogel Verlag, Würzburg 1984

Nürmann, Dieter: Professionelle Schaltungstechnik - Teil 2: Stromversorgungsschaltungen, Triac- und Zündschaltungen. Franzis Verlag, München 1984

Pelka, Horst: Moderne Industrieschaltungen - 150 professionelle Elektronik-Schaltungen für den Praktiker. Franzis Verlag, München 1984

Stromsparen im Haushalt

Feist, Wolfgang: Wirtschaftlichkeit von Maßnahmen zur rationellen Nutzung von elektrischer Energie. Institut Wohnen und Umwelt, Darmstadt 1986

Krause,F.; Bossel,H.; Müller-Reißmann, K.F.: Energiewende - Wachstum ohne Erdöl und Uran. S. Fischer Verlag, Frankfurt 1980

Scheer, Siegfried: Stromsparen beim Waschen - Warmwasseranschluß für Wasch- und Geschirrspülmaschine: eine Umbauanleitung. Ökobuch Verlag, Grebenstein 1983

Quellenverzeichnis

(1) Fachkunde Elektrotechnik, Wuppertal 1984

(2) Grabmaier,J.: Photovoltaische Energiegewinnung. in: Sonnenenergie 5/85, München 1985

(3) Buresch, Matthew: Photovoltaik Energy Systems. New York, 1983

(4) Monegon Ltd.: Solar Electricity: making the Sun Work for You. 1981

(5) Atlas über die Sonneneinstrahlung Europas, Band 1: Globalstrahlung auf horizontale Flächen. Dortmund 1979

(6) Bossel, Ulf: Berechnung von Solaranlagen nach dem Kosinusstunden-Verfahren. Adelebsen 1979

(7) M.A.N. Neue Technologie: Zweiachsig nachgeführter Solargenerator. in: Informationspaket Photovoltaik; Fachinformationszentrum, Karlsruhe 1983

(8) Paul, Terrance D.: How to Design an Independent Power System. Necedah, Wisconsin 1981

(9) Köthe, Hans Kurt: Praxis solar- und windelektrischer Energieversorgung. VDI-Verlag, Düsseldorf 1982

(10) Nach Siemens-Applikationen, aus "Elrad" Nr. 15/85, Verlag Heinz Heise, Hannover 1985

(11) Schmid, J., Goetzberger, A.: Netzgekoppelte Photovoltaik-Anlage für ein Wohngebäude. in: Informationspaket Photovoltaik; Fachinformationszentrum, Karlsruhe 1983

(12) Lowalt, Hans-Jürgen: Projekt Pellworm: solarelektrische Energieversorgung für ein Kurzentrum. in: Informationspaket Photovoltaik; Fachinformationszentrum, Karlsruhe 1983

(13) Schmidt, Theodor: Muskelkraft für Solarmobile. in: Solarfahrzeuge - Technik und Praxis; Schweizerische Vereinigung für Sonnenenergie, Bern 1985

Sach- und Fachbücher zur umweltfreundlichen Technik

Holger König

Wege zum gesunden Bauen

Aus dem Inhalt: richtige Baustoffwahl, geeignete Baukonstruktionen mit Eigenschaften und Anwendungsbereichen, Beispiele ausgeführter Häuser, Baunormen, Bauphysik, Preise und Bezugsquellen. Ein Handbuch für Bauherren, Selbstbauer, Architekten und Handwerker, das die theoretischen und praktischen Aspekte der Baubiologie anschaulich und nachvollziehbar miteinanader verbindet. 192 S. m.v. Abb., Neuauflage 1989 39,80 DM

G. Häfele, W. Oed, L. Sabel

Althauserneuerung

Ein Handbuch für alle Hausbesitzer und Bauherrn, das ausführlich den behutsamen, handwerklich sachgerechten Umgang mit alter Bausubstanz beschreibt und zeigt, worauf es bei einer umweltverträglichen und kostengünstigen Renovierung ankommt, welche Maßnahmen bei den einzelnen Bauteilen angebracht sind. Mit Anleitungen zur Selbsthilfe, ausführlicher Baustoffkunde und Kostenübersicht. 226 S. m. v. Abb., 1988 39,80 DM

Othmar Humm

Niedrigenergiehäuser in Theorie und Praxis

Alles, was man für den Bau von Häusern mit sehr niedrigem Energieverbrauch wissen muß, wird in diesem Buch behandelt: planerischen Konzepte, Baukonstruktionen und besondere Haustechniken; mit 14 ausgeführten Beispielen, die die Bandbreite der Lösungsmöglichkeiten dokumentieren und die Energiesparerfolge belegen. 220 S.m.v.Abb., 1990 ca. 40,- DM

Claudia Lorenz Ladener

Naturkeller

Grundlagen, Planung und Bau von naturgekühlten Lagerräumen im Haus oder Freiland, um für Obst und Gemüse geeignete Überwinterungsmöglichkeiten zu schaffen. ca. 120 S. m.v.Abb., 1990 ca. 24,80 DM

Claudia Lorenz-Ladener, Heinz Ladener

Solaranlagen im Selbstbau

Das Handbuch der Sonnenkollektortechnik für Warmwasserbereitung, Schwimmbad- und Raumheizung; mit Anleitungen und nützlichen Tips für den Selbstbau. 7 Aufl. 1985; 154 S. m. vielen Abb. 24,80 DM

Peter Weissenfeld

Holzschutz ohne Gift?

Holzschutz und Holzoberflächenbehandlung in der Praxis mit vielen Anleitungen und Rezepten für alle, die in Haus und Hof selbst zum Pinsel greifen. 7. überarbeitete Aufl. 1988, 141 S. mit Abb. DIN A5 br. 16,80 DM

Claus-Dieter Clausnitzer

Historischer Holzschutz

Eine wissenschaftliche Abhandlung über die Entwicklung der baulichen, chemischen und sonstigen, heute möglicherweise vergessenen Holzschutzmaßnahmen von den Anfängen vor ca. 7000 Jahren bis ins 20. Jahrhundert. ca. 250 S. m. vielen Abb., 1990 ca. 44,- DM

Georg Hänisch

Kork - ein Baustoff

Gewinnung, Eigenschaften, Verarbeitung und Anwendungsbeispiele für den Baustoff Kork, mit konkreten Empfehlungen und Konstruktionsbeispielen für Planer und Praktiker. 100 S. m.v.Abb., 1990 16,80 DM

Wolfgang Martin, Gunter Geller

Biologische Abwasserreinigung im Haus

3 Selbstbauanleitungen für Komposttoilette, Grauwasserreinigung im Gewächshaus und Abwasserreinigung durch Pflanzenbeete (Schilfkläranlage). 68 Seiten m. vielen Abb. + 3 Faltplänen, 21 x 20 cm, 1984 16,80 DM

Wolfgang Bredow

Regenwasser-Sammelanlage

Eine leicht verständliche Anleitung für den Bau verschiedener Regenwasser-Sammelanlagen, mit denen viel kostbares Trinkwasser eingespart werden kann. 7. überarb. Aufl. 1988, 126 S. m. vielen Abb. 16,80 DM

Hans Mönninghoff, Hrsg.

Ökotechnik: Wasserversorgung im Haus

Wassersparende Armaturen und Toilettenspülsysteme, doppelte Wassernetze, Regenwassernutzung, Grauwasserreinigung: Grundlagen, Betriebserfahrungen, Anleitungen sowie kommunal- und landespolitische Handlungsmöglichkeiten. 115 S. m. vielen Abb. 1988 24,80 DM